卓越工程师系列教材

配电网分析及应用

何正友　编著

科学出版社
北　京

内 容 简 介

本书内容翔实，既包含了配电网分析的主要内容，也包含了配电网自动化的核心内容。为了提升读者分析和解决问题的能力，本书设计了一些典型例题，并在每章末尾给出了一些习题，它们对掌握和巩固有关知识有所帮助。

本书可作为电气工程专业研究生和电气工程及其自动化专业高年级本科生的教材，也可供从事配电网分析、设计和运行工作的科技人员参考。

图书在版编目(CIP)数据

配电网分析及应用 / 何正友编著. —北京: 科学出版社, 2014.6
卓越工程师系列教材
ISBN 978-7-03-039916-8

Ⅰ. ① 配… Ⅱ. ①何… Ⅲ. ① 配电系统-自动化-教材 Ⅳ. ①TM727

中国版本图书馆 CIP 数据核字(2014)第 038583 号

责任编辑：杨 岭 于 楠 / 封面设计：墨创文化
责任校对：王晓丽 / 责任印制：余少力

科学出版社 出版
北京东黄城根北街16号
邮政编码：100717
http://www.sciencep.com
成都锦瑞印刷有限责任公司印刷
科学出版社发行 各地新华书店经销
*
2014年6月第 一 版 开本：787×1092 1/16
2017年2月第三次印刷 印张：14 1/4
字数：350 千字

定价：32.00 元

前　　言

配电网是电力网络的重要组成，是连接主网和面向用户供电的核心。现有的配电网具有节点众多、运行方式灵活、负荷变化频繁、网络损耗较大、设备运行环境恶劣等特点。据不完全统计，电力系统中80%以上的故障来源于配电网。因此，进行升级与改造，实现更高程度的自动化与智能化是配电网发展的必由之路，而这强烈依赖于对配电网系统构成、拓扑分析、建模计算、运行优化、故障处理等知识的全面掌握。

为了适应国内外配电网发展的需要，西南交通大学为电气工程专业研究生和电气工程及其自动化专业高年级本科生分别开设了“配电网分析与应用”和“配电网络自动化”课程，作者通过总结多年教学实践和科学研究心得，编写了这本《配电网分析及应用》教材。本书系统阐述了配电网分析及应用的基本理论和基本方法，力求体系完整、内容精炼、重点突出。

全书共11章：

第1章概述了配电网及其自动化系统的组成、功能、分类和结构，是对配电网的宏观解读。

第2章详细介绍了配电网简化建模和拓扑分析、元件模型与负荷模型，是进行配电网分析的基础。

第3章和第4章分别讲述了配电网的潮流计算和状态估计的原理与方法，是配电网分析的基本计算。

第5章、第6章和第7章分别阐述了配电网的可靠性、电压/无功控制以及电能质量。配电网的运行分析和优化，主要涉及配电网运行的安全性、经济性和优质性。

第8章首先讨论了配电网单相短路故障分析，然后在此基础上，重点介绍了小电流接地系统故障选线的原理与方法，是配电网的故障分析及其典型应用。

第9章详细论述了配电网自动化的重要组成部分——馈线自动化的模式、功能和系统组成，并给出了应用实例。

第10章是第9章的延续，系统介绍了馈线自动化的独特功能的原理与方法，包括配电网故障定位、隔离与供电恢复。

第11章主要阐述了铁路电力配电网及其自动化——高速铁路与普速铁路的主要结构和特点、高速铁路中性点接地方式的选择、高速铁路电力配电网的配电自动化系统的构成及功能、高速铁路无功补偿方案及其选择以及高速铁路可靠性分析，并举例介绍了自闭贯通线路的单相接地故障、相间故障和断线故障的定位算法。

本书由何正友编著，杨健维、臧天磊、张钧、张姝、叶德意、孙仲民、刘玉萍、王玘、武骁、杨源和姜晓锋等参与了书稿的整理工作。在本书的编写过程中，参考和引用了王成山教授编著的《现代配电系统分析》、刘健教授编著的《配电自动化系统》、束洪春教授所著的《配电网络故障选线》等众多国内外学者的文献资料和研究成果。同时，本书有幸入选科学出版社“卓越工程师系列教材”，得到了科学出版社和西南交通大学电气工程学院的大力支持，以及西南交通大学钱清泉院士的悉心指导。在此一并谨表谢忱！

配电网分析及应用领域的研究成果浩如烟海，囿于作者水平，书中难免会有错误或不妥之处，敬请读者批评指正，以便在修订时加以完善。

目　录

第 1 章　配电网简介

1.1 概　　述

电力系统中，二次降压变电所低压侧直接或降压后向用户供电的网络，称为配电网(distribution network)。其功能是从输电网或地区发电厂获取电能，并组成多层次的配电网络，将电能安全、可靠、经济地分配给用户。配电网由架空线路或电缆线路、配电变压器、断路器、开关、熔断器等设备组成。习惯上将配电电压 1 kV 以上的部分称为高压配电网，其额定电压一般为 35 kV、6/10 kV 和 3 kV 等；将配电电压不足 1 kV 的部分称为低压配电网，其额定电压一般为单相 220V 和三相 380V。配电网一般深入城市中心和居民密集点，传输功率和距离较小，不同电压等级的配电网在供电容量、用户性质、供电质量和可靠性要求等方面各不相同。

1.2 配电网的中性点接地方式

电力系统中性点是指星形连接的变压器或发电机的中性点。中性点接地方式复杂，关系到电压等级、绝缘水平、通信干扰、接地保护方式、系统接线和系统稳定等多个方面。配电网通常采用的中性点接地方式主要有三处，即中性点不接地、中性点经消弧线圈接地和中性点经电阻接地。

1.2.1 中性点不接地

中性点不接地方式，即中性点对地绝缘，结构简单，运行方便，不需要任何附加设备，投资省，主要适用于农村 10 kV 架空线路为主的辐射型供电网络。

中性点不接地方式的特点是：①在运行中若发生单相接地故障，其流过故障点的电流值很小，仅为电网对地电容电流，为便于及时发现单相接地故障并迅速处理，需要装设绝缘监察装置；②如果发生的是瞬时故障，一般能自动熄弧，非故障相电压升高不大，不会破坏系统的对称性，故可带故障连续供电 2 h，获得排除故障所需的时间，提高了供电可靠性。

但中性点不接地方式也存在一定的问题：①中性点不接地方式因其中性点是绝缘的，电网对地电容中储存的能量没有释放通路。在发生弧光接地时，电弧的反复熄灭与重燃，也是向电容反复充电的过程，此时，对地电容中的能量不能释放，造成电压升高，产生弧光接地过电压或谐振过电压，对设备绝缘造成威胁。②由于电网存在电容和电感元件，在一定条件下，因倒闸操作或故障，容易引发线性谐振或铁磁谐振，导致馈线较短的电网激发高频谐振，产生较高的谐振过电压，导致电压互感器击穿。而对馈线较长的电网却易激发起分频铁磁谐振，电压互感器呈较小阻抗，通过的电流成倍增加，会造成熔丝熔断或电压互感器过热而损坏。

1.2.2 中性点经消弧线圈接地

中性点经消弧线圈接地方式，是在中性点和大地之间接入一个电感消弧线圈。在系统发生单相接地故障时，利用消弧线圈的电感电流对接地电容电流进行补偿，使流过接地点的电流减小到能自行熄弧的范围。

中性点经消弧线圈接地方式的特点是：线路发生单相接地时，可不立即跳闸，按规程规定电网可带单相接地故障运行1～2小时。对于中压电网，因接地电流得到补偿，单相接地故障并不发展为相间故障。因此，中性点经消弧线圈接地方式的供电可靠性，大大高于中性点经小电阻接地方式。但中性点经消弧线圈接地方式也存在以下问题：

(1)由于传统消弧线圈没有自动测量系统，不能实时测量电网对地电容和位移电压，当电网运行方式或电网参数变化后靠人工估算电容电流，误差很大，不能及时有效地控制残流和抑制弧光过电压，不易达到最佳补偿。

(2)调谐需要停电、退出消弧线圈，失去了消弧补偿的连续性，响应速度慢，隐患大，只能适应正常线路的投切。如果系统出现异常情况或事故，来不及进行调整，易造成失控。若此时刚好遇到电网单相接地，残流大，正需要补偿而跟不上，容易产生过电压而损坏电力系统绝缘薄弱的电气设备，引起事故扩大。

(3)单相接地时，由于补偿方式和残流大小不明确，用于选择接地回路的微机选线装置更加难以工作。此时不能采用及时改变补偿方式或调档变更残流的方法来准确选线，只能依靠含量极低(小于5%)的高次谐波的大小和方向来判别，准确率低。

(4)电网规模的扩大及电网运行方式的变化要求变电站实行无人值班。传统的消弧线圈不可能始终运行在最佳档位，也不可能总保持在过补偿状态下运行，这导致其补偿作用不能得到充分发挥。

1.2.3 中性点经电阻接地

中性点经电阻接地方式，是在中性点与大地之间接入一定电阻值的电阻。该电阻与系统对地电容构成并联回路，由于电阻是耗能元件，也是电容电荷释放元件和谐振的阻压元件，对防止谐振过电压和间歇性电弧接地过电压具有一定的优越性，一般该电阻值较小。在系统单相接地时，控制流过接地点的电流在500 A左右，有的也控制在100A左右，通过流过接地点的电流来启动零序保护动作，切除故障线路。

中性点经电阻接地方式有如下优点：

(1)系统单相接地时，健全相电压不升高或升幅较小，其耐压水平可以按相电压来选择，对设备绝缘等级要求较低。

(2)发生接地故障时，由于流过故障线路的电流较大，零序过流保护有较好的灵敏度，较容易检查并快速切除故障线路。

而中性点经电阻接地方式也有如下不足：

(1)由于接地点的电流较大，当零序保护动作不及时或拒动时，将使接地点及附近的绝缘受到更大的危害，进而导致相间故障的发生。

(2)当发生单相接地故障时，不管是永久性故障还是瞬时性故障，都需要跳闸操作，这使跳闸次数大大增加，严重影响了用户的正常供电，降低了供电可靠性。

1.3　典型的配电设备

为了满足配电线路分段、联络、保护和负荷管理等功能的需要，配电线路根据其需求安装了各类配电设备，按功能可分为一次设备和二次设备。一次设备用于直接输送电能，包括配电馈线、配电变压器、断路器、开关、熔断器、电压互感器和电流互感器二次设备则用于系统的测量、保护与控制等，主要有馈线终端单元(feeder terminal unit，FTU)、变压器终端单元(transformer supervisory terminal unit，TTU)、故障指示器等。其中，馈线终端单元又包括杆上 FTU、柱上 FTU、环网柜 FTU、开闭所 FTU 等。下面简要介绍几种典型的配电网设备。

1.3.1　配电馈线

配电馈线可以指与任意配电网节点相连接的支路，可以是馈入支路，也可以是馈出支路。配电网的典型拓扑是辐射型，因此，大多数馈线中的能量流动是单向的；然而，为提高供电可靠性，配网结构随之变得复杂，功率的传输也并非绝对是一个方向的。所以粗略地说，配电网中的支路都可称为馈线。在我国，通常将 110/10 kV 或 35/10 kV 中压配电变电站(降压变电站)的每一回 10 kV 出线称为 1 条馈线。每条馈线由 1 条主馈线、多条三相或两相或单相分支线、电压调压器、配电变压器、电容器组、配电负荷、馈线开关、分段器和熔断器等组成。

配电馈线又分为架空线路和电缆线路，在国家电网公司《城市配电网技术导则》(Q/GDW 370—2009)中，规定了架空线路和电缆线路规划的基本要求：

35 kV 配电网中，电缆线路主要用于通道狭窄、架空线路难以通过的地区，以及电网结构或运行安全有特殊需要的地区。

10 kV 配电网中，一般在市区、林区、人群密集区域宜采用中压架空绝缘线路，以提高线路防护水平。一般可采用铝芯交联聚乙烯绝缘线，档距不宜超过 50 m。

同时，规范中明确规定下列情况可采用电缆电路：

(1)依据城市规划，明确要求采用电缆线路且具备相应条件的地区。

(2)负荷密度高的市中心区，建筑面积较大的新建居民住宅校区及高层建筑小区。

(3)走廊狭窄、架空线路难以通过而不能满足供电需求的地区。

(4)易受热带风暴侵袭沿海地区主要城市的重要供电区域。

(5)电网结构或运行安全的特殊需要。

1.3.2 配电变压器

配电变压器(简称配变)是指配电系统中根据电磁感应定律变换交流电压和电流而传输交流电能的一种静止电器，是配电系统中的重要设备之一。配电变压器适用于交流50(60) Hz，它将10(6)kV或35 kV网络电压降至用户使用的220/380 V母线电压，直接向终端用户供电。

配电变压器根据绝缘介质的不同，分为油浸式变压器和干式变压器；根据调压方式的不同，分为无励磁调压变压器和有载调压变压器；根据应用场合不同，又分为公用变压器和专用变压器。

《配电变压器运行规程》(DL/T 1102—2009)中给出了配电变压器的如下基本安全要求：

(1)安装在室内或台上、柱上的变压器均应悬挂设备名称、编号牌，以及“禁止攀登，高压危险”等警示标志牌。

(2)变压器室内应能防火、防雨水、防涝、防雷电、防小动物，门应采用阻燃或不燃材料，门向外开启并应上锁。门上应标明变压器室的名称和运行编号，门外侧应设“止步，高压危险”等警示标志牌。

(3)变压器的安装高度和距离应满足有关安全规程的规定，否则必须装设围栏并悬挂警告牌。

(4)变压器外壳应可靠接地。

1.3.3 断路器

断路器是指在正常工作状态、过载和短路状态下关合和开断配电线路的开关设备。可以手动执行关合和开断，也可以通过其他动力进行开合电路，在配电线路过载或短路时，可通过与保护装置的配合，完成故障线路的隔离，以保证线路其他设备的安全。

断路器按操作方式分为电动操作、储能操作和手动操作；按结构分为万能式和塑壳式；按使用类别分为选择型和非选择型；按动作速度分为快速型和普通型；按极数分为单极、二极、三极和四极等；按安装方式分为插入式、固定式和抽屉式等；按灭弧介质分为油浸式、六氟化硫式、真空式和空气式。目前，配电网中常用真空断路器和六氟化硫断路器。

总之，断路器可以实现手动、电动储能，手动、电动分合闸，采用专业航空插头作为自动化接口，将开关内部的远动信息引出，送入配套的智能控制单元，从而组成户外智能型真空配电开关，实现馈线自动化。

1.3.4 开关

架空线路的开关主要包括负荷开关和隔离开关。

负荷开关在10～35 kV配电网中得到广泛应用，可独立使用也可与其他设备配合使用。负荷开关是指能在正常的导电回路条件或规定的过载条件下关合、承载和开断电流，也能在异常的导电回路条件(如短路)下按规定的时间承载电流的开关设备。

负荷开关的功能与断路器不同，不需要开断短路电流，只需要切断负荷电流，其断口绝缘性能比较高，适合用于频繁操作的场合。目前在配电自动化系统的设备选型中被大量采用。负荷开关按结构分为封闭式和敞开式；按灭弧介质分为产气式、压气式、充油式、六氟化硫式和真空式等。

隔离开关用于设备停运后退出工作时断开电路，保证隔离带电部分，起到隔离电压的作用。隔离开关开合电流能力较低，不能用做接通或切断电路的控制设备。按安装地点不同分为屋内式和屋外式；按绝缘支柱数目分为单柱式、双柱式和三柱式。

随着配电网电缆化的发展，针对电缆线路分割、分接、线路保护和负荷管理的电缆开关设备的发展也越来越快，常用的电缆开关设备有环网柜和电缆分接箱。

环网柜从本质上说是采用负荷开关柜、负荷开关-熔断器组合电容柜或断路器柜组成的交流金属封闭开关设备，大多数应用在10 kV及以下电缆线路环网供电，所以被称为环网柜。环网柜的作用是通过环网线路和用户分支割接来提高线路供电可靠性。环网柜按照应用环境分为户内环网柜和户外环网柜。其中，户外环网柜主要用于城市配电网线路环网供电，较多的采用六氟化硫或真空开关，具有防水和耐潮性能，可适应户外复杂的工作环境。

电缆分接箱是一种用来对电缆线路实施分接、分支、接续和转换电路的设备，多用于户外。按分支方式分为美式电缆分接箱和欧式电缆分接箱。按电气构成可分为两类：一类是普通分接箱，它不含任何开关设备，箱体内只有对电缆端头进行处理和连接的附件，结构比较简单，体积较小，功能单一；另一类是带开关的电缆分接箱，其箱体内不仅有普通分接箱的附件，还有一台开关设备，结构比较复杂。

1.3.5　熔断器

熔断器是指当电流超过规定值时，以本身产生的热量使熔体熔断，断开电路的一种电气设备。是应用最普遍的保护器件之一，广泛应用于高低压配电系统、控制系统以及用电设备中，作为短路和过电流的保护器。

熔断器根据使用电压可分为高压熔断器和低压熔断器；根据保护对象可分为保护变压器用熔断器、保护电压互感器的熔断器、保护电力电容器的熔断器、保护半导体元件的熔断器、保护电动机的熔断器和保护家用电器的熔断器等；根据结构可分为敞开式、半封闭式、管式和喷射式熔断器。

1.3.6　电压互感器与电流互感器

互感器分为电压互感器和电流互感器两大类，其主要作用包括：①将一次系统的电压、电流信息准确地传递到二次侧相关设备；②将一次系统的高电压、大电流变换为二次侧的低电压、小电流，使测量、计量仪表和继电器等装置标准化、小型化，并降低对二次设备的绝缘要求；③将二次侧设备以及二次系统与一次系统高压设备在电气上很好地隔离，从而保证二次侧设备和人身的安全。

电压互感器本身的阻抗很小，一旦副边发生短路，电流将急剧增长导致线圈烧毁。因此，电压互感器的副边决不允许短路。同时，电压互感器的原边接有熔断器，副边应可靠接地，避免原、副边绝缘损毁时，副边出现对地高电位而造成人身和设备事故。

电流互感器二次侧不允许开路。原因在于：电流互感器在正常工作时，二次侧近似于短路，若突然使其开路，励磁电动势由数值很小的值骤变为很大的值，铁芯中的磁通呈现严重饱和的平顶波，二次侧绕组将在磁通过零时感应出很高的尖顶波，其值可达到数千甚至上万伏，危及工作人员的安全及超越仪表的绝缘性能范围；在使用过程中，二次侧一旦开路应马上撤掉电路负载，处理好后方可再用。

1.3.7 馈线终端单元

FTU 是一种集测量、保护、监控为一体的综合型自动监控装置。FTU 主要应用于配网自动化系统中，适用于 35 kV 以下配电网馈线沿线的柱上分段开关、联络开关、断路器、负荷开关、环网柜、开闭所的监测、控制、故障隔离和事故恢复，是实现电网监控和配电自动化的理想设备。该设备具有快速便捷的通信功能和故障检测能力，方便实现故障的隔离以及网络的管理与优化。

FTU 主要完成以下 14 项基本功能：

(1)遥信功能。FTU 应能对柱上开关的当前位置、通信是否正常、储能完成情况等重要状态量进行采集。若 FTU 自身有微机继电保护功能，则还应对保护动作情况进行遥信。

(2)遥测功能。FTU 应能采集线路的电压、开关经历的负荷电流和有功功率、无功功率等模拟量。一般线路的故障电流远大于正常负荷电流，要采集故障信息就必须能适应输入电流较大的动态变化范围。测量故障电流是为了进行继电保护和判断故障区段，对测量精度要求不高，但要求速度快，而且要滤出基波信号，一般采用全波或半波傅里叶算法；测量正常情况下时的电流对测量精度要求高，但响应可以慢些，并且要求的电流有效值是一种平均的概念，一般采用均方根算法。因此，用于保护的数据和用于测量的数据一般不能共享，必须独立采集，并且应分别取自保护电流互感器和测量电流互感器绕组。FTU 一般还应对电源电压和蓄电池剩余容量进行监视。

(3)遥控功能。FTU 应能接受远方命令控制柱上开关合闸和跳闸，以及启动储能过程等。

(4)统计功能。FTU 应能对开关的动作次数和动作时间及累计切断电流的水平进行监视。

(5)对时功能。FTU 应能接受主系统的对时命令，以便和系统时钟保持一致。

(6)事故记录。记录事故发生时的最大故障电流和事故前一段时间(一般是 1 min)的平均负荷，以便分析事故，确定故障区段，并为恢复健全区段供电时进行负荷重新分配提供依据。

(7)事件顺序记录(SOE)。FIU 应能记录状态量发生变化的时刻和先后顺序。

(8)定值远方修改和召唤功能。为了能够在故障后及时地启动事故记录等过程，必须对 FTU 进行整定，并且整定值应能随着配电网运行方式的改变而自适应。为此，应使 FTU 能接收 DAS 控制中心的指令修改定值，并使 DAS 控制中心可以随时召唤 FTU 的当前整定值。

(9)自检和自恢复功能。FTU 应具有自检测功能，并在设备自身出现故障时及时告警；FTU 还应具有可靠的自恢复功能，一旦受干扰造成死机，可通过监视定时器(WDT)复位系统恢复正常运行。

(10)远方控制闭锁与手动操作功能。在检修线路或开关时，相应的 FTU 应具有远方控制闭锁的功能，以确保操作的安全性，避免误操作造成恶性事故。同时，FTU 应能提供手动合闸/跳闸按钮，以备当通道出现故障时能进行手动操作，避免上杆直接操作开关。

(11)远程通信功能。FTU 具有远程通信功能，只需要提供标准的 RS-232 或 RS-485 接口就能和各种通信传输设备相连。较重要的问题是 FTU 的通信规约面临着标准化的迫切需求。

(12)抗恶劣环境。FTU 通常安装在户外，因此要求它在恶劣环境下仍能可靠地工作。通常恶劣环境包括雷电、环境温度(一般 FTU 应能在－25～＋65℃的环境下正常工作，对于一些特殊地区，甚至会有更高的要求)、防雨、防湿(FTU 应能在湿度达 95%的环境下工作)、风沙、振动、电磁干扰等。

(13)具有良好的维修性。由于 FTU 安放于分段开关处，所以，当 FTU 故障时必须能够不停电检修，否则会造成较大面积停电。为此，FTU 应能方便地与开关隔离，有必要在 TA 进线处采用试验端子，与开关之间采用航空插头连接，并采取加装电源保险、采用双层机壳等措施。

(14)可靠的电源。当出现故障或其他原因导致电路停电时，FTU 上报的信息对于故障区段的判断极有意义，因此，FTU 应保持有工作电源。此外，在恢复线路供电时，往往也需要可靠的操作电源。

另外，还有以下三项可选功能：

(1)电度采集。对 FTU 采集到的有功功率和无功功率进行积分可以获得粗略的有功和无功电能值，对于核算电费和估算线损有一定的意义。为了提高估算精度，可以采用状态估计算法。

(2)微机保护。虽然在选用柱上开关时，可以选择过流脱扣型设备，即利用开关本体的保护功能。但利用 FTU 中的 CPU 进行交流采样构成的微机保护，具有更强的功能和灵活性。因为这样可以使定值随运行方式自动调整，从而实现自适应的继电保护策略。

(3)故障录波。尽管出现故障时的电流、电压的波形记录是否起作用仍是一个有争议的问题，但是对于中性点不接地配电网，利用零序电流录波信息来判断单级接地区段是十分有效的。

1.4　配电网的网络结构

配电网的典型网络接线方式(网络结构)有单电源辐射式接线、“手拉手”环网接线、多回路平行式接线(开闭所接线)、多分段多联络接线和 4×6 网络接线等。

1.4.1 单电源辐射式接线

单电源辐射式接线是由若干互不连接的辐射状馈线组成的。每条馈线都是以变电站的一个出线开关为电源点，呈树枝状布置辐射式接线，没有联络开关，可采用分段开关分为多段馈线。

单电源辐射式接线是一种接线简单、运行方便、建设投资省的网络结构。由于辐射网络不存在线路故障后的负荷转移，可以不考虑线路的备用容量，每条线路可满载运行，即正常最大供电负荷不超过该线路安全载流量。

单电源辐射式接线存在明显的缺点：当发生线路故障时，故障线路的下游部分线路将随之停电；当电源发生故障时，将导致整条线路停电，供电可靠性较差。图 1-1 所示为一条单电源辐射式架空线接线示意图。

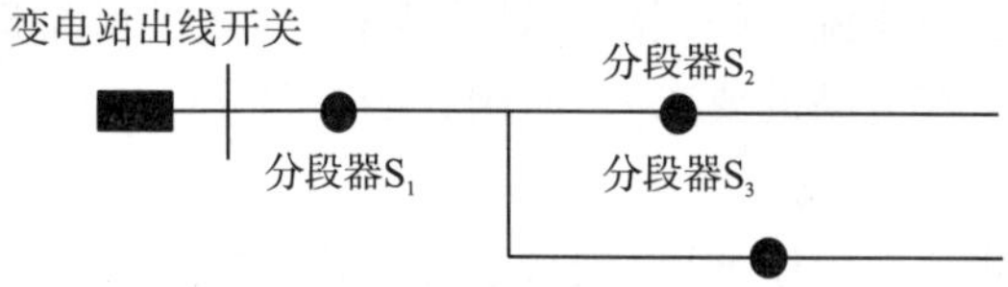

图 1-1 单电源辐射式架空线接线示意图

单电源辐射式电缆接线方式的构成与架空线路类似，只是其馈线开关一般由环网柜构成。图 1-2 所示为典型的单电源辐射式电缆接线示意图。

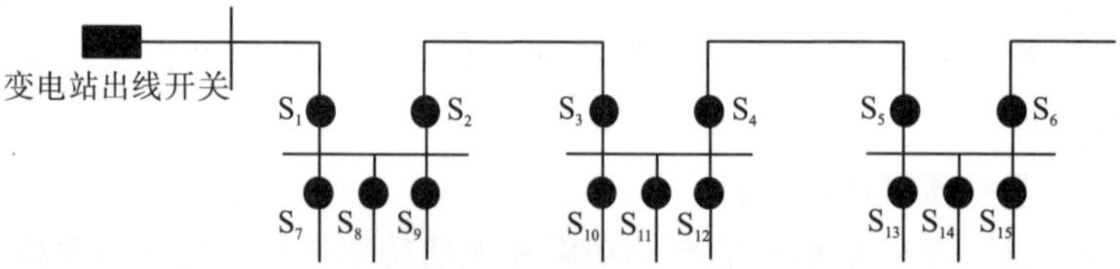

图 1-2 典型的单电源辐射式电缆接线示意图

1.4.2 “手拉手”环网接线

1. 双电源“手拉手”环网接线

架空线路的双电源“手拉手”环网接线是将来自不同变电站或相同变电站不同母线的 2 条馈线通过联络开关连接构成。任何一个区段故障，隔离故障区段后，合上联络开关，失电负荷由相邻馈线进行供电。其接线方式如图 1-3 所示。

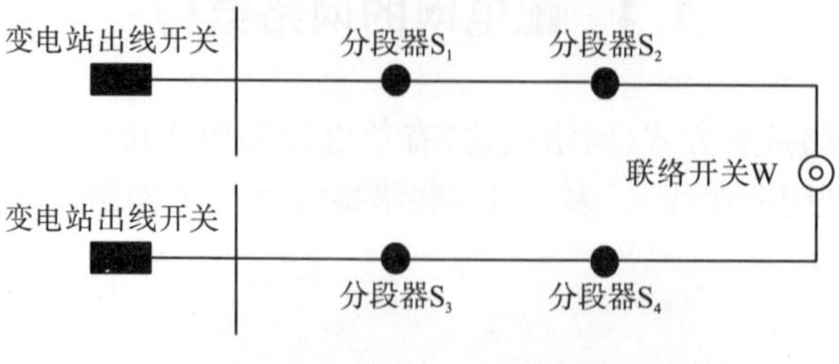

图 1-3 双电源“手拉手”环网接线示意图

双电源“手拉手”环网电缆接线的构成与架空线的双电源“手拉手”环网接线类似，只是馈线开关一般由环网柜构成，图 1-4 为一个简单的单环电缆接线示意图。

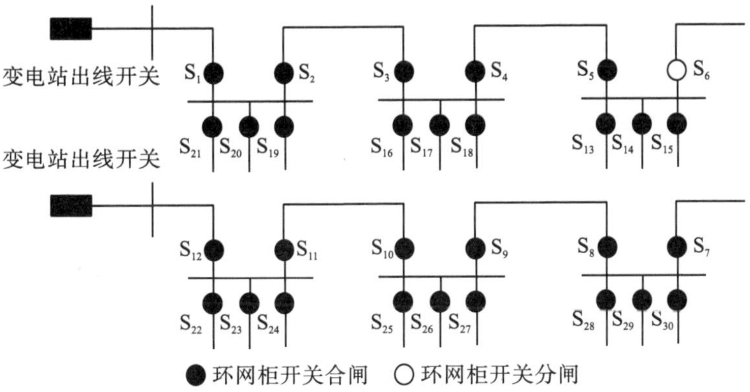

图 1-4　单环电缆接线示意图

2. 三电源“手拉手”环网接线

三电源“手拉手”环网有 3 条馈线，每两条馈线间设一个联络开关，馈线可来自不同变电站或同一变电站的不同母线。由两电源与三电源“手拉手”环网接线方式可知，只要故障区段设有联络开关，就存在两条转供路径，可保证双重故障同时发生时的负荷转供，其接线方式如图 1-5 所示。

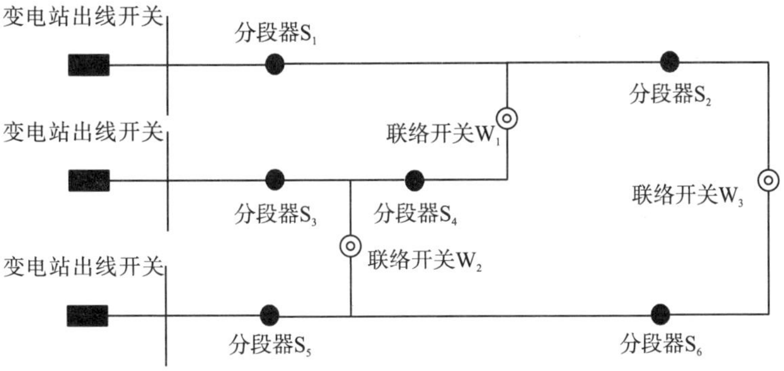

图 1-5　三电源“手拉手”环网接线示意图

3. 四电源井字形环网接线

四电源井字形环网在双电源“手拉手”环网的基础上增加两条馈线的联络，形成一个井字形网络，也可以将其看成在三电源“手拉手”环网的基础上增加一条馈线。4 条馈线可来自 2 个变电站不同母线的 2 条馈线或 4 个变电站出线。四电源井字形环网的可靠性和设备利用率与三电源“手拉手”环网相同，其接线方式如图 1-6 所示。

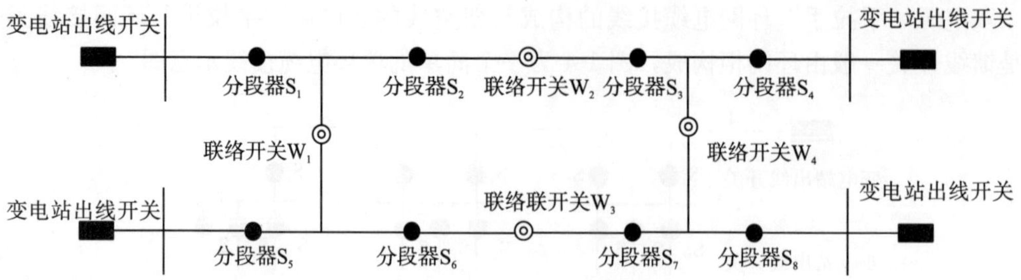

图 1-6 四电源井字形环网接线示意图

1.4.3 多回路平行式接线

多回路平行式接线方式类似于我国广泛采用的开闭所模式，由两路或三路电源供电，采用一供一备、两供一备或多供一备的方式，适用于 10 kV 大用户末端集中负荷。这些回路可以来自不同变电站的 10 kV 母线，也可以来自同一变电站不同的 10 kV 母线段，具有较高的供电可靠性。其接线方式如图 1-7 所示。

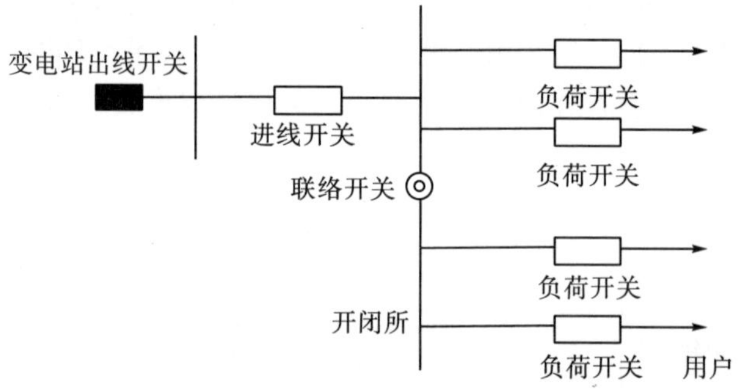

图 1-7 多回路平行式接线示意图

1.4.4 多分段多联络接线

采用多分段多联络接线模式，可以提高设备的利用率。一般 N 分段 N 联络接线的特征是：一条馈线分为 N 段，各段馈线分别经过联络开关与各不相同的备用电源联络。架空线和电缆都可以采用多分段多联络接线方式。多分段多联络接线方式按照分段数和联络数的不同，可分为二分段二联络、三分段三联络、四分段四联络、五分段三联络和六分段三联络等。

一般分段的数目大于联络的数目，分段的数目越多，网络的可靠性越高，故障检修和排除的时间就越短。但是联络线的数目既影响可靠性又影响线路的负荷率，联络开关数目越多，线路的负荷率越高，经济性越好，但是联络线数目增多必然增加设备投资，因此，对于一定的负荷，应该选取最佳的分段数和联络数。

图 1-8 为一个架空线路二分段二联络接线示意图，它由 4 条馈线构成，每条馈线分为两段，每一段分别通过联络开关与不同的馈线相联络。

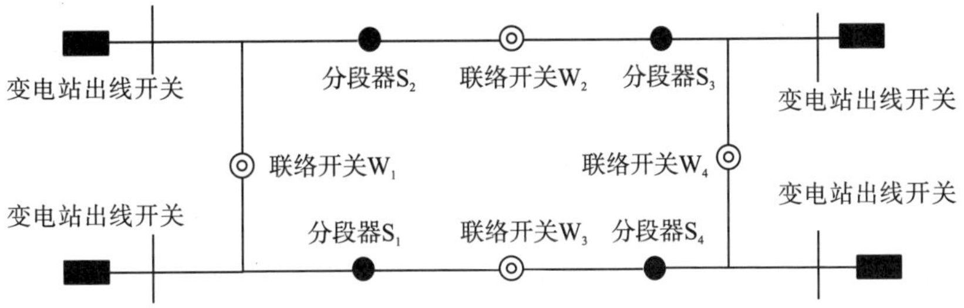

图 1-8　架空线路二分段二联络接线方式示意图

对于二分段二联络的配电网接线方式，如果发生影响最为严重的一种故障，即电源点发生故障时，其处理思路为：直接跳开该电源所带线路的变电站出线开关将线路隔离，然后跳开线路上的分段开关将线路分为两段，再合上各馈线段对应的联络开关，分别由每个备用电源恢复其中一段线路的供电。所以，二分段二联络配电网中的每一条馈线都只需要留有对侧线路负荷的 1/2 作为备用容量就可以满足 $N-1$ 准则的要求。

图 1-9 所示为一个三分段三联络的接线示意图，由 4 条馈线构成，每条馈线分为三段。

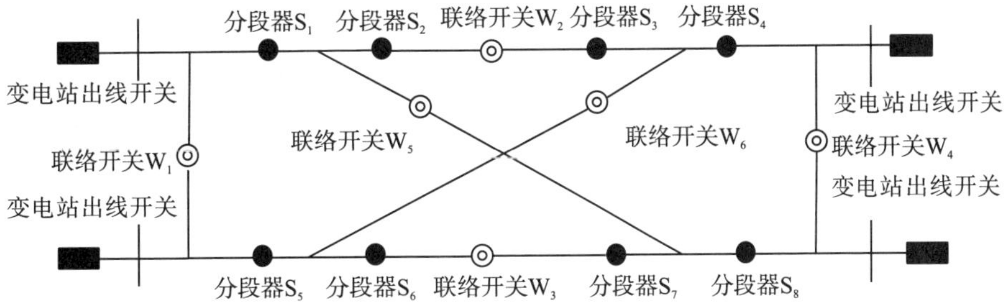

图 1-9　三分段三联络接线示意图

对于三分段三联络配电网，如果某个电源点发生故障，其处理思路为：首先，直接跳开该电源所带线路的变电站出线开关隔离线路；然后，断开线路上的两个分段开关将线路分为三段；最后，合上各馈线段对应的联络开关，分别由每个备用电源恢复其中一段线路的供电。可见，三分段三联络配电网中的每一条馈线只需要留有对侧线路负荷的 1/3 作为备用容量就可以满足 $N-1$ 准则的要求。

一般的，N 分段 N 联络配电网，每条馈线只需要留有对侧线路负荷的 1/N 作为备用容量就可以满足 $N-1$ 准则。

1.4.5　4×6 网络接线

4×6 网络接线方式有 4 个电源点、6 条“手拉手”线路，任何两个电源点间都存在联络或可转供通道。4×6 网络接线由于其在网络设计上的对称性和联络上的完备性，在节省投资、提高可靠性、降低短路容量和网损、均衡负载和提高电能质量等方面具有优越性，其接线方式如图 1-10 所示。

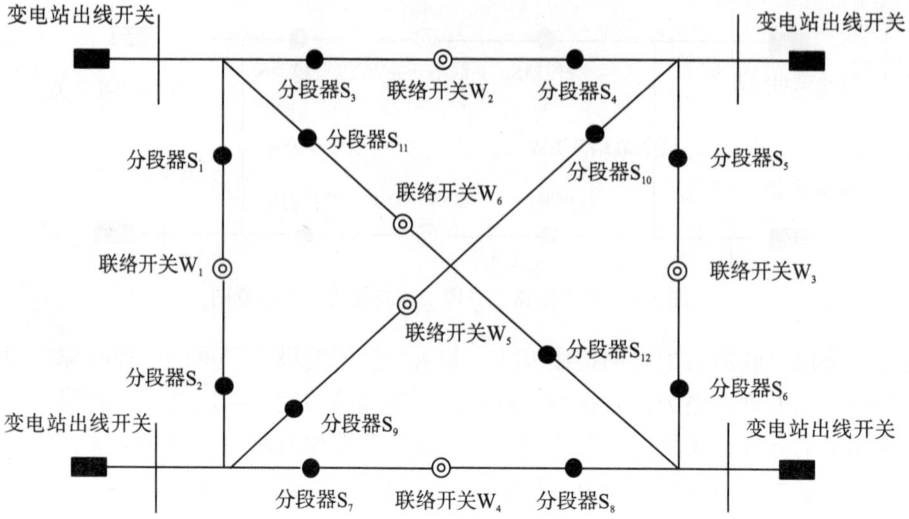

图 1-10 4×6 网络接线示意图

1.5 配电网自动化的概念

配电网作为电力系统的末端直接与用户相连。《配电系统自动化规划设计导则》对配电网自动化进行了定义：配电网自动化是运用计算机技术、自动控制技术、数据通信和存储、信息管理技术，将配电网的实时运行、电网结构、设备、用户和地理图形等信息进行集成，构成完整的自动化系统，实现配电网运行监控及管理的自动化、信息化。其最终目的是提高供电可靠性和供电质量，缩短事故处理时间，减少停电范围，提高配电系统运行的经济性，降低运行维护费用，最大限度地提高企业的经济效益，提高整个配电系统的管理水平和工作效率，改善用户服务水平。

在配电网中，配电自动化系统(distribution automation system，DAS)作为狭义的配电系统自动化，而配电管理系统(distribution management system，DMS)则是广义的配电系统自动化，是实现配电系统自动化所有功能的总称。

1)配电管理系统

通常把从变电、配电到用电过程的监视、控制和管理的综合自动化系统，称为配电管理系统。以配电自动化实时环境、地理信息系统和综合性数据库系统等为基础，组成多个相对独立的应用功能子系统，包括配电自动化(distribution automation，DA)、配电工作管理(distribution work management，DWM)、故障投诉管理(trouble complaint management，TCM)、负荷管理(load management，LM)、配电分析系统(distribution analysis system，DAS)、自动作图(automated mapping，AM)和设备管理(facilities management，FM)等。用以实现配电网的管理自动化，优化配电网运行，提高供电可靠性，为用户提供优质服务。

2)配电自动化系统

配电自动化系统是在远方以实时方式监视、协调和操作配电设备的自动化系统。其内容包括配电网数据采集和监控(distribution supervisory control and data acquisition,

DSCADA)、需求侧管理(demand side management，DSM)和配电网地理信息系统(geographic information system，GIS)等。

配电网数据采集和监控一般用于工业过程控制，完成远方现场运行参数、开关状态的采集和监视、远方开关的操作和远方参数的调节等任务，并为采集到的数据提供共享的途径，主要包括配电网进线监控、开闭所及配电站自动化、馈线自动化和配变监测及无功补偿。DSCADA要给监控、操作人员提供监视画面，为电力系统其他高级管理软件提供数据共享的接口，此外，主要实现如下“四遥”功能。

(1)遥信：采集配电网的各种开关设备的实时状态，通过配电网信道送到监控计算机。

(2)遥测：采集配电网的各种电量(如电流、电压、用户负荷和电度等)的实时数值通过配电网信道送达监控计算机。

(3)遥控：操作人员通过监控计算机发送开关开合命令，通过配电网信道传到现场，使现场执行机构操作开关，达到给用户供电、停电等目的。

(4)遥调：操作人员通过监控计算机或高级监控程序自动发送参数调节命令，通过配电网信道传到现场，使现场的调节机构对特定参数进行调节，达到调节负荷大小、电压和功率因数等目的。

需求侧管理主要包括负荷控制与管理(load control and management，LCM)和远方抄表与计费自动化(automatic meter reading，AMR)。

LCM和AMR合并为电力用户用电信息采集系统，是营销管理系统的一个组成部分。LCM根据电力系统的负荷特性，以某种方式进行削峰填谷，以达到改变电力需求在时序上的分布，减少电网的高峰负荷，目的在于提高电网运行的可靠性和经济性。AMR是一种可在远方完成抄表的新型抄表方式。利用公共信息网络和负荷控制信道等通信方式，将电表的数据自动采集到计费管理中心进行处理。

此外，还有配电网高级应用系统，包括网络分析和优化(潮流分析、网络拓扑优化)、调度员培训模拟系统和配电生产管理系统等，用于降低线损，改善电压质量，提高调度安全性。

1.6 习 题

习题1.电力系统的结构如何划分？配电网有哪些电压等级？配电网有哪些特点？配电网有哪些常用设备？

习题2.配电网的中性点接地方式有哪些？它们有怎样的优缺点？

习题3.配电网的网络结构有哪几种？分别适用于哪些情况？其拓扑结构如何？

习题4.简述配电自动化系统、配电管理系统的概念和配电自动化系统的组成部分。

习题5.配电网数据采集和监控系统的概念、功能和基本组成是什么？

主要参考文献

陈堂，等. 2002. 配电系统及其自动化技术[M]. 北京：中国电力出版社.

方富淇. 2000. 配电网自动化[M]. 北京：中国电力出版社.

郭谋发. 2012. 配电网自动化技术［M］. 北京：机械工业出版社.
何正友. 2011. 配电网故障诊断［M］. 成都：西南交通大学出版社.
刘健，等. 2007. 配电网理论及应用［M］. 北京：中国水利水电出版社.
刘健，等. 2013. 现代配电自动化系统［M］. 北京：中国水利水电出版社.
刘健，倪建立，邓永辉. 2003. 配电自动化系统［M］. 北京：中国水利水电出版社.
刘健. 2001. 变结构耗散网络——配电网自动化新算法［M］. 北京：中国水利电力出版社.
罗毅，丁毓山，李占柱. 1999. 配电网自动化实用技术［M］. 北京：中国电力出版社.
孙宝成，苑薇薇，黑晓红. 2011. 配电网实用新技术［M］. 北京：中国水利水电出版社.
王守相，王成山. 2007. 现代配电系统分析［M］. 北京：高等教育出版社.
苑舜，等. 配电网自动化开关设备［M］. 北京：中国电力出版社，2007

第 2 章　配电网数学模型

2.1　概　　述

如第 1 章所述，配电网是由配电线路、配电变压器、配电开关、配电电容器和配电负荷等组成的直接向用户分配电力的网络。在对配电网进行分析之前，不仅需要建立配电网的拓扑模型，也需要建立配电网各个组成元件的详细模型和整个配电系统的电气元件关联模型。配电网的拓扑模型用于对配电网络进行拓扑分析，运用图论的知识来描述配电网络的几何结构和性质，反映配电网络上各元件的连接情况和带电状态；配电网的元件模型和负荷模型主要是建立组成配电网的配电线路、负荷等元件的三相模型。本章介绍配电网的拓扑模型、配电网的元件模型和配电网的负荷模型，为配电网分析打下基础。

2.2　配电网的拓扑模型

从负荷的角度将配电网看成一种赋权图，将线路上的柱上开关看成节点，节点的权为流过该节点的负荷；将相邻两个节点间的配电馈线和配电变压器综合看成图的边，边的权即是该条边上所有配电变压器供出的负荷之和。这样处理达到了简化节点数的目的，如图 2-1所示。

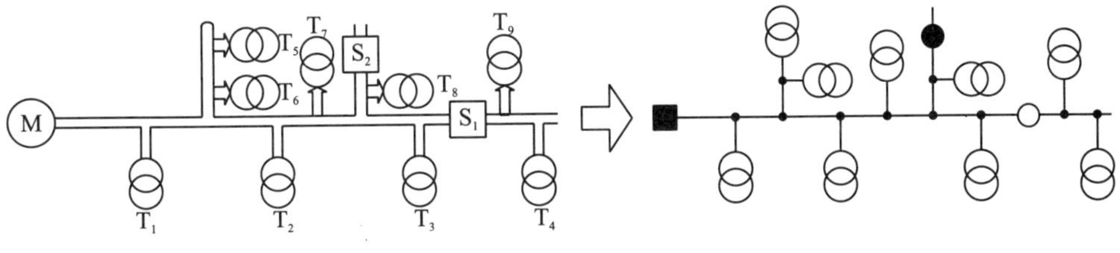

(a)传统模型

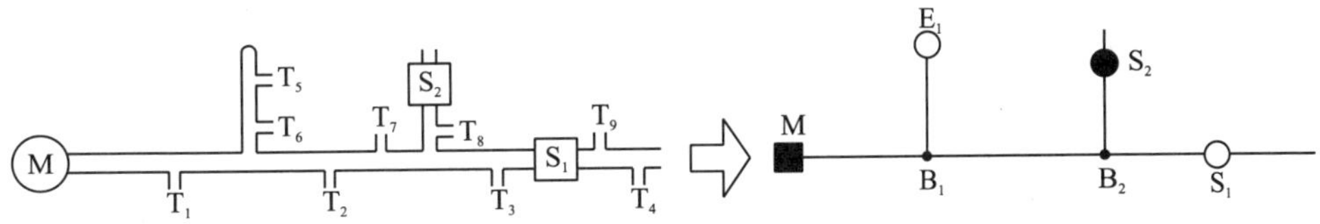

(b)简化模型

图 2-1　一个局部配电网模型

在图 2-1 中，M 为电源点，S_i 为馈线开关，E_i 为末梢点，B_i 为 T 接分支点，T_i 为配电变压器。对于如图 2-1 所示的配电线路，如图 2-1(a)所示的传统模型共有 13 个节点，20 个元件(9 个配电变压器和 11 条馈线段)，而采用如图 2-1(b)所示的简化模型只有 6 个节点和 5 个耗散元件。在简化模型中，将分支线路的末梢表示为处于分状态的节点。

可以采用邻接矩阵描述配电网的上述简化模型。当配电网的节点较多时，邻接矩阵稀疏且需要较大的存储空间。对于一个 N 节点配电网，其网络描述矩阵需要 $\boldsymbol{O}(N^2)$的存储空间，涉及节点或边的搜索算法需要占用很长时间。

将配电网的馈线当作无向图，对于 N 节点配电网络，定义 N 行 5 列的网基结构邻接表 ***DT***，***DT*** 用于描述线路的建设结构，预先定义在数据库中，可根据配电网的发展而修改、删除和补充，***DT*** 定义为

$$\boldsymbol{DT}=\begin{bmatrix} dt_{11} & dt_{12} & \cdots & dt_{15} \\ dt_{21} & dt_{22} & \cdots & dt_{25} \\ \vdots & \vdots & & \vdots \\ dt_{N1} & dt_{N2} & \cdots & dt_{N5} \end{bmatrix}$$

式中，第一列元素 $dt_{i1}(1\leqslant i\leqslant N)$描述各节点类型，取值为 0、1、2 或 3，分别表示该节点是普通点、T 接点、源点或末梢点；第二列元素 dt_{i2} 描述各顶点是否过负荷，如果顶点 ν_i 过负荷，则 $dt_{i2}=1$，如果顶点 ν_i 不过负荷，则 $dt_{i2}=0$；第三至五列元素描述与各顶点邻接的顶点的序号，如果顶点 ν_i 与顶点 ν_k、ν_m 和 ν_n 邻接，则 $dt_{i3}=k$，$dt_{i4}=m$，$dt_{i5}=n$。网基结构邻接表 ***DT*** 中的空闲位置填−1。

网基结构邻接表 ***DT*** 描述了配电网的潜在联结方式，它取决于配电网线路的架设，这种由具有潜在联结方式的配电网构成的图被称为“网基”。

将配电网的馈线当成有向边(也可称为“弧”)，其方向为线路上潮流的方向，定义 N 行 5 列的弧结构邻接表 ***CT***，***CT*** 取决于各个开关的数据采集装置上报的信息，定义为

$$\boldsymbol{CT}=\begin{bmatrix} ct_{11} & ct_{12} & \cdots & ct_{15} \\ ct_{21} & ct_{22} & \cdots & ct_{25} \\ \vdots & \vdots & & \vdots \\ ct_{N1} & ct_{N2} & \cdots & ct_{N5} \end{bmatrix}$$

弧结构邻接表 ***CT*** 中的第一列元素 $ct_{i1}(1\leqslant i\leqslant N)$描述各顶点所处的状态，如果顶点 ν_i 处于合状态，则 $ct_{i1}=1$；如果顶点 ν_i 处于分状态，则 $ct_{i1}=0$。ct_{i2} 和 ct_{i3} 分别表示以顶点 ν_i 为终点的弧的起点序号，如果存在弧(ν_j,ν_i)和(ν_k,ν_i)，则 $ct_{i2}=j$，$ct_{i3}=k$。

弧结构邻接表 ***CT*** 中的第四列元素和第五列元素描述以该顶点为起点的弧的终点序号，如果存在弧(ν_i,ν_m)和(ν_i,ν_n)，则 $ct_{i4}=m$，$ct_{i5}=n$。

在弧结构邻接表 ***CT*** 中的空闲位置填−1。

弧结构邻接表 ***CT*** 描述了配电网的当前运行方式，这样的图称为“网形”。

定义 N 行 4 列的负荷邻接表 ***LT*** 为

$$\boldsymbol{LT}=\begin{bmatrix} lt_{11} & lt_{12} & lt_{13} & lt_{14} \\ lt_{21} & lt_{22} & lt_{23} & lt_{24} \\ \vdots & \vdots & \vdots & \vdots \\ lt_{N1} & lt_{N2} & lt_{N3} & lt_{N4} \end{bmatrix}$$

负荷邻接表 ***LT*** 中的第一列元素 $lt_{i1}(1\leqslant i\leqslant N)$描述相应顶点的负荷；负荷邻接表 ***LT*** 中的第二列元素 lt_{i2} 至第四列元素 lt_{i4} 描述以相应的顶点为端点的边的负荷；在负荷邻接表 ***LT*** 中的空闲位置填−1。***LT*** 中第二至四列的元素的顺序和网基结构邻接表 ***DT*** 的第三至

五列的顺序一致。

定义 N 行 4 列的额定负荷邻接表 $\boldsymbol{RT}$ 为

$$\boldsymbol{RT}=\begin{bmatrix} rt_{11} & rt_{12} & rt_{13} & rt_{14} \\ rt_{21} & rt_{22} & rt_{23} & rt_{24} \\ \vdots & \vdots & \vdots & \vdots \\ rt_{N1} & rt_{N2} & rt_{N3} & rt_{N4} \end{bmatrix}$$

额定负荷邻接表 $\boldsymbol{RT}$ 中的第一列元素 $rt_{i1}(1\leqslant i\leqslant N)$ 描述相应顶点的额定负荷；额定负荷邻接表 $\boldsymbol{RT}$ 中的第二列元素 rt_{i2} 至第四列元素 rt_{i4} 描述以相应顶点为端点的边的额定负荷；在额定负荷邻接表 $\boldsymbol{RT}$ 中的空闲位置填 0.01。额定负荷邻接表 $\boldsymbol{RT}$ 中元素的顺序和负荷邻接表 $\boldsymbol{LT}$ 中元素的顺序一致。

定义归一化负荷 $l_nt_{ij}=lt_{ij}/rt_{ij}$，并定义 N 行 4 列的归一化负荷邻接表 $\boldsymbol{L_nT}$ 为

$$\boldsymbol{L_nT}=\begin{bmatrix} l_nt_{11} & l_nt_{12} & l_nt_{13} & l_nt_{14} \\ l_nt_{21} & l_nt_{22} & l_nt_{23} & l_nt_{24} \\ \vdots & \vdots & \vdots & \vdots \\ l_nt_{N1} & l_nt_{N2} & l_nt_{N3} & l_nt_{N4} \end{bmatrix}$$

归一化负荷邻接表 $\boldsymbol{L_nT}$ 中的第一列元素 l_nt_{i1} 描述相应顶点的归一化负荷；归一化负荷邻接表 $\boldsymbol{L_nT}$ 中的第二列元素 l_nt_{i2} 至第四列元素 l_nt_{i4} 描述以相应顶点为端点的边的归一化负荷。归一化负荷邻接表 $\boldsymbol{L_nT}$ 中元素的顺序和负荷邻接表 $\boldsymbol{LT}$ 中元素的顺序一致。

例如，一个有故障的配电网拓扑如图 2-2 所示，额定负荷为 100。

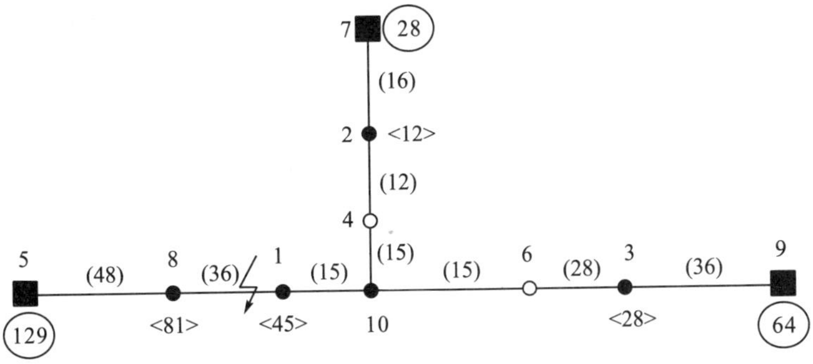

图 2-2　一个有故障的配电网

<>内为节点负荷；()内为馈线负荷；节点下为该节点序号

其中，$\boldsymbol{DT}$、$\boldsymbol{CT}$ 和 $\boldsymbol{LT}$ 分别为

$$\boldsymbol{DT}=\begin{bmatrix} 0 & 1 & 8 & 10 & -1 \\ 0 & 0 & 7 & 4 & -1 \\ 0 & 0 & 6 & 9 & -1 \\ 0 & 0 & 2 & 10 & -1 \\ 2 & 1 & 8 & -1 & -1 \\ 0 & 0 & 10 & 3 & -1 \\ 2 & 0 & 2 & -1 & -1 \\ 0 & 1 & 5 & 1 & -1 \\ 2 & 0 & 3 & -1 & -1 \\ 1 & 0 & 1 & 6 & 4 \end{bmatrix},\boldsymbol{CT}=\begin{bmatrix} 1 & 8 & -1 & 10 & -1 \\ 1 & 7 & -1 & 4 & -1 \\ 1 & 9 & -1 & 6 & -1 \\ 0 & 2 & 10 & -1 & -1 \\ 1 & -1 & -1 & 8 & -1 \\ 0 & 3 & 10 & -1 & -1 \\ 1 & -1 & -1 & 2 & -1 \\ 1 & 5 & -1 & 1 & -1 \\ 1 & -1 & -1 & 3 & -1 \\ 1 & 1 & -1 & 4 & 6 \end{bmatrix},\boldsymbol{LT}=\begin{bmatrix} 45 & 36 & 15 & -1 \\ 12 & 16 & 12 & -1 \\ 28 & 28 & 36 & -1 \\ 0 & 12 & 15 & -1 \\ 129 & 48 & -1 & -1 \\ 0 & 15 & 28 & -1 \\ 28 & 16 & -1 & -1 \\ 81 & 48 & 36 & -1 \\ 64 & 36 & -1 & -1 \\ 30 & 15 & 15 & 15 \end{bmatrix}$$

一般图论和网络理论讨论的是给定结构的网络，并不关心各节点的状态。但是如前所述，随着柱上开关分合状态的改变，配电网的结构也会发生根本的变化，因此实际上配电网是一种变结构网络。固定结构网络是指在考察期间内，网络中的弧不发生变化的网络。变结构网络是指在考察期间内，网络中的弧发生了变化的网络。

图 2-3 所示为一个典型的配电网络，由图可见，该网络在(a)、(b)、(c)、(d)四种开关组合情况下的结构是不同的。

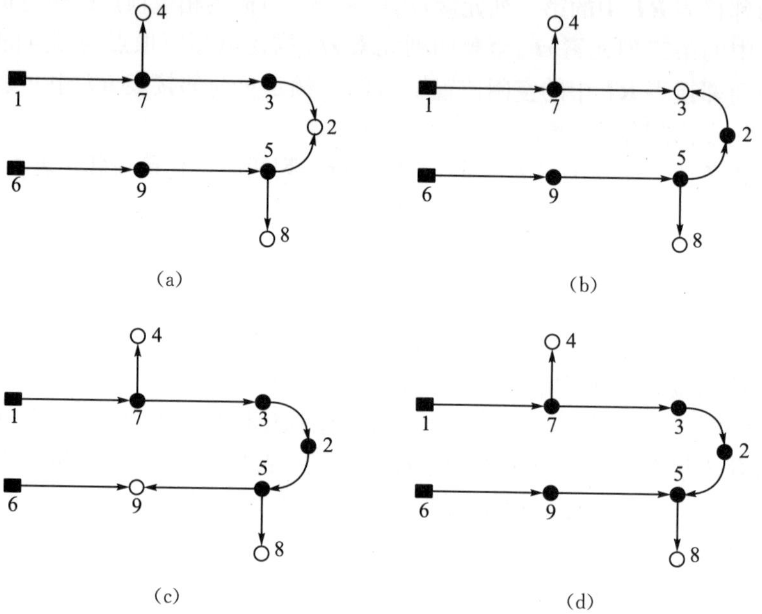

图 2-3　一个典型的配电网络的四种结构形式

■表示源点；○表示节点分；●表示节点合

配电网络拓扑实际上就是根据网基结构邻接表(***DT***)和开关的当前状态(***CT*** 的第一列)求出配电网的运行方式(***CT*** 的其余各列)的过程，该过程称为基形变换。

一个开环配电网络的弧具有下列性质：①处于分状态的节点只能作为弧的终点；②处于合状态的节点可以作为弧的起点，也可作为弧的终点。

上述性质是基形变换的依据。基形变换可以按连通系进行，首先定义源点的集合为起点队列 QS，表示为 $QS=(\nu_1, \cdots, \nu_i, \cdots)$，其中 i 为源点编号。

具体变换过程采用如下步骤：

(1)根据源点分布将某个连通系中的源点序号填入起点队列 QS 中。

(2)从起点队列 QS 首取出一个节点作为当前起点，并判断该节点是否处于合状态，若是则进行下一步，否则进行第(4)步。

(3)查阅网基结构矩阵 ***DT***，搜寻是否存在以当前起点为端点的边，若存在则考察弧结构矩阵 ***CT***，判断该边的方向是否已确定，若尚未确定，则将这些弧填入弧结构邻接表中，判断它们终点是否处于合状态，若是则将该节点的序号填入起点队列中，否则进行第(4)步。

(4)判断起点队列是否为空。若是则退出，否则回到第(2)步。

对于如图 2-3 所示的网基，假如节点 3 处于分状态，其余节点均处于合状态，则这种情况应对应如图 2-3(b)所示的网形，图 2-4 说明了完成这个变换的过程。

图 2-4(a)所示为网基的结构、节点的状态和源点的分布情况，$QS=(\nu_1, \nu_6)$。

图 2-4(b)所示为从节点 ν_1 开始搜寻，删除 QS 中的 ν_1，显然存在弧(ν_1, ν_7)，ν_7 处于合状态，因此将其放入起点队列中，即 $QS=(\nu_6, \nu_7)$。

图 2-4(c)所示为从节点 ν_6 搜寻，删除 QS 中的 ν_6，显然存在弧(ν_6, ν_9)，将 ν_9 放入起点队列，即 $QS=(\nu_7, \nu_9)$。

图 2-4(d)所示为从节点 ν_7 搜寻，删除 QS 中的 ν_7，存在弧(ν_7, ν_3)和(ν_7, ν_4)，因为 ν_4 和 ν_3 均处于分状态，不将它们放入起点队列，即 $QS=(\nu_9)$。

图 2-4(e)所示为从节点 ν_9 搜寻，删除 QS 中的 ν_9，存在弧(ν_9, ν_5)，将 ν_5 放入起点队列，即 $QS=(\nu_5)$；类似地还可以搜寻到存在弧(ν_5, ν_8)和弧(ν_5, ν_2)，将 ν_2 放入起点队列，即 $QS=(\nu_2)$。

图 2-4(f)所示为从节点 ν_2 搜寻，存在弧(ν_2, ν_3)，ν_3 处于分状态，因此不将它们放入起点队列，于是 $QS=(\varnothing)$，即起点队列已空，整个变换完成，得到的网形如图 2-4(f)所示。

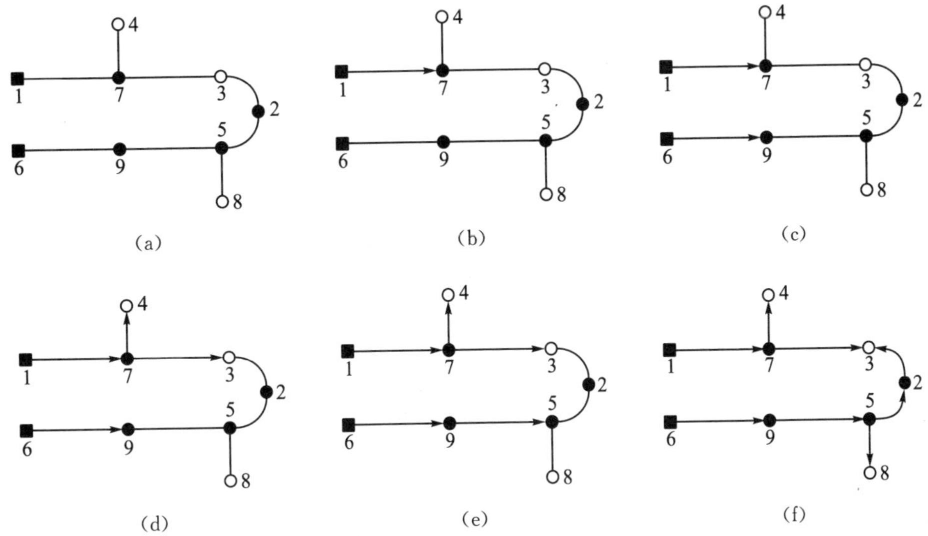

图 2-4　基形变换的过程

2.3　配电网的元件模型

配电元件包括配电线路、配电变压器和配电电容器等。考虑到配电系统的三相不对称特征，一般需要建立各元件的三相模型，而仅在近似处理时，才不考虑三相不对称情况，只用单相模型来进行分析和计算。

2.3.1　配电线路

配电线路包括架空线和地下电缆。配电线路的三相 Π 形等值电路如图 2-5 所示。其中，母线 i 和母线 j 分别为线路的入端母线和出端母线，$\boldsymbol{Z}_L$ 为线路的串联阻抗矩阵，$\boldsymbol{Y}_L$ 为线路的并联(对地)导纳矩阵。$\boldsymbol{Z}_L$ 和 $\boldsymbol{Y}_L$ 皆为 $n \times n$ 维的复矩阵，n 为线路的相数，当 n 取 1、

2 和 3 时，分别代表单相线路、两相线路和三相线路。

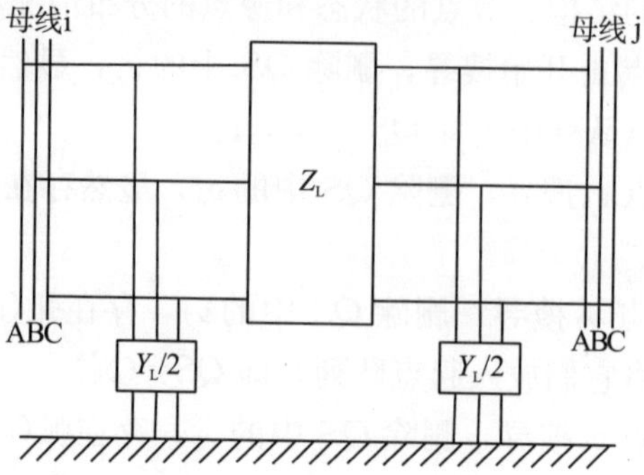

图 2-5 三相配电线路模型

如图 2-5 所示的配电线路的导纳矩阵 $\boldsymbol{Y}_L$ 为

$$\boldsymbol{Y}_L = \begin{bmatrix} Z_L^{-1} + \dfrac{1}{2}Y_L & -Z_L^{-1} \\ -Z_L^{-1} & Z_L^{-1} + \dfrac{1}{2}Y_L \end{bmatrix} \tag{2-1}$$

1)配电线路的精确模型

配电线路的精确模型为如图 2-6 所示的三相 Π 形等值电路，其中串联阻抗矩阵 $\boldsymbol{Z}_L$ 为

$$\boldsymbol{Z}_L = \begin{bmatrix} Z_{aa} & Z_{ab} & Z_{ac} \\ Z_{ba} & Z_{bb} & Z_{bc} \\ Z_{ca} & Z_{cb} & Z_{cc} \end{bmatrix} \tag{2-2}$$

并联对地导纳矩阵 $\boldsymbol{Y}_L/2$ 为

$$\boldsymbol{Y}_L/2 = \frac{1}{2}\begin{bmatrix} Y_{aa} & Y_{ab} & Y_{ac} \\ Y_{ba} & Y_{bb} & Y_{bc} \\ Y_{ca} & Y_{cb} & Y_{cc} \end{bmatrix} \tag{2-3}$$

将式(2-2)和式(2-3)代入式(2-1)，就得到线路的精确模型对应的导纳矩阵 $\boldsymbol{Y}_L$。

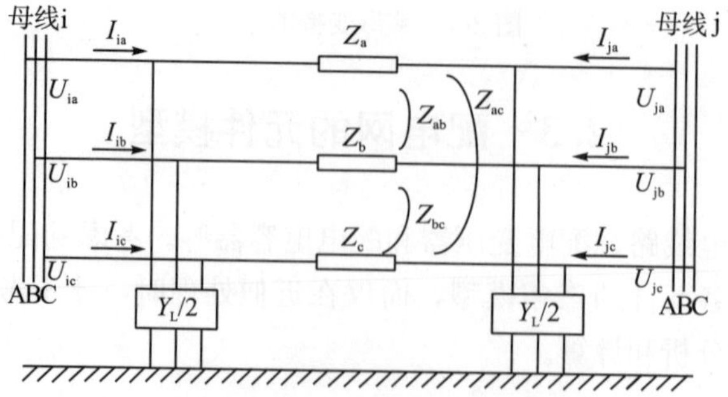

图 2-6 配电线路的精确模型

2)配电线路的修正模型

如果忽略并联对地导纳，则得到配电线路的修正模型，如图 2-7 所示。

将式(2-2)代入式(2-1)，并在式(2-1)中忽略 $Y_L/2$，就得到线路的修正模型对应的导纳矩阵 $\boldsymbol{Y}_L$。

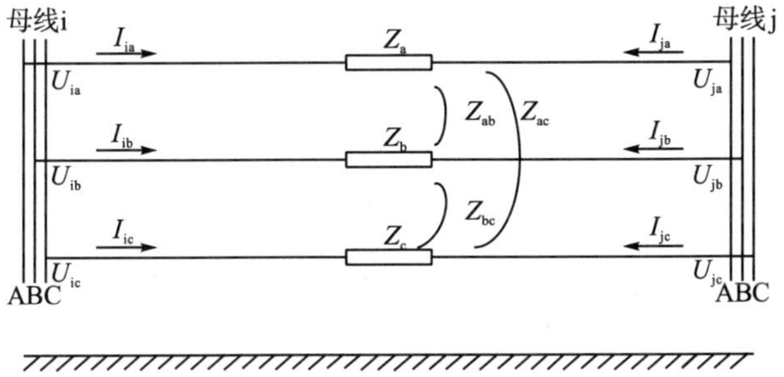

图 2-7　配电线路的修正模型

3)配电线路的简化模型

假定配电线路的三相具有完全的对称性，则可得到线路的简化模型。用线路的序参数(正序阻抗 Z_1、负序阻抗 Z_2和零序阻抗 Z_0)表示时，考虑到阻抗 Z_1和 Z_2相等，可得到线路的序阻抗矩阵为

$$\boldsymbol{Z}_{\mathrm{L}}^{0,1,2}=\begin{bmatrix} Z_0 & & \\ & Z_1 & \\ & & Z_1 \end{bmatrix} \tag{2-4}$$

从而可以得到线路的近似相阻抗矩阵 $\boldsymbol{Z}_{\mathrm{L}}'$ 为

$$\boldsymbol{Z}_{\mathrm{L}}'=\boldsymbol{T}\boldsymbol{Z}_{\mathrm{L}}^{0,1,2}\boldsymbol{T}^{-1}=\begin{bmatrix} 2Z_1+Z_0 & Z_0-Z_1 & Z_0-Z_1 \\ Z_0-Z_1 & 2Z_1+Z_0 & Z_0-Z_1 \\ Z_0-Z_1 & Z_0-Z_1 & 2Z_1+Z_0 \end{bmatrix} \tag{2-5}$$

式中，$\boldsymbol{T}$ 为对称分量变换矩阵，该矩阵及其逆矩阵分别为

$$\boldsymbol{T}=\begin{bmatrix} 1 & 1 & 1 \\ 1 & a^2 & a \\ 1 & a & a^2 \end{bmatrix} \tag{2-6}$$

$$\boldsymbol{T}^{-1}=\frac{1}{3}\begin{bmatrix} 1 & 1 & 1 \\ 1 & a & a^2 \\ 1 & a^2 & a \end{bmatrix} \tag{2-7}$$

式中，$a=\mathrm{e}^{\mathrm{j}120^\circ}=-\frac{1}{2}+\mathrm{j}\frac{\sqrt{3}}{2}$，为复数算子。

用 $\boldsymbol{Z}_{\mathrm{L}}'$ 替换式(2-1)中的 $\boldsymbol{Z}_{\mathrm{L}}$，并在式(2-1)中忽略 $Y_{\mathrm{L}}/2$，就得到线路的简化模型对应的导纳矩阵 $\boldsymbol{Y}_{\mathrm{L}}$。

2.3.2　配电变压器

1. 绕组联结组别(联结组标号)

我国国家标准《电力变压器第 1 部分总则》(GB 1094.1—1996)规定：变压器绕组为星形联结时，标号为 Y(高压绕组)或 y(低压绕组)，中性点引出时，标号为 YN 或 yn；绕组为三角形联结时，标号为 D(高压绕组)或 d(低压绕组)；绕组为曲折形联结并有中性点引出时，标号为ZN或zn。在旧版国标中，用Δ表示三角形联结，用YN和Y分别表示接地星形联结和不接地星形联结。

我国的三相双绕组变压器标准采用的联结组标号为：Y，yn0；Y，zn11；Y，d11；D，yn11。联结组标号中的数字采用相位差时钟序数表示法反映组别。变压器绕组连接后，不同侧间电压相量有角度差的相位移。以往采用线电压相量间的角度差表示相位移，新国标中是用一对绕组各对应端子与中性点(三角形联结为虚设的)间的电压相量角度差表示相位移。这种绕组间的相位移用时钟序数表示。用分针表示高压线端与中性点间的电压相量，且指向定点0点；用时针表示低压线端与中性点间的电压相量，时针所指的小时数就是绕组的联结组别。联结组标号用联结组名后加组别表示。

单相双绕组变压器不同侧绕组的电压相量相位移为0°或180°。但由于通常绕组的绕向相同、端子标识一致，所以电压相量极性相同，联结组仅为0。因此，单相双绕组变压器采用的联结组标号为I，I0。该接线的单相变压器不能接成Yy联结的三相变压器组，因为此时三次谐波磁通完全在铁芯中流通，三次谐波电压较大，对绕组绝缘极其不利。但是，它能接成其他联结的三相变压器组。

三相双绕组变压器一、二次电压相位移为30°的倍数，所以有0，1，2，…，11共12种组别。同样由于通常绕组的绕向相同，端子和相别标志一致，联结组别仅采用0和11两种。

我国规定，容量超过160MV·A的变压器一般采用Y，d11接线，低于160MV·A的一般采用Y，yn0接线。这一原则对配电系统也是适用的。因此，35 kV和10 kV配电变压器的联结组别通常为Y，d11(Y/Δ-11)。10/0.4 kV配电变压器(如变电站所用变压器)的联结组别宜采用Y，yn0(Y/Y0-12)或D，yn11(Δ/Y0-11)。

Y，yn0绕组导线填充系数大，机械强度高，绝缘用量少，可以实现三相四线制供电，常用于小容量三柱式铁芯的变压器上。但由于有三次谐波磁通，在金属结构件中会引起涡流损耗。

D，yn11用于配电变压器，二次侧可以采用三相四线制供电，适用于二次三相不平衡负荷，可以避免出现二次中性点漂移，并可抑制三次谐波电流。

Y，zn11在二次侧或一次侧遭受冲击过电压时，同一芯柱上的两个半线圈磁动势互相抵消，一次侧不会感应过电压或逆变过电压，适用于防雷性能高的配电变压器，但二次绕组需要增加15.5%的材料用量。

2. 10 kV配电变压器的两种联结组别比较

在我国城乡电网中，大都采用三相四线制配电方式，10 kV三相配电变压器广泛采用Y，yn0接线(原表示法的Y/Y0－12接线)，因其能提供380V和220V两种电源电压，方便了用户。但由于存在大量单相负载、用电不同时等原因，使配电变压器的三相不平衡运行是不可避免的。配电变压器不平衡运行时，中性线电流的增大会增加变压器的铜损、铁损，降低变压器的出力，中性线电流过大会烧断中性线，影响变压器的安全运行，造成三相电压不平衡，降低电能质量。国家标准《供配电系统设计规范》(GB 50052—1995)、电力行业标准《变压器运行规程》(DL/T 572—1995)中都规定了Y，yn0接线的配电变压器运行时中性线电流不能超过变压器相电流的25%。

国际上，多数国家采用D，yn11接线的三相配电变压器(原表示法的Δ/Y0-11接线)。

除保持了输出两种电压的优点外，还具有以下优点：①降低谐波电流，改善供电正弦波质量；②零序阻抗小，提高单相短路电流，有利于切除单相接地故障；③在三相不平衡负荷情况下，能充分利用变压器容量，同时降低变压器损耗等。

3. 配电变压器模型

符号说明(请参照图 2-8 以准确理解下述符号的具体含义)。

A、B、C 和 a、b、c：分别表示变压器一次侧和二次侧的三相。

$\dot{U}_1$、$\dot{U}_2$、$\dot{U}_3$ 和 $\dot{I}_1$、$\dot{I}_2$、$\dot{I}_3$：分别表示一次侧三相绕组支路的电压和电流。

$\dot{U}_4$、$\dot{U}_5$、$\dot{U}_6$ 和 $\dot{I}_4$、$\dot{I}_5$、$\dot{I}_6$：分别表示二次侧三相绕组支路的电压和电流。

$\dot{U}_p^A$、$\dot{U}_p^B$、$\dot{U}_p^C$ 和 $\dot{I}_p^A$、$\dot{I}_p^B$、$\dot{I}_p^C$：分别表示一次侧三相绕组节点(变压器与外部实际网络联结的端点)的电压和电流。

$\dot{U}_s^a$、$\dot{U}_s^b$、$\dot{U}_s^c$ 和 $\dot{I}_s^a$、$\dot{I}_s^b$、$\dot{I}_s^c$：分别表示二次侧的三相绕组节点的电压和电流。

$\boldsymbol{U}_b$、$\boldsymbol{I}_b$：分别表示变压器的绕组支路电压向量和绕组支路电流向量，即

$$\boldsymbol{U}_b = [\dot{U}_1, \dot{U}_2, \dot{U}_3, \dot{U}_4, \dot{U}_5, \dot{U}_6]^T$$
$$\boldsymbol{I}_b = [\dot{I}_1, \dot{I}_2, \dot{I}_3, \dot{I}_4, \dot{I}_5, \dot{I}_6]^T$$

$\boldsymbol{U}_n$、$\boldsymbol{I}_n$：分别表示变压器的节点电压向量和节点电流向量，即

$$\boldsymbol{U}_n = [\dot{U}_p^A, \dot{U}_p^B, \dot{U}_p^C, \dot{U}_s^a, \dot{U}_s^b, \dot{U}_s^c]^T$$
$$\boldsymbol{I}_n = [\dot{I}_p^A, \dot{I}_p^B, \dot{I}_p^C, \dot{I}_s^a, \dot{I}_s^b, \dot{I}_s^c]^T$$

α：变压器一次侧分接头。

β：变压器二次侧分接头。

α/β：非标准变比变压器一次侧和二次侧之间的非标准变比。

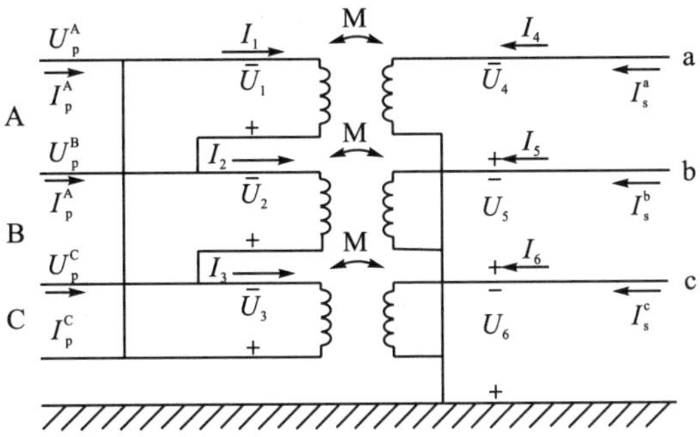

图 2-8　D，yn11(Δ/Y0-11)型变压器等值电路图

配电三相变压器通常具有一个公共铁芯，造成各绕组之间相互耦合。由变压器绕组的原始连接网络可以得到变压器的原始导纳矩阵 $\boldsymbol{Y}_{orig}$，它表达了变压器三相绕组支路的电压向量 $\boldsymbol{U}_b$ 和电流向量 $\boldsymbol{I}_b$ 之间的关系：

$$\boldsymbol{I}_b = \boldsymbol{Y}_{orig}\boldsymbol{U}_b \tag{2-8}$$

由变压器绕组实际连接情况，可以得到三相变压器的绕组支路电压、电流向量 $\boldsymbol{U}_b$、$\boldsymbol{I}_b$ 和节点电压、电流向量 $\boldsymbol{U}_n$、$\boldsymbol{I}_n$ 之间的关系：

$$\begin{aligned}\boldsymbol{U}_b &= \boldsymbol{C}\cdot\boldsymbol{U}_n \\ \boldsymbol{I}_b &= \boldsymbol{C}\cdot\boldsymbol{I}_n\end{aligned} \tag{2-9}$$

式中，$\boldsymbol{C}$ 为变压器的节点－支路关联矩阵。

若表征变压器的节点电流向量 $\boldsymbol{I}_{\mathrm{n}}$ 和节点电压向量 $\boldsymbol{U}_{\mathrm{n}}$ 之间关系的变压器节点导纳矩阵用 $\boldsymbol{Y}_{\mathrm{T}}$ 表示，即有

$$\boldsymbol{I}_{\mathrm{n}}=\boldsymbol{Y}_{\mathrm{T}}\boldsymbol{U}_{\mathrm{n}} \tag{2-10}$$

由式(2-8)和式(2-9)有 $\boldsymbol{I}_{\mathrm{n}}=\boldsymbol{C}^{-1}\cdot\boldsymbol{Y}_{\mathrm{orig}}\cdot\boldsymbol{C}\cdot\boldsymbol{U}_{\mathrm{n}}$，将其代入式(2-10)，可得 $\boldsymbol{Y}_{\mathrm{T}}$ 为

$$\boldsymbol{Y}_{\mathrm{T}}=\boldsymbol{C}^{-1}\cdot\boldsymbol{Y}_{\mathrm{orig}}\cdot\boldsymbol{C} \tag{2-11}$$

式(2-11)表明，在由变压器绕组的原始连接网络得到的原始导纳矩阵 $\boldsymbol{Y}_{\mathrm{orig}}$ 基础上，根据变压器的实际联结组别，通过线性转换，可得到变压器绕组实际连接网络的导纳矩阵 $\boldsymbol{Y}_{\mathrm{T}}$。

节点－支路关联矩阵 $\boldsymbol{C}$ 中元素 c_{jk} 的取值为

$$c_{jk}=\begin{cases}1 & 电流由\ k\ 离开\ j（同向关联）\\ -1 & 电流由\ k\ 指向\ j（反向关联）\\ 0 & 无关联\end{cases}$$

式中，脚标 j 表示节点，k 表示支路。

对照图 2-8，$j=1,2,3,4,5,6$ 分别代表节点 A，B，C，a，b，c；$k=1,2,3,4,5,6$ 分别代表支路 1，2，3，4，5，6。由于支路 1 的电流 $\dot{I}_1$ 离开节点 A，故 $c_{11}=1$；支路 1 的电流 $\dot{I}_1$ 指向节点 B，故 $c_{21}=-1$；支路 1 的电流 $\dot{I}_1$ 与节点 C 无关联，故 $c_{31}=0$。同理可求得矩阵 $\boldsymbol{C}$ 中的其他元素：

$$\boldsymbol{C}=\begin{bmatrix}1 & 0 & -1 & 0 & 0 & 0\\ -1 & 1 & 0 & 0 & 0 & 0\\ 0 & -1 & 1 & 0 & 0 & 0\\ 0 & 0 & 0 & 1 & 0 & 0\\ 0 & 0 & 0 & 0 & 1 & 0\\ 0 & 0 & 0 & 0 & 0 & 1\end{bmatrix}$$

1)配电变压器的精确模型

若变压器的原始导纳矩阵 $\boldsymbol{Y}_{\mathrm{orig}}$ 中的所有元素已知，则得到变压器的精确模型，即在变压器精确模型下的 $\boldsymbol{Y}_{\mathrm{orig}}$ 为

$$\boldsymbol{Y}_{\mathrm{orig}}=\begin{bmatrix}Y_{11} & Y_{12} & Y_{13} & Y_{14} & Y_{15} & Y_{16}\\ Y_{21} & Y_{22} & Y_{23} & Y_{24} & Y_{25} & Y_{26}\\ Y_{31} & Y_{32} & Y_{33} & Y_{34} & Y_{35} & Y_{36}\\ Y_{41} & Y_{42} & Y_{43} & Y_{44} & Y_{45} & Y_{46}\\ Y_{51} & Y_{52} & Y_{53} & Y_{54} & Y_{55} & Y_{56}\\ Y_{61} & Y_{62} & Y_{63} & Y_{64} & Y_{65} & Y_{66}\end{bmatrix} \tag{2-12}$$

从而式(2-8)可以展开为

$$\begin{bmatrix}\dot{I}_1\\ \dot{I}_2\\ \dot{I}_3\\ \dot{I}_4\\ \dot{I}_5\\ \dot{I}_6\end{bmatrix}=\begin{bmatrix}Y_{11} & Y_{12} & Y_{13} & Y_{14} & Y_{15} & Y_{16}\\ Y_{21} & Y_{22} & Y_{23} & Y_{24} & Y_{25} & Y_{26}\\ Y_{31} & Y_{32} & Y_{33} & Y_{34} & Y_{35} & Y_{36}\\ Y_{41} & Y_{42} & Y_{43} & Y_{44} & Y_{45} & Y_{46}\\ Y_{51} & Y_{52} & Y_{53} & Y_{54} & Y_{55} & Y_{56}\\ Y_{61} & Y_{62} & Y_{63} & Y_{64} & Y_{65} & Y_{66}\end{bmatrix}\begin{bmatrix}\dot{U}_1\\ \dot{U}_2\\ \dot{U}_3\\ \dot{U}_4\\ \dot{U}_5\\ \dot{U}_6\end{bmatrix} \tag{2-13}$$

将式(2-12)和根据变压器的实际联结组别得到的变压器节点-支路关联矩阵 $\boldsymbol{C}$ 代入式(2-11)，即可得到变压器精确模型下的节点导纳矩阵 $\boldsymbol{Y}_\mathrm{T}$。

2)配电变压器的简化模型

假定磁路在各绕组之间对称分布，则式(2-13)可以简化为

$$\begin{bmatrix}\dot{I}_1\\\dot{I}_2\\\dot{I}_3\\\dot{I}_4\\\dot{I}_5\\\dot{I}_6\end{bmatrix}=\begin{bmatrix}Y_\mathrm{p} & Y'_\mathrm{m} & Y'_\mathrm{m} & -Y_\mathrm{m} & Y''_\mathrm{m} & Y''_\mathrm{m}\\ Y'_\mathrm{m} & Y_\mathrm{p} & Y'_\mathrm{m} & Y''_\mathrm{m} & -Y_\mathrm{m} & Y''_\mathrm{m}\\ Y'_\mathrm{m} & Y'_\mathrm{m} & Y_\mathrm{p} & Y''_\mathrm{m} & Y''_\mathrm{m} & -Y_\mathrm{m}\\ -Y_\mathrm{m} & Y''_\mathrm{m} & Y''_\mathrm{m} & Y_\mathrm{s} & Y'''_\mathrm{m} & Y'''_\mathrm{m}\\ Y''_\mathrm{m} & -Y_\mathrm{m} & Y''_\mathrm{m} & Y'''_\mathrm{m} & Y_\mathrm{s} & Y'''_\mathrm{m}\\ Y''_\mathrm{m} & Y''_\mathrm{m} & -Y_\mathrm{m} & Y'''_\mathrm{m} & Y'''_\mathrm{m} & Y_\mathrm{s}\end{bmatrix}\begin{bmatrix}\dot{U}_1\\\dot{U}_2\\\dot{U}_3\\\dot{U}_4\\\dot{U}_5\\\dot{U}_6\end{bmatrix}\tag{2-14}$$

式中，Y_p 为一次绕组的自导纳；Y_s 为二次绕组的自导纳；Y_m 为同一铁芯柱上的一次绕组和二次绕组之间的互导纳；Y'_m 为一次绕组之间的互导纳；Y''_m 为不同铁芯柱上的一次绕组和二次绕组之间的互导纳；Y'''_m 为二次绕组之间的互导纳。

如果忽略各相间的耦合，只保留一次绕组和二次绕组之间的耦合，则

$$\begin{bmatrix}\dot{I}_1\\\dot{I}_2\\\dot{I}_3\\\dot{I}_4\\\dot{I}_5\\\dot{I}_6\end{bmatrix}=\begin{bmatrix}Y_\mathrm{p} & 0 & 0 & -Y_\mathrm{m} & 0 & 0\\ 0 & Y_\mathrm{p} & 0 & 0 & -Y_\mathrm{m} & 0\\ 0 & 0 & Y_\mathrm{p} & 0 & 0 & -Y_\mathrm{m}\\ -Y_\mathrm{m} & 0 & 0 & Y_\mathrm{s} & 0 & 0\\ 0 & -Y_\mathrm{m} & 0 & 0 & Y_\mathrm{s} & 0\\ 0 & 0 & -Y_\mathrm{m} & 0 & 0 & Y_\mathrm{s}\end{bmatrix}\begin{bmatrix}\dot{U}_1\\\dot{U}_2\\\dot{U}_3\\\dot{U}_4\\\dot{U}_5\\\dot{U}_6\end{bmatrix}\tag{2-15}$$

即

$$\boldsymbol{Y}_\mathrm{orig}=\begin{bmatrix}Y_\mathrm{p} & 0 & 0 & -Y_\mathrm{m} & 0 & 0\\ 0 & Y_\mathrm{p} & 0 & 0 & -Y_\mathrm{m} & 0\\ 0 & 0 & Y_\mathrm{p} & 0 & 0 & -Y_\mathrm{m}\\ -Y_\mathrm{m} & 0 & 0 & Y_\mathrm{s} & 0 & 0\\ 0 & -Y_\mathrm{m} & 0 & 0 & Y_\mathrm{s} & 0\\ 0 & 0 & -Y_\mathrm{m} & 0 & 0 & Y_\mathrm{s}\end{bmatrix}\tag{2-16}$$

将式(2-16)和根据变压器的实际联结组别得到的变压器节点-支路关联矩阵 $\boldsymbol{C}$ 代入式(2-11)，即可得到变压器简化模型下的节点导纳矩阵 $\boldsymbol{Y}_\mathrm{T}$。

3)配电变压器的实用简化三相模型

如果已知变压器的短路损耗 ΔP_s，短路电压百分值 $U_\mathrm{s}\%$，空载损耗 ΔP_0，空载电流百分值 $I_0\%$等原始铭牌参数，则可以由式(2-17)～式(2-20)得到变压器常用等值电路的参数：电阻 R_T、电抗 X_T、电导 G_T和电纳 B_T。

$$R_\mathrm{T}=\frac{\Delta P_\mathrm{s}\cdot U_\mathrm{N}^2}{S_\mathrm{N}^2}\times 10^3(\Omega)\tag{2-17}$$

$$X_\mathrm{T}\approx\frac{U_\mathrm{s}\%\cdot U_\mathrm{N}^2}{100S_\mathrm{N}}\times 10^3(\Omega)\tag{2-18}$$

$$G_\mathrm{T}=\frac{\Delta P_\mathrm{Fe}}{U_\mathrm{N}^2}\times 10^3\approx\frac{\Delta P_0}{U_\mathrm{N}^2}\times 10^3(\mathrm{S})\tag{2-19}$$

$$B_{\mathrm{T}} \approx \frac{1\% \cdot S_{\mathrm{N}}}{100U_{\mathrm{N}}^{2}} \times 10^{-3}(\mathrm{S}) \tag{2-20}$$

式中，R_{T}为变压器的正序和负序电阻；X_{T}为变压器正序和负序电抗；U_{N}为额定电压；S_{N}为额定容量；ΔP_{Fe}为有功铁耗。

若已知变压器的零序电阻和零序电抗，则可以根据这些参数并结合变压器的连接方式得到三相变压器的简化三相模型(注意不是单相模型)。

记变压器的一次侧短路导纳(又称为漏导纳)为Y_{T}，则

$$Y_{\mathrm{T}} = \frac{1}{R_{\mathrm{T}}} + j\,\frac{1}{X_{\mathrm{T}}} \tag{2-21}$$

在变压器的实用简化三相模型下，取$Y_{\mathrm{s}}=Y_{\mathrm{p}}=Y_{\mathrm{m}}=Y_{\mathrm{T}}$，则式(2-15)变为

$$\begin{bmatrix} \dot{I}_1 \\ \dot{I}_2 \\ \dot{I}_3 \\ \dot{I}_4 \\ \dot{I}_5 \\ \dot{I}_6 \end{bmatrix} = \begin{bmatrix} Y_{\mathrm{T}} & 0 & 0 & -Y_{\mathrm{T}} & 0 & 0 \\ 0 & Y_{\mathrm{T}} & 0 & 0 & -Y_{\mathrm{T}} & 0 \\ 0 & 0 & Y_{\mathrm{T}} & 0 & 0 & -Y_{\mathrm{T}} \\ -Y_{\mathrm{T}} & 0 & 0 & Y_{\mathrm{T}} & 0 & 0 \\ 0 & -Y_{\mathrm{T}} & 0 & 0 & Y_{\mathrm{T}} & 0 \\ 0 & 0 & -Y_{\mathrm{T}} & 0 & 0 & Y_{\mathrm{T}} \end{bmatrix} \begin{bmatrix} \dot{U}_1 \\ \dot{U}_2 \\ \dot{U}_3 \\ \dot{U}_4 \\ \dot{U}_5 \\ \dot{U}_6 \end{bmatrix} \tag{2-22}$$

若考虑变压器的非标准变比，则式(2-15)变为

$$\begin{bmatrix} \dot{I}_1 \\ \dot{I}_2 \\ \dot{I}_3 \\ \dot{I}_4 \\ \dot{I}_5 \\ \dot{I}_6 \end{bmatrix} = \begin{bmatrix} \frac{Y_{\mathrm{T}}}{\alpha^2} & 0 & 0 & -\frac{Y_{\mathrm{T}}}{\alpha\beta} & 0 & 0 \\ 0 & \frac{Y_{\mathrm{T}}}{\alpha^2} & 0 & 0 & -\frac{Y_{\mathrm{T}}}{\alpha\beta} & 0 \\ 0 & 0 & \frac{Y_{\mathrm{T}}}{\alpha^2} & 0 & 0 & -\frac{Y_{\mathrm{T}}}{\alpha\beta} \\ -\frac{Y_{\mathrm{T}}}{\alpha\beta} & 0 & 0 & \frac{Y_{\mathrm{T}}}{\beta^2} & 0 & 0 \\ 0 & -\frac{Y_{\mathrm{T}}}{\alpha\beta} & 0 & 0 & \frac{Y_{\mathrm{T}}}{\beta^2} & 0 \\ 0 & 0 & -\frac{Y_{\mathrm{T}}}{\alpha\beta} & 0 & 0 & \frac{Y_{\mathrm{T}}}{\beta^2} \end{bmatrix} \begin{bmatrix} \dot{U}_1 \\ \dot{U}_2 \\ \dot{U}_3 \\ \dot{U}_4 \\ \dot{U}_5 \\ \dot{U}_6 \end{bmatrix} \tag{2-23}$$

即

$$\boldsymbol{Y}_{\mathrm{orig}} = \begin{bmatrix} \frac{Y_{\mathrm{T}}}{\alpha^2} & 0 & 0 & -\frac{Y_{\mathrm{T}}}{\alpha\beta} & 0 & 0 \\ 0 & \frac{Y_{\mathrm{T}}}{\alpha^2} & 0 & 0 & -\frac{Y_{\mathrm{T}}}{\alpha\beta} & 0 \\ 0 & 0 & \frac{Y_{\mathrm{T}}}{\alpha^2} & 0 & 0 & -\frac{Y_{\mathrm{T}}}{\alpha\beta} \\ -\frac{Y_{\mathrm{T}}}{\alpha\beta} & 0 & 0 & \frac{Y_{\mathrm{T}}}{\beta^2} & 0 & 0 \\ 0 & -\frac{Y_{\mathrm{T}}}{\alpha\beta} & 0 & 0 & \frac{Y_{\mathrm{T}}}{\beta^2} & 0 \\ 0 & 0 & -\frac{Y_{\mathrm{T}}}{\alpha\beta} & 0 & 0 & \frac{Y_{\mathrm{T}}}{\beta^2} \end{bmatrix} \tag{2-24}$$

将式(2-24)和根据变压器的实际联结组别得到的变压器节点－支路关联矩阵 $\boldsymbol{C}$ 代入式(2-11)，即可得到变压器实用简化三相模型下的节点导纳矩阵 $\boldsymbol{Y}_{\mathrm{T}}$。

变压器节点导纳矩阵 $\boldsymbol{Y}_{\mathrm{T}}$ 也称为变压器漏磁导纳矩阵，它是由变压器的连接方式，一次侧、二次侧的分接头和漏电抗决定的。$\boldsymbol{Y}_{\mathrm{T}}$ 联系起了一次、二次电流和对地相电压，可记为

$$\boldsymbol{Y}_{\mathrm{T}} = \begin{bmatrix} \boldsymbol{Y}_{\mathrm{T}}^{\mathrm{pp}} & \boldsymbol{Y}_{\mathrm{T}}^{\mathrm{ps}} \\ \boldsymbol{Y}_{\mathrm{T}}^{\mathrm{sp}} & \boldsymbol{Y}_{\mathrm{T}}^{\mathrm{ss}} \end{bmatrix} \tag{2-25}$$

式中，p 和 s 分别表示变压器的一次侧和二次侧。

在配电系统中，由于存在大量变压器，变压器的铁芯损耗占系统损耗的比例较大，因此在模型中需要加以考虑。

配电变压器的三相简化模型如图 2-9 所示，其中，$\boldsymbol{G}_{\mathrm{T}}$ 为铁芯损耗等值导纳矩阵。

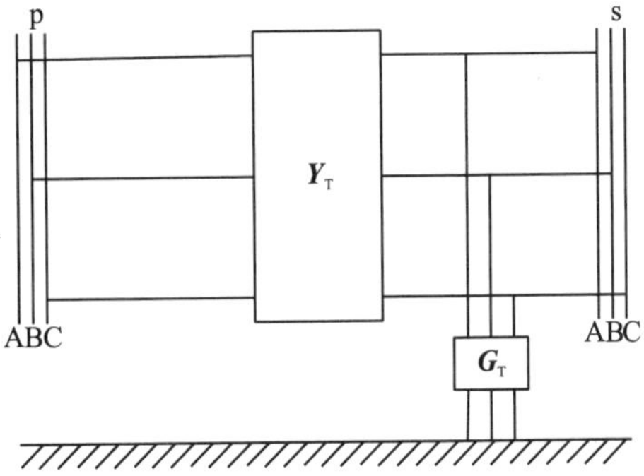

图 2-9　三相变压器三相简化模型

若定义：

$$\boldsymbol{Y}_{\mathrm{I}} = \begin{bmatrix} Y_{\mathrm{T}} & 0 & 0 \\ 0 & Y_{\mathrm{T}} & 0 \\ 0 & 0 & Y_{\mathrm{T}} \end{bmatrix}, \boldsymbol{Y}_{\mathrm{II}} = \frac{1}{3}\begin{bmatrix} 2Y_{\mathrm{T}} & -Y_{\mathrm{T}} & -Y_{\mathrm{T}} \\ -Y_{\mathrm{T}} & 2Y_{\mathrm{T}} & -Y_{\mathrm{T}} \\ -Y_{\mathrm{T}} & -Y_{\mathrm{T}} & 2Y_{\mathrm{T}} \end{bmatrix}, \boldsymbol{Y}_{\mathrm{III}} = \frac{1}{\sqrt{3}}\begin{bmatrix} -Y_{\mathrm{T}} & Y_{\mathrm{T}} & 0 \\ 0 & -Y_{\mathrm{T}} & Y_{\mathrm{T}} \\ Y_{\mathrm{T}} & 0 & -Y_{\mathrm{T}} \end{bmatrix}$$

则对于不同联结形式的三相变压器，其导纳矩阵 $\boldsymbol{Y}_{\mathrm{T}}$ 也具有不同的形式：

对于一次侧 YN 接二次侧 yn 接的变压器，其自导纳 $\boldsymbol{Y}_{\mathrm{T}}^{\mathrm{pp}}=\boldsymbol{Y}_{\mathrm{I}}/\alpha^2$，$\boldsymbol{Y}_{\mathrm{T}}^{\mathrm{ss}}=\boldsymbol{Y}_{\mathrm{I}}/\beta^2$，互导纳 $\boldsymbol{Y}_{\mathrm{T}}^{\mathrm{ps}}=-\boldsymbol{Y}_{\mathrm{I}}/\alpha\beta$，$\boldsymbol{Y}_{\mathrm{T}}^{\mathrm{sp}}=-\boldsymbol{Y}_{\mathrm{I}}/\alpha\beta$；

对于一次侧 YN 接二次侧 d 接的变压器，其自导纳 $\boldsymbol{Y}_{\mathrm{T}}^{\mathrm{pp}}=\boldsymbol{Y}_{\mathrm{I}}/\alpha^2$，$\boldsymbol{Y}_{\mathrm{T}}^{\mathrm{ss}}=-\boldsymbol{Y}_{\mathrm{II}}/\alpha\beta$，互导纳 $\boldsymbol{Y}_{\mathrm{T}}^{\mathrm{ps}}=\boldsymbol{Y}_{\mathrm{III}}/\alpha\beta$，$\boldsymbol{Y}_{\mathrm{T}}^{\mathrm{sp}}=\boldsymbol{Y}_{\mathrm{III}}^{\mathrm{T}}/\alpha\beta$；

对于一次侧 D 接二次侧 y 接的变压器，其自导纳 $\boldsymbol{Y}_{\mathrm{T}}^{\mathrm{pp}}=\boldsymbol{Y}_{\mathrm{II}}/\alpha^2$，$\boldsymbol{Y}_{\mathrm{T}}^{\mathrm{ss}}=\boldsymbol{Y}_{\mathrm{II}}/\beta^2$，互导纳 $\boldsymbol{Y}_{\mathrm{T}}^{\mathrm{ps}}=\boldsymbol{Y}_{\mathrm{III}}/\alpha\beta$，$\boldsymbol{Y}_{\mathrm{T}}^{\mathrm{sp}}=\boldsymbol{Y}_{\mathrm{III}}/\alpha\beta$。

对 YN，yn 型变压器，其导纳矩阵为 6×6 的非奇异复矩阵。若变压器的一侧不接地(D 或 Y)，则导纳矩阵是奇异的。若采用这一侧的线对线电压，则可得到相分量与线分量混合表述的导纳矩阵，维数降为 5×5。如果变压器的两侧都不接地(D 或 Y)，则两侧都采用线对线电压，用线分量表述的导纳矩阵的维数降为 4×4。不同形式的变压器用相分量与线分量混合表述的导纳矩阵 $\boldsymbol{Y}'_{\mathrm{T}}$ 具有不同的形式。

例如，对于一次侧 YN 接，二次侧 yn 接的变压器：

$$\boldsymbol{Y}'^{pp}_{T}=\boldsymbol{Y}_{p}\begin{bmatrix}1&0&0\\0&1&0\\0&0&1\end{bmatrix},\boldsymbol{Y}'^{ps}_{T}=-\boldsymbol{Y}_{m}\begin{bmatrix}1&0&0\\0&1&0\\0&0&1\end{bmatrix},\boldsymbol{Y}'^{sp}_{T}=-\boldsymbol{Y}_{m}\begin{bmatrix}1&0&0\\0&1&0\\0&0&1\end{bmatrix},\boldsymbol{Y}'^{ss}_{T}=\boldsymbol{Y}_{s}\begin{bmatrix}1&0&0\\0&1&0\\0&0&1\end{bmatrix}$$

对于一次侧 YN 接，二次侧 d 接的变压器：

$$\boldsymbol{Y}'^{pp}_{T}=\boldsymbol{Y}_{p}\begin{bmatrix}1&0&0\\0&1&0\\0&0&1\end{bmatrix},\boldsymbol{Y}'^{ps}_{T}=-\boldsymbol{Y}_{m}\begin{bmatrix}1&0\\0&1\\-1&-1\end{bmatrix},\boldsymbol{Y}'^{sp}_{T}=-\boldsymbol{Y}_{m}\begin{bmatrix}1&0&-1\\-1&1&0\end{bmatrix},\boldsymbol{Y}'^{ss}_{T}=\boldsymbol{Y}_{s}\begin{bmatrix}2&1\\-1&1\end{bmatrix}$$

对于一次侧 D 接，二次侧 y 接的变压器：

$$\boldsymbol{Y}'^{pp}_{T}=\boldsymbol{Y}_{p}\begin{bmatrix}2&1\\-1&1\end{bmatrix},\boldsymbol{Y}'^{ps}_{T}=-\sqrt{3}\boldsymbol{Y}_{m}\begin{bmatrix}1&1\\-1&0\end{bmatrix},\boldsymbol{Y}'^{sp}_{T}=-\sqrt{3}\boldsymbol{Y}_{m}\begin{bmatrix}1&0\\0&1\end{bmatrix},\boldsymbol{Y}'^{ss}_{T}=\boldsymbol{Y}_{s}\begin{bmatrix}2&1\\-1&1\end{bmatrix}$$

式中，$\boldsymbol{Y}'_{T}=\begin{bmatrix}\boldsymbol{Y}'^{pp}_{T}&\boldsymbol{Y}'^{ps}_{T}\\\boldsymbol{Y}'^{sp}_{T}&\boldsymbol{Y}'^{ss}_{T}\end{bmatrix}$；$\boldsymbol{Y}_{p}=\boldsymbol{Y}_{T}/\alpha^{2}$；$\boldsymbol{Y}_{s}=\boldsymbol{Y}_{T}/\beta^{2}$；$\boldsymbol{Y}_{m}=\boldsymbol{Y}_{T}/(\alpha\beta)$

至于变压器铁芯的有功功率和无功功率损耗，根据美国 EPRI 的研究，可以表示为变压器端电压的函数，采用标幺值形式的计算公式为

$$P=\frac{S_{TN}}{S_{B}}(AU^{2}+Be^{CU^{2}})\quad(\text{pu})\tag{2-26}$$

$$Q=\frac{S_{TN}}{S_{B}}(DU^{2}+Ee^{FU^{2}})\quad(\text{pu})\tag{2-27}$$

式中，S_{TN}为变压器额定视在功率；S_{B} 为系统功率基准值；U 为电压标幺值；系数 A、B、C、D、E、F 是依赖于变压器的常数，不同的变压器会有差别。一组典型值是：$A=0.00267$，$B=0.734\times10^{-9}$，$C=13.5$，$D=0.00167$，$E=0.268\times10^{-13}$，$F=22.7$。在潮流计算中可以采用典型值。

将根据铁芯功率损耗函数求得的有功功率和无功功率作为除变压器负荷外的额外功率需求，并联在变压器等值电路的二次侧各相上，作为变压器的铁芯损耗。

以图 2-10 所示 YN，d11 型变压器的等值电路为例，介绍变压器节点导纳矩阵的推导过程。

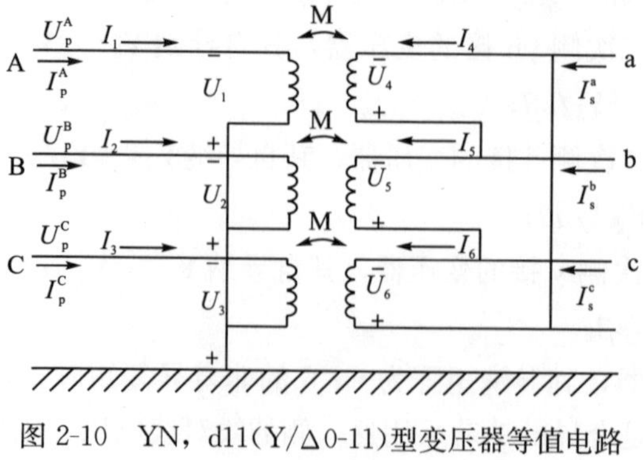

图 2-10 YN，d11(Y/Δ0-11)型变压器等值电路

由图 2-10 和式(2-9)可得变压器的节点-支路关联矩阵 $\boldsymbol{C}$ 为

$$
\boldsymbol{C}=\begin{bmatrix}1&0&0&0&0&0\\0&1&0&0&0&0\\0&0&1&0&0&0\\0&0&0&1&0&-1\\0&0&0&-1&1&0\\0&0&0&0&-1&1\end{bmatrix}\tag{2-28}
$$

将式(2-28)和式(2-24)代入式(2-11)，即得非标准变比变压器的导纳矩阵 $\boldsymbol{Y}_{\mathrm{T}}$ 为

$$
\boldsymbol{Y}_{\mathrm{T}}=\begin{bmatrix}\frac{Y_{\mathrm{T}}}{\alpha^2}&0&0&-\frac{Y_{\mathrm{T}}}{\alpha\beta}&\frac{Y_{\mathrm{T}}}{\alpha\beta}&0\\0&\frac{Y_{\mathrm{T}}}{\alpha^2}&0&0&-\frac{Y_{\mathrm{T}}}{\alpha\beta}&\frac{Y_{\mathrm{T}}}{\alpha\beta}\\0&0&\frac{Y_{\mathrm{T}}}{\alpha^2}&\frac{Y_{\mathrm{T}}}{\alpha\beta}&0&-\frac{Y_{\mathrm{T}}}{\alpha\beta}\\-\frac{Y_{\mathrm{T}}}{\alpha\beta}&0&\frac{Y_{\mathrm{T}}}{\alpha\beta}&2\frac{Y_{\mathrm{T}}}{\beta^2}&-\frac{Y_{\mathrm{T}}}{\beta^2}&-\frac{Y_{\mathrm{T}}}{\beta^2}\\\frac{Y_{\mathrm{T}}}{\alpha\beta}&-\frac{Y_{\mathrm{T}}}{\alpha\beta}&0&-\frac{Y_{\mathrm{T}}}{\beta^2}&2\frac{Y_{\mathrm{T}}}{\beta^2}&-\frac{Y_{\mathrm{T}}}{\beta^2}\\0&\frac{Y_{\mathrm{T}}}{\alpha\beta}&-\frac{Y_{\mathrm{T}}}{\alpha\beta}&-\frac{Y_{\mathrm{T}}}{\beta^2}&-\frac{Y_{\mathrm{T}}}{\beta^2}&2\frac{Y_{\mathrm{T}}}{\beta^2}\end{bmatrix}\tag{2-29}
$$

即

$$
\boldsymbol{Y}_{\mathrm{T}}=\begin{bmatrix}\frac{Y_{\mathrm{T}}}{\alpha^2}\begin{bmatrix}1&0&0\\0&1&0\\0&0&1\end{bmatrix}&\frac{-Y_{\mathrm{T}}}{\alpha\beta}\begin{bmatrix}1&-1&0\\0&1&-1\\-1&0&1\end{bmatrix}\\\frac{-Y_{\mathrm{T}}}{\alpha\beta}\begin{bmatrix}1&0&-1\\-1&1&0\\0&-1&1\end{bmatrix}&\frac{Y_{\mathrm{T}}}{\beta^2}\begin{bmatrix}2&-1&-1\\-1&2&-1\\-1&-1&2\end{bmatrix}\end{bmatrix}\tag{2-30}
$$

将式(2-30)代入式(2-20)展开，即

$$
\begin{bmatrix}\dot I_{\mathrm{p}}^{\mathrm{A}}\\\dot I_{\mathrm{p}}^{\mathrm{B}}\\\dot I_{\mathrm{p}}^{\mathrm{C}}\\\dot I_{\mathrm{s}}^{\mathrm{a}}\\\dot I_{\mathrm{s}}^{\mathrm{b}}\\\dot I_{\mathrm{s}}^{\mathrm{c}}\end{bmatrix}=\begin{bmatrix}\frac{Y_{\mathrm{T}}}{\alpha^2}\begin{bmatrix}1&0&0\\0&1&0\\0&0&1\end{bmatrix}&\frac{-Y_{\mathrm{T}}}{\alpha\beta}\begin{bmatrix}1&-1&0\\0&1&-1\\-1&0&1\end{bmatrix}\\\frac{-Y_{\mathrm{T}}}{\alpha\beta}\begin{bmatrix}1&0&-1\\-1&1&0\\0&-1&1\end{bmatrix}&\frac{Y_{\mathrm{T}}}{\beta^2}\begin{bmatrix}2&-1&-1\\-1&2&-1\\-1&-1&2\end{bmatrix}\end{bmatrix}\begin{bmatrix}\dot U_{\mathrm{p}}^{\mathrm{A}}\\\dot U_{\mathrm{p}}^{\mathrm{B}}\\\dot U_{\mathrm{p}}^{\mathrm{C}}\\\dot U_{\mathrm{s}}^{\mathrm{a}}\\\dot U_{\mathrm{s}}^{\mathrm{b}}\\\dot U_{\mathrm{s}}^{\mathrm{c}}\end{bmatrix}\tag{2-31}
$$

若变压器的三角侧采用线对线电压，展开式(2-31)可得

$$
\begin{aligned}\dot I_{\mathrm{p}}^{\mathrm{A}}&=\frac{Y_{\mathrm{T}}}{\alpha^2}\dot U_{\mathrm{p}}^{\mathrm{A}}-\frac{Y_{\mathrm{T}}}{\alpha\beta}\dot U_{\mathrm{s}}^{\mathrm{a}}+\frac{Y_{\mathrm{T}}}{\alpha\beta}\dot U_{\mathrm{s}}^{\mathrm{b}}\\&=\frac{Y_{\mathrm{T}}}{\alpha^2}\dot U_{\mathrm{p}}^{\mathrm{A}}-\frac{Y_{\mathrm{T}}}{\alpha\beta}(\dot U_{\mathrm{s}}^{\mathrm{a}}-\dot U_{\mathrm{s}}^{\mathrm{c}})+\frac{Y_{\mathrm{T}}}{\alpha\beta}(\dot U_{\mathrm{s}}^{\mathrm{b}}-\dot U_{\mathrm{s}}^{\mathrm{c}})\\&=\frac{Y_{\mathrm{T}}}{\alpha^2}\dot U_{\mathrm{p}}^{\mathrm{A}}-\frac{Y_{\mathrm{T}}}{\alpha\beta}\dot U_{\mathrm{s}}^{\mathrm{ac}}+\frac{Y_{\mathrm{T}}}{\alpha\beta}\dot U_{\mathrm{s}}^{\mathrm{bc}}\end{aligned}
$$

$$= \frac{Y_T}{\alpha^2}\dot{U}_p^A - \frac{Y_T}{\alpha\beta}\dot{U}_s^{ab} \tag{2-32}$$

$$\begin{aligned}
\dot{I}_p^B &= \frac{Y_T}{\alpha^2}\dot{U}_p^B - \frac{Y_T}{\alpha\beta}\dot{U}_s^b + \frac{Y_T}{\alpha\beta}\dot{U}_s^c \\
&= \frac{Y_T}{\alpha^2}\dot{U}_p^B - \frac{Y_T}{\alpha\beta}(\dot{U}_s^b - \dot{U}_s^a) + \frac{Y_T}{\alpha\beta}(\dot{U}_s^c - \dot{U}_s^a) \\
&= \frac{Y_T}{\alpha^2}\dot{U}_p^B - \frac{Y_T}{\alpha\beta}\dot{U}_s^{ba} + \frac{Y_T}{\alpha\beta}\dot{U}_s^{ca} \\
&= \frac{Y_T}{\alpha^2}\dot{U}_p^B - \frac{Y_T}{\alpha\beta}\dot{U}_s^{bc}
\end{aligned} \tag{2-33}$$

$$\begin{aligned}
\dot{I}_s^a &= 2\frac{Y_T}{\beta^2}\dot{U}_s^a - \frac{Y_T}{\beta^2}\dot{U}_s^b - \frac{Y_T}{\beta^2}\dot{U}_s^c - \frac{Y_T}{\alpha\beta}\dot{U}_p^A + \frac{Y_T}{\alpha\beta}\dot{U}_p^C \\
&= 2\frac{Y_T}{\beta^2}\dot{U}_s^a - 2\frac{Y_T}{\beta^2}\dot{U}_s^b + \frac{Y_T}{\beta^2}\dot{U}_s^b - \frac{Y_T}{\beta^2}\dot{U}_s^c - \frac{Y_T}{\alpha\beta}\dot{U}_p^A + \frac{Y_T}{\alpha\beta}\dot{U}_p^C \\
&= 2\frac{Y_T}{\beta^2}\dot{U}_s^{ab} + \frac{Y_T}{\beta^2}\dot{U}_s^{bc} - \frac{Y_T}{\alpha\beta}\dot{U}_p^A + \frac{Y_T}{\alpha\beta}\dot{U}_p^C
\end{aligned} \tag{2-34}$$

同理，可得 $\dot{I}_s^b$ 和 $\dot{I}_s^c$ 的表达式。

从而，可得变压器用相分量与线分量混合表述的导纳矩阵 $\boldsymbol{Y}'_T$ 为

$$\boldsymbol{Y}'_T = \begin{bmatrix} \dfrac{Y_T}{\alpha^2}\begin{bmatrix} 1 & 0 & 0 \\ 0 & 1 & 0 \\ 0 & 0 & 1 \end{bmatrix} & \dfrac{-Y_T}{\alpha\beta}\begin{bmatrix} 1 & 0 \\ 0 & 1 \\ -1 & -1 \end{bmatrix} \\ \dfrac{-Y_T}{\alpha\beta}\begin{bmatrix} 1 & 0 & -1 \\ -1 & 1 & 0 \end{bmatrix} & \dfrac{Y_T}{\beta^2}\begin{bmatrix} 2 & 1 \\ -1 & 1 \end{bmatrix} \end{bmatrix} \tag{2-35}$$

即

$$\begin{bmatrix} \dot{I}_p^A \\ \dot{I}_p^B \\ \dot{I}_p^C \\ \dot{I}_s^a \\ \dot{I}_s^b \end{bmatrix} = \boldsymbol{Y}'_T \cdot \begin{bmatrix} \dot{U}_p^A \\ \dot{U}_p^B \\ \dot{U}_p^C \\ \dot{U}_s^{ab} \\ \dot{U}_s^{bc} \end{bmatrix} \tag{2-36}$$

2.3.3 配电电容器

在配电网中，广泛采用投切并联电容器进行基波无功功率补偿。配电电容器组有两种典型的接线方式，一种采用接地星形接法；另一种采用不接地三角形接法，如图 2-11 所示。10 kV 电压等级的大容量并联电容器组多采用接地星形接法；而低压并联电容器组多采用不接地三角形接法。

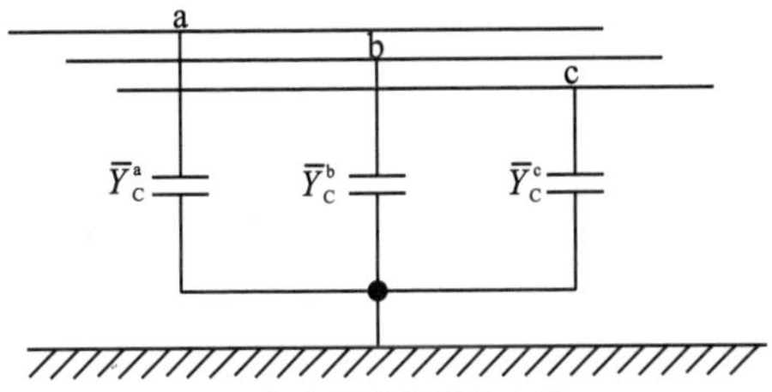

(a)接地星形并联电容器

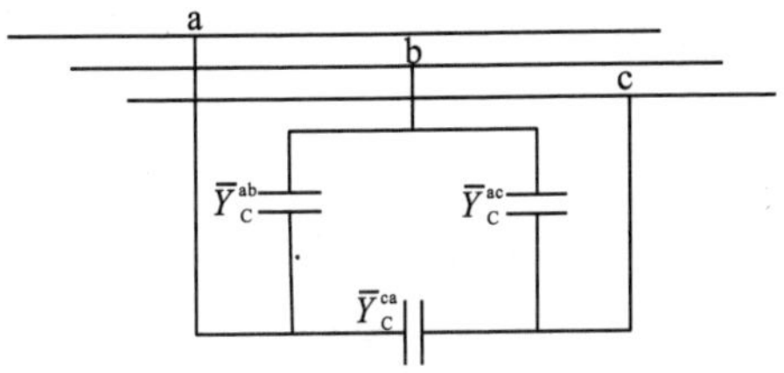

(b)不接地三角形并联电容器

图 2-11　配电电容器模型

配电电容器可用恒定导纳矩阵 $\bar{\boldsymbol{Y}}_C$ 表示。在已知配电电容器的恒定导纳矩阵 $\bar{\boldsymbol{Y}}_C$ 和所在节点的三相电压相量 $\dot{\boldsymbol{U}}$ 的基础上，可以求出并联电容器组的等值电流注入。

对于接地星形并联电容器，其电压相量 $\dot{\boldsymbol{U}}=\begin{bmatrix}\dot{U}^a\\ \dot{U}^b\\ \dot{U}^c\end{bmatrix}$，恒定导纳矩阵 $\bar{\boldsymbol{Y}}_C=\begin{bmatrix}\bar{Y}_C^a & 0 & 0\\ 0 & \bar{Y}_C^b & 0\\ 0 & 0 & \bar{Y}_C^c\end{bmatrix}$，电流注入相量 $\dot{\boldsymbol{I}}_C=-\bar{\boldsymbol{Y}}_C\dot{\boldsymbol{U}}$。

对于接地星形并联电容器，其电压相量 $\dot{\boldsymbol{U}}=\begin{bmatrix}\dot{U}^{ab}\\ \dot{U}^{bc}\end{bmatrix}$，恒定导纳矩阵 $\bar{\boldsymbol{Y}}_C=\begin{bmatrix}\bar{Y}_C^{ca}+\bar{Y}_C^{ab} & \bar{Y}_C^{ca}\\ -\bar{Y}_C^{ab} & \bar{Y}_C^{bc}\end{bmatrix}$，电流注入相量 $\dot{\boldsymbol{I}}_C=-\bar{\boldsymbol{Y}}_C\dot{\boldsymbol{U}}$。

2.4　配电网的负荷模型

配电负荷可以接成接地星形或不接地三角形的三相平衡或不平衡负荷，如图 2-12(a) 和图 2-12(b)所示；也可以是单相或两相接地负荷，如图 2-12(c)和 2-12(d)所示，图中 x、y、z 表示 a、b、c 三相的任意一种排列，也即表明单相或两相接地负荷可以接在任意一相或两相与地之间。

配电负荷可以分为恒定功率、恒定电流和恒定阻抗 3 种基本负荷类型。

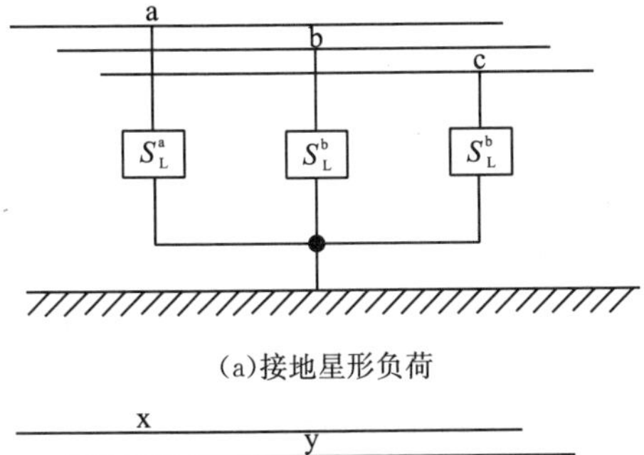

(a)接地星形负荷

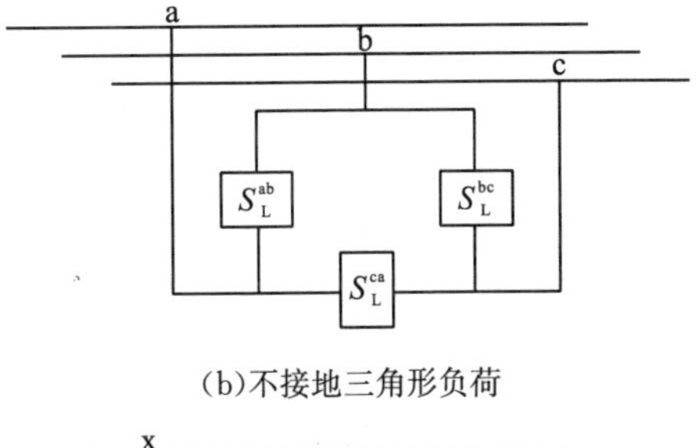

(b)不接地三角形负荷

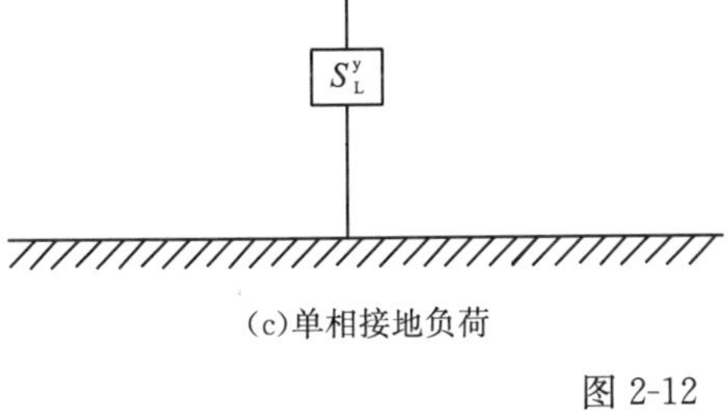

(c)单相接地负荷

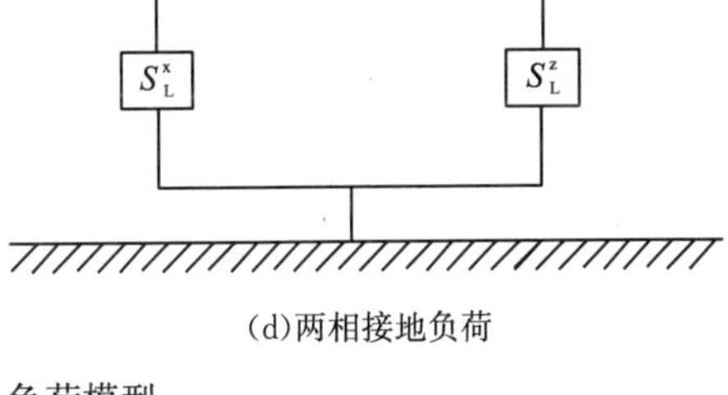

(d)两相接地负荷

图 2-12　配电负荷模型

若给定配电负荷的复功率的基量 $\boldsymbol{S}_{\mathrm{L0}}$ 为

$$\boldsymbol{S}_{\mathrm{L0}}=\begin{cases}[S_{\mathrm{L0}}^{\mathrm{a}},S_{\mathrm{L0}}^{\mathrm{b}},S_{\mathrm{L0}}^{\mathrm{c}}]^{\mathrm{T}},\text{接地星形}\\[S_{\mathrm{L0}}^{\mathrm{ab}},S_{\mathrm{L0}}^{\mathrm{bc}}]^{\mathrm{T}},\text{不接地三角形}\end{cases}\tag{2-37}$$

则可以根据负荷类型，并参照负荷所在节点电压将其转换成相应的恒定模型参数：恒定功率参数 $\bar{S}_{\mathrm{L}}$、恒定电流参数 $\bar{I}_{\mathrm{L}}$ 或恒定导纳参数 $\bar{Y}_{\mathrm{L}}$。

实际中，通常考虑配电系统的三相不平衡情况，由负荷节点的电压向量 $\dot{\boldsymbol{U}}$ 和负荷恒定模型参数，根据需要选择计算负荷导纳矩阵 $\bar{\boldsymbol{Y}}_{\mathrm{L}}$、负荷注入电流向量 $\bar{\boldsymbol{I}}_{\mathrm{L}}$、负荷注入功率向量 $\bar{\boldsymbol{S}}_{\mathrm{L}}$。表 2-1 给出了负荷的恒定模型参数和负荷电流注入向量 $\bar{\boldsymbol{I}}_{\mathrm{L}}$ 的计算公式。

表 2-1 负荷的恒定模型参数和电流注入向量

连接形式	$\dot{\boldsymbol{U}}$	负荷类型	恒定参数模型	$\bar{\boldsymbol{I}}_{\mathrm{L}}$
接地星形	$\begin{bmatrix}\dot{U}^{\mathrm{a}}\\\dot{U}^{\mathrm{b}}\\\dot{U}^{\mathrm{c}}\end{bmatrix}$	恒定功率	$\bar{S}_{\mathrm{L}}^{\mathrm{a}}=-S_{\mathrm{L0}}^{\mathrm{a}}$ $\bar{S}_{\mathrm{L}}^{\mathrm{b}}=-S_{\mathrm{L0}}^{\mathrm{b}}$ $\bar{S}_{\mathrm{L}}^{\mathrm{c}}=-S_{\mathrm{L0}}^{\mathrm{c}}$	$(\bar{\boldsymbol{S}}_{\mathrm{L}}/\dot{\boldsymbol{U}})^{*}$
		恒定电流	$\bar{I}_{\mathrm{L}}^{\mathrm{a}}=-(\bar{S}_{\mathrm{L0}}^{\mathrm{a}}/\dot{U}^{\mathrm{a}})^{*}$ $\bar{I}_{\mathrm{L}}^{\mathrm{b}}=-(\bar{S}_{\mathrm{L0}}^{\mathrm{b}}/\dot{U}^{\mathrm{b}})^{*}$ $\bar{I}_{\mathrm{L}}^{\mathrm{c}}=-(\bar{S}_{\mathrm{L0}}^{\mathrm{c}}/\dot{U}^{\mathrm{c}})^{*}$	$\bar{\boldsymbol{I}}_{\mathrm{L}}$
		恒定阻抗	$\bar{Y}_{\mathrm{L}}^{\mathrm{a}}=-(S_{\mathrm{L0}}^{\mathrm{a}})^{*}/\lvert U^{\mathrm{a}}\rvert^{2}$ $\bar{Y}_{\mathrm{L}}^{\mathrm{b}}=-(S_{\mathrm{L0}}^{\mathrm{b}})^{*}/\lvert U^{\mathrm{b}}\rvert^{2}$ $\bar{Y}_{\mathrm{L}}^{\mathrm{c}}=-(S_{\mathrm{L0}}^{\mathrm{c}})^{*}/\lvert U^{\mathrm{c}}\rvert^{2}$	$-\bar{\boldsymbol{Y}}_{\mathrm{L}}\dot{\boldsymbol{U}}$，其中 $\bar{\boldsymbol{Y}}_{\mathrm{L}}=\begin{bmatrix}\bar{Y}_{\mathrm{L}}^{\mathrm{a}}&0&0\\0&\bar{Y}_{\mathrm{L}}^{\mathrm{b}}&0\\0&0&\bar{Y}_{\mathrm{L}}^{\mathrm{c}}\end{bmatrix}$
不接地三角形	$\begin{bmatrix}\dot{U}^{\mathrm{ab}}\\\dot{U}^{\mathrm{bc}}\end{bmatrix}$	恒定功率	$\bar{S}_{\mathrm{L}}^{\mathrm{ab}}=-S_{\mathrm{L0}}^{\mathrm{ab}}$ $\bar{S}_{\mathrm{L}}^{\mathrm{bc}}=-S_{\mathrm{L0}}^{\mathrm{bc}}$	$\begin{bmatrix}-\dfrac{\bar{S}_{\mathrm{L}}^{\mathrm{ca}}}{\dot{U}^{\mathrm{ab}}+\dot{U}^{\mathrm{bc}}}-\dfrac{\bar{S}_{\mathrm{L}}^{\mathrm{ab}}}{\dot{U}^{\mathrm{ab}}}\\\dfrac{\bar{S}_{\mathrm{L}}^{\mathrm{ab}}}{\dot{U}^{\mathrm{ab}}}-\dfrac{\bar{S}_{\mathrm{L}}^{\mathrm{bc}}}{\dot{U}^{\mathrm{bc}}}\end{bmatrix}$
		恒定电流	$\bar{I}_{\mathrm{L}}^{\mathrm{ab}}=-(\bar{S}_{\mathrm{L0}}^{\mathrm{ab}}/\dot{U}^{\mathrm{ab}})^{*}$ $\bar{I}_{\mathrm{L}}^{\mathrm{bc}}=-(\bar{S}_{\mathrm{L0}}^{\mathrm{bc}}/\dot{U}^{\mathrm{bc}})$	$\begin{bmatrix}\bar{I}_{\mathrm{L}}^{\mathrm{ca}}-\bar{I}_{\mathrm{L}}^{\mathrm{ab}}\\\bar{I}_{\mathrm{L}}^{\mathrm{ab}}-\bar{I}_{\mathrm{L}}^{\mathrm{bc}}\end{bmatrix}$
		恒定阻抗	$\bar{Y}_{\mathrm{L}}^{\mathrm{ab}}=-(S_{\mathrm{L0}}^{\mathrm{ab}})^{*}/\lvert U^{\mathrm{ab}}\rvert^{2}$ $\bar{Y}_{\mathrm{L}}^{\mathrm{bc}}=-(S_{\mathrm{L0}}^{\mathrm{bc}})^{*}/\lvert U^{\mathrm{bc}}\rvert^{2}$	$-\bar{\boldsymbol{Y}}_{\mathrm{L}}\dot{\boldsymbol{U}}$，其中 $\bar{\boldsymbol{Y}}_{\mathrm{L}}=\begin{bmatrix}\bar{Y}_{\mathrm{L}}^{\mathrm{ca}}+\bar{Y}_{\mathrm{L}}^{\mathrm{ab}}&\bar{Y}_{\mathrm{L}}^{\mathrm{ca}}\\-\bar{Y}_{\mathrm{L}}^{\mathrm{ab}}&\bar{Y}_{\mathrm{L}}^{\mathrm{bc}}\end{bmatrix}$

更一般的，配电负荷可以视为恒定功率、恒定电流和恒定阻抗 3 种基本类型负荷的线性组合，也称为配电负荷的 ZIP 模型，用公式表示为

$$\boldsymbol{S}_{\mathrm{L}}^{\mathrm{p}}=\boldsymbol{S}_{\mathrm{L0}}^{\mathrm{p}}(\alpha^{\mathrm{p}}+\beta^{\mathrm{p}}U+\gamma^{\mathrm{p}}U^{2})\quad(\mathrm{p}\text{ 为 a,b,c})\tag{2-38}$$

式中，$\boldsymbol{S}_{\mathrm{L}}^{\mathrm{p}}$ 和 $\boldsymbol{S}_{\mathrm{L0}}^{\mathrm{p}}$ 分别表示 p 相负荷复功率及其基量，系数 α^{p}、β^{p}、γ^{p} 都大于等于 0，分别表示恒定功率、恒定电流和恒定阻抗 3 种基本类型在总负荷中所占的比重，且 $\alpha^{\mathrm{p}}+\beta^{\mathrm{p}}+\gamma^{\mathrm{p}}=1$，p 表示 a、b、c 三相之一，$U$ 为负荷所在节点的电压。

根据负荷中各种基本类型所占的比例，利用表 2-1 即可计算出各种基本类型的负荷对应的恒定模型参数和负荷节点总的电流注入等。

2.5 小　　结

本章首先介绍了配电网拓扑分析的基本概念，重点分析了配电网拓扑模型的矩阵描述，给出了拓扑模型中基形变换的具体流程。其次，介绍了配电元件(配电线路、配电变压器和配电电容器)模型，重点推导了配电线路的精确模型、修正模型和简化模型以及不同接线方式下的配电变压器和电容器三相模型。最后，介绍了配电负荷模型，给出了不同接线方式下的负荷恒定模型参数和负荷电流注入向量的计算公式，在此基础上，介绍了配电负荷的 ZIP 模型。

2.6 习　　题

习题 1. 对于如习题图 2-1 所示的配电网，分别求其 ***DT***、***CT*** 和 ***LT***，额定负荷为 100。

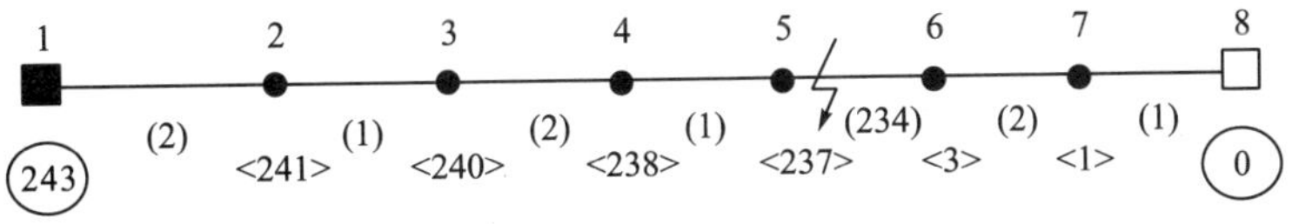

习题图 2-1　一个有故障的简单配电网

习题 2. 配电网拓扑分析中的各参数是如何得来的？

习题 3. 负荷的恒定模型参数和负荷电流注入向量的计算中，需要考虑的负荷类型、连接形式有哪些？

习题 4. 配电变压器的联结组别有哪些？各有什么特点？

主要参考文献

陈堂，等. 2002. 配电系统及其自动化技术 [M]. 北京：中国电力出版社.

方富淇. 2000. 配电网自动化 [M]. 北京：中国电力出版社.

刘健，毕鹏翔，董海鹏. 2002. 复杂配电网简化分析与优化 [M]. 北京：中国电力出版社.

刘健，倪建立，邓永辉. 2003. 配电自动化系统 [M]. 北京：中国水利水电出版社.

王守相，王成山. 2007. 现代配电系统分析 [M]. 北京：高等教育出版社.

第3章 配电网潮流计算

3.1 概　　述

潮流计算是配电网网损计算、负荷优化和无功优化的重要工具，具有非常重要的意义。本章从传统牛顿-拉夫逊潮流计算方法出发，使读者对潮流计算的已知条件和最终结果有所掌握，对配电网潮流计算的特点有所认识。在此基础上，介绍广泛应用于配电网潮流计算的前推回代法，考虑到配电网有时呈弱环网运行，介绍一种处理环网工况的补偿法。最后，讲述配电网潮流计算的直接法，该方法利用矩阵运算代替了前推回代过程，这样不仅简化计算过程，而且方便地利用相关矩阵处理环网工况，同时提高了算法的收敛性。

鉴于负荷电流计算在配电网潮流计算中的重要性，在此处回顾三种典型负荷类型的电流计算方法。

(1)恒功率模型：

$$\dot{I}_{\mathrm{L}} = (\dot{S}_{\mathrm{L}}/\dot{V}_{\mathrm{B}})^{*} \tag{3-1}$$

式中，$\dot{S}_{\mathrm{L}}$ 为负荷额定功率；$(\cdot)^{*}$ 为求复数共轭运算。

(2)恒阻抗模型：

$$\dot{I}_{\mathrm{L}} = \dot{V}/Z_{\mathrm{L}} \tag{3-2}$$

式中，$Z_{\mathrm{L}}=V_{\mathrm{B}}^{2}/(\dot{S}_{\mathrm{L}})^{*}$ 为负荷阻抗；V_{B} 为额定电压。

(3)恒电流模型：

$$\dot{I}_{\mathrm{L}} = I_{\mathrm{L}}\angle\theta_{\mathrm{L}} \tag{3-3}$$

式中，$I_{\mathrm{L}}=|(\dot{S}_{\mathrm{L}}/\dot{V}_{\mathrm{B}})^{*}|$ 为额定电流；$|\cdot|$ 为求模运算；$\theta_{\mathrm{L}}=\arg((\dot{S}_{\mathrm{L}}/\dot{V})^{*})$ 为当前电压下的电流相角；$\arg(\cdot)$ 为求相角运算。

3.2 牛顿-拉夫逊潮流计算方法

3.2.1 牛顿法求解非线性方程

设一个单变量非线性方程为

$$f(x) = 0 \tag{3-4}$$

求解此方程时，先给出解的近似值 $x^{(0)}$，设它与真解 x 的误差为 $\Delta x^{(0)}$，则 $x=x^{(0)}+\Delta x^{(0)}$，且满足如下方程：

$$f(x^{(0)}+\Delta x^{(0)}) = 0 \tag{3-5}$$

将式(3-5)左边的函数在 $x^{(0)}$ 附近展成泰勒级数，可得

$$f(x^{(0)}+\Delta x^{(0)})=f(x^{(0)})+f'(x^{(0)})\Delta x^{(0)}+\cdots+f^{(n)}(x^{(0)})\frac{(\Delta x^{(0)})^n}{n!}+\cdots \tag{3-6}$$

式中，$f^{(n)}(x^{(0)})$为函数 $f(x)$在 $x^{(0)}$处的一阶导数，…，n 阶导数。

若差值 $\Delta x^{(0)}$很小，可将 $\Delta x^{(0)}$的二阶及二阶以上阶次的各项略去，则式(3-6)可简化为

$$f(x^{(0)}+\Delta x^{(0)})=f(x^{(0)})+f'(x^{(0)})\Delta x^{(0)}=0 \tag{3-7}$$

式(3-7)是对修正量 $\Delta x^{(0)}$的一阶线性代方程式。解此方程可得误差 $\Delta x^{(0)}$为

$$\Delta x^{(0)}=-\frac{f(x^{(0)})}{f'(x^{(0)})} \tag{3-8}$$

用所求得的 $\Delta x^{(0)}$去修正近似值 $x^{(0)}$，可得

$$x^{(1)}=x^{(0)}+\Delta x^{(0)}=x^{(0)}-\frac{f(x^{(0)})}{f'(x^{(0)})} \tag{3-9}$$

修正后的近似解 $x^{(1)}$同真解仍然存在误差 $\Delta x^{(1)}$。为了进一步逼近真解，这样的迭代计算可以反复进行下去，迭代计算的通式为

$$x^{(k+1)}=x^{(k)}-\frac{f(x^{(k)})}{f'(x^{(k)})} \tag{3-10}$$

迭代过程的收敛判据为

$$|f'(x^{(k)})|<\varepsilon_1 \tag{3-11}$$

或

$$|\Delta x^{(k)}|<\varepsilon_2 \tag{3-12}$$

式中，ε_1 和 ε_2 为预先给定的小正数，一般可设置 $\varepsilon_1=\varepsilon_2=10^{-6}$。

3.2.2　牛顿一拉夫逊潮流算法

以如图 3-1 所示的一段线路的 Π 形等效电路介绍牛顿一拉夫逊潮流算法的基本思路。

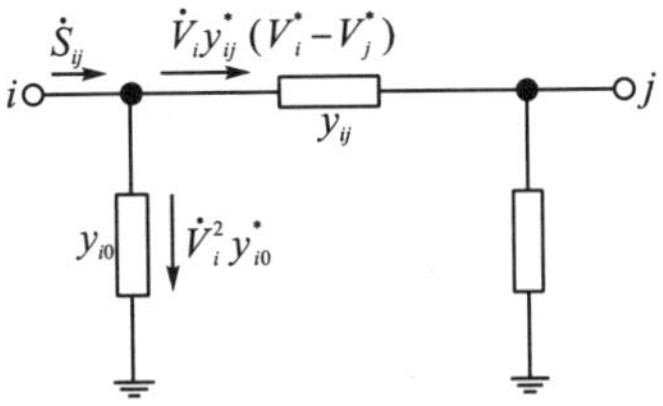

图 3-1　节点 i 和 j 之间支路的 Π 形等效电路

图中，$\dot{S}_{ij}$为注入节点 i 的复功率，$\dot{V}_i$为节点 i 的电压，y_{i0}为 Π 模型中 i 节点的等效并联导纳，y_{ij}为 Π 模型中节点 i、j 之间的等效串联导纳。i 节点电压的极坐标形式为

$$\dot{V}_i=V_i\angle\delta_i=V_i(\cos\delta_i+j\sin\delta_i) \tag{3-13}$$

式中，V_i 为节点 i 电压的幅值，δ_i 为节点 i 电压的相角，则注入节点 i 的复功率 $\dot{S}_{ij}$可表示为

$$\dot{S}_{ij}=P_i+jQ_i=\dot{V}_i\sum_{j=1}^{n}Y_{ij}^*\dot{V}_j^* \qquad (j=1,2,\cdots,n) \tag{3-14}$$

式中，Y_{ij}为节点导纳矩阵中的第 i 行 j 列的元素。对一个 n 个节点的电力系统，式(3-14)

是牛顿-拉夫逊潮流方程的一般形式。

令

$$Y_{ij}=G_{ij}+jB_{ij} \tag{3-15}$$

不难得到，式(3-14)可以展开并整理成

$$\left.\begin{aligned} P_i &= V_i\sum_{j=1}^{n}V_j(G_{ij}\cos\delta_{ij}+B_{ij}\sin\delta_{ij})\\ Q_i &= V_i\sum_{j=1}^{n}V_j(G_{ij}\sin\delta_{ij}-B_{ij}\cos\delta_{ij})\end{aligned}\right\} \tag{3-16}$$

式中，$\delta_{ij}=\delta_i-\delta_j$ 是 i、j 两节点电压的相角差。

式(3-16)把节点功率表示为节点电压的幅值和相角的函数。在有 n 个节点的系统中，假定 1 节点为平衡节点，$2\sim n$ 节点为 PQ 节点，V_1 和 δ_1 是给定的，则有 $n-1$ 个节点电压的幅值 V_2，V_3，…，V_n 和相角 δ_2，δ_3，…，δ_n 未知，共有 $2(n-1)$个未知量。

对式(3-16)进行移项处理可以得到

$$\left.\begin{aligned} \Delta P_i &= P_{is}-P_i = P_{is}-V_i\sum_{j=1}^{n}V_j(G_{ij}\cos\delta_{ij}+B_{ij}\sin\delta_{ij})=0 \quad (i=1,2,\cdots,n-1)\\ \Delta Q_i &= Q_{is}-Q_i = Q_{is}-V_i\sum_{j=1}^{n}V_j(G_{ij}\sin\delta_{ij}-B_{ij}\cos\delta_{ij})=0 \quad (i=1,2,\cdots,n-1)\end{aligned}\right\} \tag{3-17}$$

式中，P_{is}和 Q_{is}分别为节点 i 设定的有功功率和无功功率。

可以看出，式(3-17)包含一个有功功率不平衡量方程式和一个无功功率不平衡量方程式。式(3-17)是一个非线性方程组，与式(3-4)具有同样的形式，因此，可以用牛顿迭代法进行求解。

式(3-17)的一阶线性化方程组可表示为

$$\begin{bmatrix}\Delta\boldsymbol{P}\\ \Delta\boldsymbol{Q}\end{bmatrix}=\begin{bmatrix}\boldsymbol{H} & \boldsymbol{N}\\ \boldsymbol{K} & \boldsymbol{L}\end{bmatrix}\begin{bmatrix}\Delta\boldsymbol{\delta}\\ \boldsymbol{V}_{D_2}^{-1}\Delta\boldsymbol{V}\end{bmatrix} \tag{3-18}$$

式中，

$$\left.\begin{aligned} &\Delta\boldsymbol{P}=\begin{bmatrix}\Delta P_2\\ \Delta P_3\\ \vdots\\ \Delta P_n\end{bmatrix},\Delta\boldsymbol{Q}=\begin{bmatrix}\Delta Q_2\\ \Delta Q_3\\ \vdots\\ \Delta Q_n\end{bmatrix},\Delta\delta=\begin{bmatrix}\Delta\delta_2\\ \Delta\delta_3\\ \vdots\\ \Delta\delta_n\end{bmatrix}\\ &\Delta\boldsymbol{V}=\begin{bmatrix}\Delta V_2\\ \Delta V_3\\ \vdots\\ \Delta V_n\end{bmatrix},\boldsymbol{V}_{D_2}=\begin{bmatrix}V_2 & & & \\ & V_3 & & \\ & & \ddots & \\ & & & V_n\end{bmatrix}\end{aligned}\right\} \tag{3-19}$$

$\boldsymbol{H}$、$\boldsymbol{N}$、$\boldsymbol{K}$ 和 $\boldsymbol{L}$ 均是$(n-1)\times(n-1)$阶方阵，其元素分别为 $H_{ij}=\dfrac{\partial\Delta P_i}{\partial\Delta\delta_j}$、$N_{ij}=V_j\dfrac{\partial\Delta P_i}{\partial\Delta V_j}$、$K_{ij}=\dfrac{\partial\Delta Q_i}{\partial\Delta\delta_j}$ 和 $L_{ij}=V_j\dfrac{\partial\Delta Q_i}{\partial\Delta V_j}$。

把节点不平衡功率对节点电压幅值的偏导数都乘以该节点电压，相应地把节点电压的修正量都除以该节点的电压幅值，这样，雅可比矩阵元素的表达式就具有比较整齐的形式。

式(3-17)中，雅可比矩阵元素的表达式如式(3-20)和式(3-21)所示。

非对角线元素：

$$\left.\begin{aligned} H_{ij} &= -V_iV_j(G_{ij}\sin\delta_{ij} - B_{ij}\cos\delta_{ij}) \\ N_{ij} &= -V_iV_j(G_{ij}\cos\delta_{ij} + B_{ij}\sin\delta_{ij}) \\ J_{ij} &= V_iV_j(G_{ij}\cos\delta_{ij} + B_{ij}\sin\delta_{ij}) \\ L_{ij} &= -V_iV_j(G_{ij}\sin\delta_{ij} - B_{ij}\cos\delta_{ij}) \end{aligned}\right\} \quad (\text{当 } i \neq j \text{ 时}) \tag{3-20}$$

对角线元素：

$$\left.\begin{aligned} H_{ii} &= V_i^2B_{ii} + Q_i \\ N_{ii} &= -V_i^2G_{ii} - P_i \\ J_{ii} &= V_i^2G_{ii} - P_i \\ L_{ii} &= V_i^2B_{ii} - Q_i \end{aligned}\right\} \quad (\text{当 } i = j \text{ 时}) \tag{3-21}$$

式(3-18)中，假定未知量 V_2，V_3，…，V_n 和 δ_2，δ_2，…，δ_n 的初值后，可以求出 $\Delta\boldsymbol{P}$、$\Delta\boldsymbol{Q}$、$\boldsymbol{V}_{D_2}$ 和雅可比矩阵，进而求出对初值的修正量 $\Delta\boldsymbol{\delta}$ 和 $\Delta\boldsymbol{V}$。然后，对初值进行修正，重新计算 $\Delta\boldsymbol{P}$、$\Delta\boldsymbol{Q}$、$\boldsymbol{V}_{D_2}$ 和雅可比矩阵，再得到修正量 $\Delta\boldsymbol{\delta}$ 和 $\Delta\boldsymbol{V}$，重复上述过程，直至误差小于既定阈值。

例 3-1　如图 3-2 所示的简单配电网系统，节点 2 上发电机无功出力范围为 0 Mvar 到 35 Mvar，选取功率的基准值为 100 MV·A，各节点已知数据如表 3-1 所示，试用牛顿-拉夫逊法计算潮流。

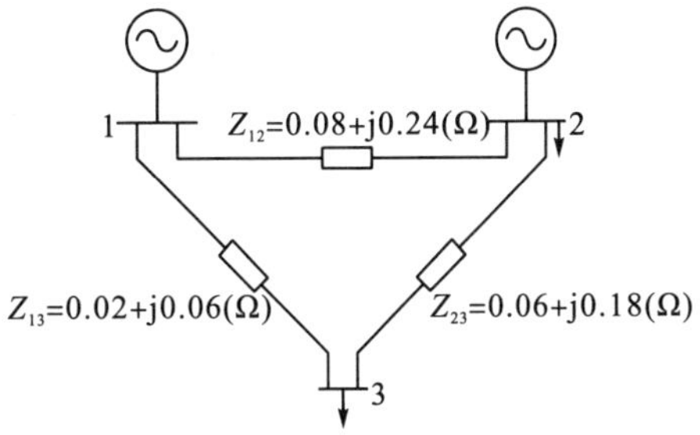

图 3-2　某简单配电网系统

表 3-1　某简单配电系统各节点已知数据

节点 i	节点电压 $\dot{V}_i^*$	发电机注入功率		负荷	
		MW	Mvar	MW	Mvar
1	1.05+j0.0	未知	未知	0	0
2	1.03	20	未知	50	20
3	未知	0	0	60	25

解：

(1)形成节点导纳矩阵。

$$y_{12} = 1/Z_{12} = 1.25 - \mathrm{j}3.75(\mathrm{S})$$
$$y_{23} = 1/Z_{23} = 1.667 - \mathrm{j}5.0(\mathrm{S})$$
$$y_{13} = 1/Z_{13} = 5 - \mathrm{j}15.0(\mathrm{S})$$

$$\boldsymbol{Y} = \begin{bmatrix} y_{12}+y_{13} & -y_{12} & -y_{13} \\ -y_{12} & y_{12}+y_{23} & -y_{23} \\ -y_{13} & -y_{23} & y_{13}+y_{23} \end{bmatrix}$$
$$= \begin{bmatrix} 6.25-\mathrm{j}18.75 & -1.25+\mathrm{j}3.75 & -5.0+\mathrm{j}15.0 \\ -1.25+\mathrm{j}3.73 & 2.9167-\mathrm{j}8.75 & -1.6667+\mathrm{j}5.0 \\ -5.0+\mathrm{j}15.0 & -1.6667+\mathrm{j}5.0 & 6.6667-\mathrm{j}20.0 \end{bmatrix}(\mathrm{S})$$

(2)设定节点电压初值。

$$\dot{V}_1^{*(0)} = 1.05\angle 0°$$
$$\dot{V}_2^{*(0)} = 1.03\angle 0°$$
$$\dot{V}_3^{*(0)} = 1.0\angle 0°$$

(3)求修正方程中的误差相量。

$$\Delta P_2^{*(0)} = P_{2s}^{*} - V_2^{*(0)}\sum_{j=1}^{3} V_j^{*(0)}(G_{ij}\cos\delta_{ij}^{(0)} + B_{ij}\sin\delta_{ij}^{(0)})$$
$$= \frac{20-50}{100} - 1.03[1.05\times(-1.25+0) + 1.03\times(2.9167+0) + 1.0 \times(-1.667+0)]$$
$$= -0.326$$

$$\Delta P_3^{*(0)} = P_{3s}^{*} - V_3^{*(0)}\sum_{j=1}^{3} V_j^{*(0)}(G_{ij}\cos\delta_{ij}^{(0)} + B_{ij}\sin\delta_{ij}^{(0)})$$
$$= \frac{-60}{100} - 1.0[1.05\times(-5.0+0) + 1.03\times(1.667+0) + 1.0\times(-6.667+0)]$$
$$= -0.3$$

$$\Delta Q_3^{*(0)} = Q_{3s}^{*} - V_3^{*(0)}\sum_{j=1}^{3} V_j^{*(0)}(G_{ij}\sin\delta_{ij}^{(0)} - B_{ij}\cos\delta_{ij}^{(0)})$$
$$= \frac{-25}{100} - 1.0[1.05\times(0-15.0) + 1.03\times(0-5.0) + 1.0\times 20]$$
$$= 0.65$$

(4)求雅可比矩阵元素。

$$Q_{2s}^{*(0)} = V_2^{*(0)}\sum_{j=1}^{3} V_j^{*(0)}(G_{ij}\sin\delta_{ij}^{(0)} - B_{ij}\cos\delta_{ij}^{(0)})$$
$$= 1.03[1.05\times(0-3.73) + 1.03\times(0+8.75) + 1.0\times(0-5.0)]$$
$$= 0.07725$$

$$H_{22} = Q_{2s}^{*} + B_{22}V_2^{*2} = 0.07725 - 8.75\times 1.03^2 = -9.2056266$$
$$H_{23} = -V_2^{*}V_3^{*}(G_{23}\sin\delta_{23} - B_{23}\cos\delta_{23}) = 5.15$$
$$N_{23} = -V_2^{*}V_3^{*}(G_{23}\cos\delta_{23} + B_{23}\sin\delta_{23}) = 1.7166724$$
$$H_{32} = H_{23} = 5.15$$
$$H_{33} = Q_{3s}^{*} + B_{33}V_3^{*2} = -0.25 + (-20)\times 1^2 = -20.25$$

$N_{33}=-P_{3s}^{*}-G_{33}V_{3}^{*2}=0.6-6.6667\times 1^{2}=-6.0667$

$J_{32}=-N_{23}=-1.7166724$

$J_{33}=-P_{3s}^{*}+G_{33}V_{3}^{*2}=0.6+6.6667\times 1^{2}=7.2667$

$L_{33}=-Q_{3s}^{*}+B_{33}V_{3}^{*2}=0.25+(-20)\times 1^{2}=-19.75$

(5)根据修正方程求修正相量。

$$\begin{bmatrix}\Delta P_2^{*(0)}\\ \Delta P_3^{*(0)}\\ \Delta Q_3^{*(0)}\end{bmatrix}=\begin{bmatrix}H_{22} & H_{23} & N_{23}\\ H_{32} & H_{33} & N_{33}\\ J_{32} & J_{33} & L_{33}\end{bmatrix}\begin{bmatrix}\Delta\delta_2^{(0)}\\ \Delta\delta_3^{(0)}\\ \Delta V_3^{*(0)}/V_3^{*(0)}\end{bmatrix}$$

$$\begin{bmatrix}\Delta\delta_2^{(0)}\\ \Delta\delta_3^{(0)}\\ \Delta V_3^{*(0)}/V_3^{*(0)}\end{bmatrix}=\begin{bmatrix}2.8575^{\circ}\\ 1.9788^{\circ}\\ -0.025917\end{bmatrix} \text{即} \begin{bmatrix}\Delta\delta_2^{(0)}\\ \Delta\delta_3^{(0)}\\ \Delta V_3^{*(0)}\end{bmatrix}=\begin{bmatrix}2.8575^{\circ}\\ 1.9788^{\circ}\\ -0.025917\end{bmatrix}$$

(6)求取新值。

$$\begin{bmatrix}\delta_2^{(1)}\\ \delta_3^{(1)}\\ V_3^{*(1)}\end{bmatrix}=\begin{bmatrix}\delta_2^{(0)}\\ \delta_3^{(0)}\\ V_3^{*(0)}\end{bmatrix}-\begin{bmatrix}\Delta\delta_2^{(0)}\\ \Delta\delta_3^{(0)}\\ \Delta V_3^{*(0)}\end{bmatrix}=\begin{bmatrix}-2.8575^{\circ}\\ -1.9788^{\circ}\\ 1.025917\end{bmatrix}$$

(7)检查是否收敛(若不收敛，则以新值为初值，进行节点类型转换后自第(3)步开始下一步迭代，否则转入下一步)。下面判断节点类型是否需要转换。

$$P_2^{*(1)}=-0.30009$$

$$Q_2^{*(1)}=0.043853$$

母线2的发电机无功出力为

$$Q_{G2}^{(1)*}=0.043853-\left(\frac{-20}{100}\right)=0.243853\ \text{Mvar}$$

$$Q_{G2}^{(1)}=24.3853\ \text{Mvar}$$

在约束范围之内，因此，不需转换节点类型。

(8)计算线路潮流。

$\widetilde{S}_{12}^{*}=\dot{V}_1^{*}(\dot{V}_1^{*}-\dot{V}_2^{*})Y_{12}=1.05(1.05-1.03\angle 2.8517^{\circ})(-1.25+j3.75)$

$\quad=0.2297+\text{j}0.016533$

综上，将采用牛顿-拉夫逊潮流算法的计算结果示于图3-3。

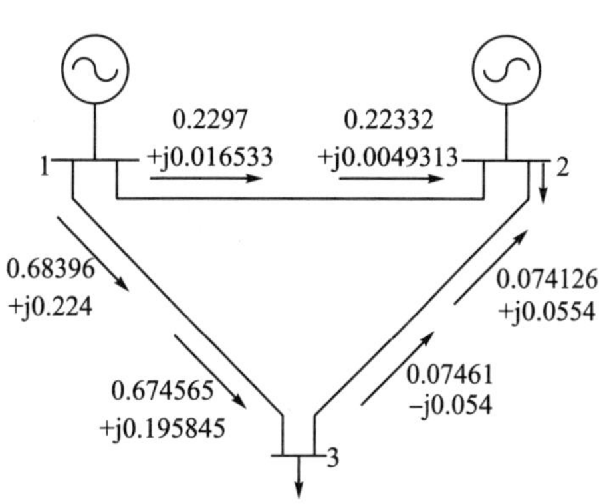

图3-3　某简单配电网系统潮流计算结果图

3.2.3 牛顿-拉夫逊潮流算法的改进

在电力系统分析的相关讨论中，输电网可以利用 $X \gg R$ 等条件对牛顿－拉夫逊算法进行改进，实现有功和无功的解耦，使有功只和相角有关，无功只和电压有关，从而大大降低了算法的复杂程度。配电网可以根据自身的特点对牛顿－拉夫逊算法进行改进，以便简化计算。首先，配电线路一般较短且潮流不大，因此，可以假设相邻节点的电压差很小；其次，所有的并联支路(如并联电容器组、恒定阻抗负荷和配电线路 Π 形等值模型中的并联导纳等)都可以利用节点电压转换成节点功率或电流注入，因此，可认为配电网中没有接地支路。

由于相邻两个节点之间的电压相位差值很小，所以 $\sin\delta_{ij} \approx 0$；又由于是没有接地支路的系统，所以 $G_{ii} + jB_{ii} = -\sum\limits_{j\in i, j\neq i} G_{ij} + jB_{ij}$ ，这样雅可比矩阵的非对角线元素为

$$\left.\begin{aligned} H_{ij} &= V_i V_j B_{ij} \cos\delta_{ij} \\ N_{ij} &= -V_i V_j G_{ij} \cos\delta_{ij} \\ K_{ij} &= V_i V_j G_{ij} \cos\delta_{ij} \\ L_{ij} &= V_i V_j B_{ij} \cos\delta_{ij} \end{aligned}\right\} \tag{3-22}$$

雅可比矩阵的对角线元素为

$$\left.\begin{aligned} H_{ii} &= -V_i \sum_{j\in i, j\neq i} V_j B_{ij} \cos\delta_{ij} \\ N_{ii} &= V_i \sum_{j\in i, j\neq i} V_j G_{ij} \cos\delta_{ij} \\ K_{ii} &= -V_i \sum_{j\in i, j\neq i} V_j G_{ij} \cos\delta_{ij} \\ L_{ii} &= -V_i \sum_{j\in i, j\neq i} V_j B_{ij} \cos\delta_{ij} \end{aligned}\right\} \tag{3-23}$$

由式(3-22)和式(3-23)可以看出，雅可比矩阵与节点导纳矩阵具有相同的对称稀疏特性，而且可以证明雅可比矩阵中的元素有如下关系成立：

$$\begin{cases} \boldsymbol{H} = \boldsymbol{L} = \boldsymbol{A}_{n-1}\boldsymbol{D}_B\boldsymbol{A}_{n-1}^{\mathrm{T}} \\ \boldsymbol{K} = -\boldsymbol{N} = \boldsymbol{A}_{n-1}\boldsymbol{D}_G\boldsymbol{A}_{n-1}^{\mathrm{T}} \end{cases} \tag{3-24}$$

式中，$\boldsymbol{A}_{n-1}$ 为 n 节点系统不考虑源节点的节点－支路关联矩阵；$\boldsymbol{D}_B$ 和 $\boldsymbol{D}_G$ 是对角矩阵，其对角线元素分别为 $V_i V_j B_{ij} \cos\delta_{ij}$ 和 $V_i V_j G_{ij} \cos\delta_{ij}$ 。

因此，式(3-18)可写成

$$\begin{bmatrix} \boldsymbol{A}_{n-1} & \\ & \boldsymbol{A}_{n-1} \end{bmatrix} \begin{bmatrix} \boldsymbol{D}_B & -\boldsymbol{D}_G \\ \boldsymbol{D}_G & \boldsymbol{D}_B \end{bmatrix} \begin{bmatrix} \boldsymbol{A}_{n-1}^{\mathrm{T}} & \\ & \boldsymbol{A}_{n-1}^{\mathrm{T}} \end{bmatrix} \begin{bmatrix} \Delta\boldsymbol{\delta} \\ \Delta\boldsymbol{V}/\boldsymbol{V} \end{bmatrix} = \begin{bmatrix} \Delta\boldsymbol{P} \\ \Delta\boldsymbol{Q} \end{bmatrix} \tag{3-25}$$

如果对节点和支路进行适当编号，可以将 $\boldsymbol{A}_{n-1}$ 表示为一个上三角形矩阵，对角线元素为 1，所有非零线对角元素为－1。

若定义 3 个新的变量为

$$\left.\begin{aligned} \dot{\boldsymbol{E}} &= \Delta\boldsymbol{\delta} + \mathrm{j}\Delta\boldsymbol{V}/\boldsymbol{V} \\ \dot{\boldsymbol{S}} &= \Delta\boldsymbol{P} + \mathrm{j}\Delta\boldsymbol{Q} \\ \dot{\boldsymbol{W}} &= \boldsymbol{D}_B + \mathrm{j}\boldsymbol{D}_G \end{aligned}\right\} \tag{3-26}$$

则式(3-25)可以写为

$$\boldsymbol{A}_{n-1}\dot{\boldsymbol{W}}\boldsymbol{A}_{n-1}^{T}\dot{\boldsymbol{E}}=\dot{\boldsymbol{S}} \tag{3-27}$$

或写为

$$\boldsymbol{A}_{n-1}\dot{\boldsymbol{S}}_{L}=\dot{\boldsymbol{S}} \tag{3-28}$$

式中，$\dot{\boldsymbol{S}}_{\mathrm{L}}=\dot{\boldsymbol{W}}\boldsymbol{A}_{n-1}^{\mathrm{T}}\dot{\boldsymbol{E}}$。

利用式(3-28)求 $\dot{\boldsymbol{E}}$ 时，$\dot{\boldsymbol{W}}^{-1}$ 为对角矩阵，其对角线元素可用等值线路阻抗表示：

$$Z_{\mathrm{eq}}=R_{\mathrm{eq}}+\mathrm{j}X_{\mathrm{eq}} \tag{3-29}$$

式中，$R_{\mathrm{eq}}=X_{ij}/(V_iV_j\cos\theta_{ij})$，$X_{\mathrm{eq}}=R_{ij}/(V_iV_j\cos\theta_{ij})$。

对于配电系统，改进的牛顿法具有与将要介绍的前推回代法相近的收敛性能。近似处理使辐射状配电系统的雅可比矩阵可写为 $\boldsymbol{UDU}^{\mathrm{T}}$ 的形式，其中 $\boldsymbol{U}$ 为仅依赖系统拓扑的恒定上三角矩阵，$\boldsymbol{D}$ 为块对角矩阵，该形式的雅可比矩阵不需要显式形成，从而避免了与雅可比矩阵和 LU 分解因子相关的病态条件。

在牛顿−拉夫逊算法中，潮流方程的偏微分，即雅可比矩阵(精确或近似)被用来决定搜索方向，以计算状态变量的修正增量。而在改进牛顿法中，$\boldsymbol{UDU}^{\mathrm{T}}$ 形式的近似雅可比矩阵被用来决定搜索方向，以计算状态变量的修正增量。

3.3　前推回代潮流计算方法

3.3.1　辐射状配电网的前推回代潮流算法

前推回代法中涉及节点电压和支路电流的推算，因此，有必要先介绍网络的节点编号。对于一个大规模配电网，节点的编号可从根节点(变电站母线)开始，依次逐层排序，如图 3-4 所示。

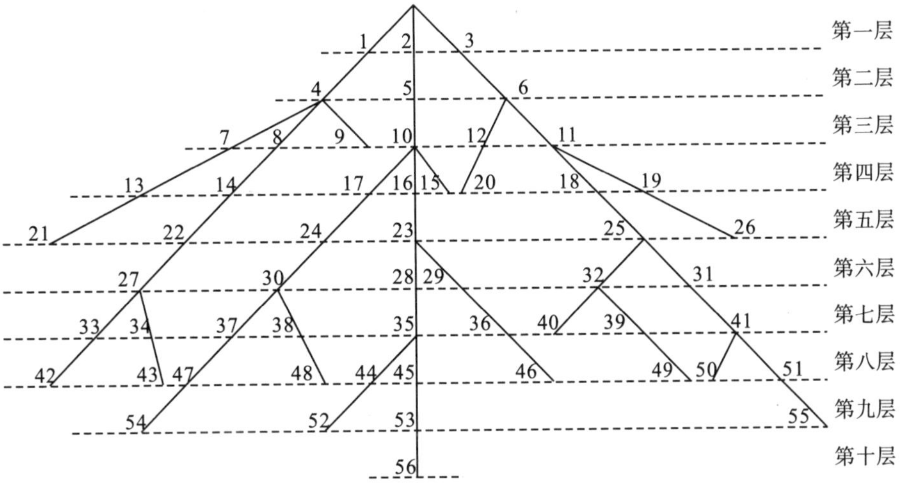

图 3-4　辐射状网络的节点编号

对于每个节点或支路，无论其相数是多少，可将支路 l 上的阻抗用一个 3×3 的矩阵表示为

$$\boldsymbol{Z}_l=\begin{bmatrix} z_{\mathrm{aa},l} & z_{\mathrm{ab},l} & z_{\mathrm{ac},l} \\ z_{\mathrm{ab},l} & z_{\mathrm{bb},l} & z_{\mathrm{bc},l} \\ z_{\mathrm{ac},l} & z_{\mathrm{bc},l} & z_{\mathrm{cc},l} \end{bmatrix} \tag{3-30}$$

如果该条支路不存在任何相数，那么矩阵中的元素均为 0。图 3-5 显示了介于节点 i、j 之间的支路 l 上的串/并联导纳和负荷。

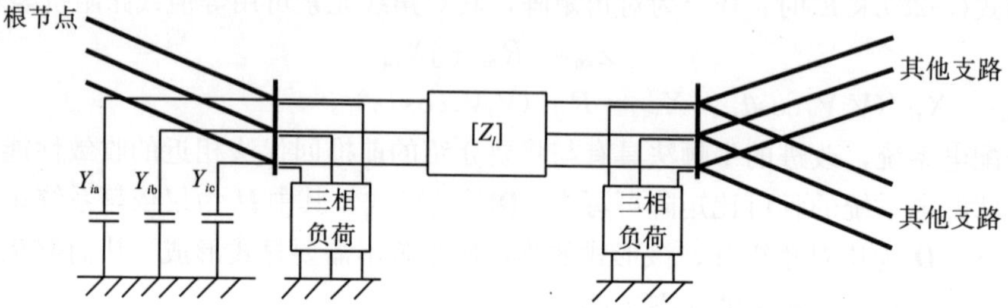

图 3-5 三相线路的等效 Π 模型

对于配电网，根节点为变电站变压器出口侧，因此，已知电压幅值和相角。在此基础上，假定其余所有节点的初始电压和根节点相同，则前推回代法可以通过迭代求解辐射状网络的潮流，其中第 k 次迭代算法可分为如下 3 步。

(1)计算节点电流为

$$\begin{bmatrix} \dot I_{i\mathrm{a}} \\ \dot I_{i\mathrm{b}} \\ \dot I_{i\mathrm{c}} \end{bmatrix}^{(k)} = \begin{bmatrix} (\dot S_{i\mathrm{a}}/\dot V_{i\mathrm{a}})^* \\ (\dot S_{i\mathrm{b}}/\dot V_{i\mathrm{b}})^* \\ (\dot S_{i\mathrm{c}}/\dot V_{i\mathrm{c}})^* \end{bmatrix}^{(k-1)} - \begin{bmatrix} Y_{i\mathrm{a}}^* & & \\ & Y_{i\mathrm{b}}^* & \\ & & Y_{i\mathrm{c}}^* \end{bmatrix} \begin{bmatrix} \dot V_{i\mathrm{a}} \\ \dot V_{i\mathrm{b}} \\ \dot V_{i\mathrm{c}} \end{bmatrix}^{(k)} \tag{3-31}$$

式中，$\dot S_{i\mathrm{a}}$、$\dot S_{i\mathrm{b}}$、$\dot S_{i\mathrm{c}}$依次为节点 i 的预计(或已知)负荷功率，注入为正；$\dot I_{i\mathrm{a}}^{(k)}$、$\dot I_{i\mathrm{b}}^{(k)}$、$\dot I_{i\mathrm{c}}^{(k)}$依次为第 k 次迭代节点 i 的各相注入电流；$\dot V_{i\mathrm{a}}^{(k-1)}$、$\dot V_{i\mathrm{b}}^{(k-1)}$、$\dot V_{i\mathrm{c}}^{(k-1)}$依次为第 $k-1$ 次迭代所得节点 i 的各相电压；$Y_{i\mathrm{a}}$、$Y_{i\mathrm{b}}$、$Y_{i\mathrm{c}}$依次为节点 i 处的并联导纳。

(2)从图 3-4 中最后一层的节点开始计算各支路的电流，则支路 l 的电流可通过式(3-32)计算，此过程称为回代过程(backward sweep calculation)。

$$\begin{bmatrix} \dot J_{l\mathrm{a}} \\ \dot J_{l\mathrm{b}} \\ \dot J_{l\mathrm{c}} \end{bmatrix}^{(k)} = -\begin{bmatrix} \dot I_{j\mathrm{a}} \\ \dot I_{j\mathrm{b}} \\ \dot I_{j\mathrm{c}} \end{bmatrix}^{(k)} + \sum_{m\in M} \begin{bmatrix} \dot J_{m\mathrm{a}} \\ \dot J_{m\mathrm{b}} \\ \dot J_{m\mathrm{c}} \end{bmatrix}^{(k)} \tag{3-32}$$

式中，$\dot J_{l\mathrm{a}}$、$\dot J_{l\mathrm{b}}$、$\dot J_{l\mathrm{c}}$依次为支路 l 的各相电流，M 代表与节点 j 连接的所有支路集合。在式(3-32)中的负号是为了与式(3-31)中的注入电流方向保持一致。

(3)得到各条支路的电流后，从第一层开始推算各个节点的电压至最后一层，节点 j 的电压如式(3-33)所示，该过程称为前推过程(forward sweep calculation)。

$$\begin{bmatrix} \dot V_{j\mathrm{a}} \\ \dot V_{j\mathrm{b}} \\ \dot V_{j\mathrm{c}} \end{bmatrix}^{(k)} = \begin{bmatrix} \dot V_{i\mathrm{a}} \\ \dot V_{i\mathrm{b}} \\ \dot V_{i\mathrm{c}} \end{bmatrix}^{(k)} - \begin{bmatrix} z_{\mathrm{aa},l} & z_{\mathrm{ab},l} & z_{\mathrm{ac},l} \\ z_{\mathrm{ab},l} & z_{\mathrm{bb},l} & z_{\mathrm{bc},l} \\ z_{\mathrm{ac},l} & z_{\mathrm{bc},l} & z_{\mathrm{cc},l} \end{bmatrix} \begin{bmatrix} \dot J_{l\mathrm{a}} \\ \dot J_{l\mathrm{b}} \\ \dot J_{l\mathrm{c}} \end{bmatrix}^{(k)} \tag{3-33}$$

得到 k 次迭代的电压后，计算每个节点的各相第 k 次迭代所得电压与第 $k-1$ 次迭代所得电压的误差为

$$
\begin{aligned}
\Delta\dot{V}_{ia}^{(k)} &= \dot{V}_{ia}^{(k)} - \dot{V}_{ia}^{(k-1)} \\
\Delta\dot{V}_{ib}^{(k)} &= \dot{V}_{ib}^{(k)} - \dot{V}_{ib}^{(k-1)} \\
\Delta\dot{V}_{ic}^{(k)} &= \dot{V}_{ic}^{(k)} - \dot{V}_{ic}^{(k-1)}
\end{aligned}
\tag{3-34}
$$

如果任意一相的电压误差的实部或虚部大于既定的收敛标准，则重复以上 3 个步骤，直至其数值在收敛标准以内。

3.3.2　前推回代法对环网的处理

式(3-31)～式(3-34)为三相辐射状网络的潮流计算方法，但是出于合理分配负荷、抑制谐波畸变等原因，配电网有时处于弱环网运行的工况，因此，讨论配电网存在若干环网时的潮流计算是非常必要的。前推回代法中，通过补偿法和断点阻抗矩阵来求解环路电流，现以图 3-6 给出的联络开关 j 上流过的三相电流进行说明。

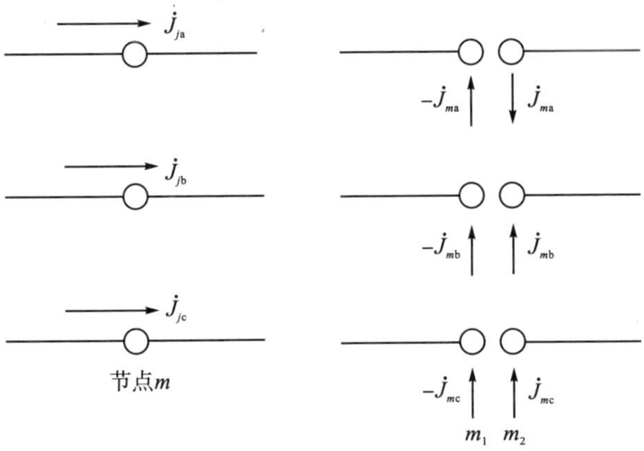

图 3-6　利用节点注入电流表示环路电流

首先将节点 m 断开，形成两个节点 m_1 和 m_2，不难看出断点处的三相注入电流方向如图 3-6 所示。第 k 次迭代中，节点 m_1 和 m_2 的注入电流为

$$
\begin{bmatrix} \dot{I}_{m_1a} \\ \dot{I}_{m_1b} \\ \dot{I}_{m_1c} \end{bmatrix}^{(k)} = -\begin{bmatrix} \dot{J}_{ma} \\ \dot{J}_{mb} \\ \dot{J}_{mc} \end{bmatrix}^{(k)}, \quad \begin{bmatrix} I_{m_2a} \\ I_{m_2b} \\ I_{m_2c} \end{bmatrix}^{(k)} = \begin{bmatrix} \dot{J}_{ma} \\ \dot{J}_{mb} \\ \dot{J}_{mc} \end{bmatrix}^{(k)}
\tag{3-35}
$$

对环路列 KVL 方程可以得到环路三相电流满足：

$$
[\boldsymbol{Z}_B][\dot{\boldsymbol{J}}_m]^{(k)} = [\Delta\dot{\boldsymbol{V}}_m]^{(k)}
\tag{3-36}
$$

式中，$[\Delta\dot{\boldsymbol{V}}_m]^{(k)}$ 为第 k 次迭代中节点 m_1 和 m_2 的三相电压误差的向量；$[\dot{\boldsymbol{J}}_m]^{(k)}$ 为第 k 次迭代中流过节点 m 的电流；$[\boldsymbol{Z}_B]$ 为一个数值恒定的阻抗矩阵，称为断点阻抗矩阵，数值上，位于 $[\boldsymbol{Z}_B]$ 对角线上的子矩阵 $\boldsymbol{Z}_{ii}$ 为组成环路的所有支路阻抗(如式(3-30)所示)之和，对于非对角线上的子矩阵 $\boldsymbol{Z}_{ij}$，只有当环路 i 和 j 共同经过一个或一个以上的支路时，其数值才非零，其值为共同支路的阻抗之和，$\boldsymbol{Z}_{ij}$ 中元素的方向取决于流过环路 i 和 j 的环路电流的相对方向：相同为正，相反为负。在三相系统中，环路大部分是三相的，所以断点阻抗矩阵主要由 3×3 的矩阵组成。

综上所述，对于一个含环网的配电网潮流计算，首先确定断点，将弱环网运行配电网络逐层转换为辐射状网络，并形成断点矩阵 $[\boldsymbol{Z}_B]$；然后计算该辐射状网络的潮流分布得到各个节点的电压，然后计算断点处的电压差值，根据该差值计算断点补偿电流 $[\dot{J}]$，并更新各条支路流过的电流，据此重新计算辐射状网络的潮流分布；最后重复上述过程直至每个节点的电压误差都小于收敛标准。整个算法的流程如图 3-7 所示。

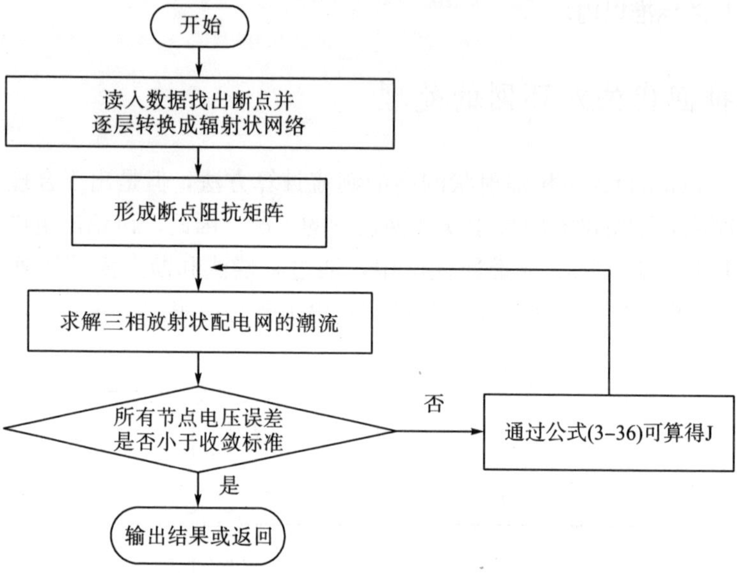

图 3-7　前推回代潮流计算流程

例 3-2　对于如图 3-8 所示的简单配电系统，利用前推回代法计算系统潮流(收敛精度要求 $\varepsilon=0.01$)。

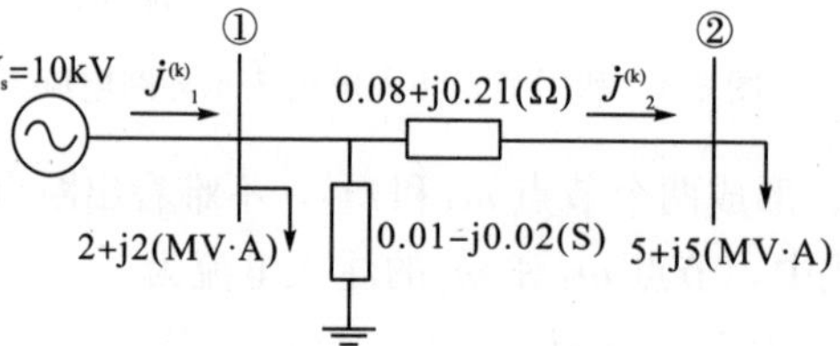

图 3-8　某简单配电系统

解：

(1)第一次迭代。

①计算节点电流：

$$\dot{I}_1^1=\frac{2+\mathrm{j}2}{10}-(0.01-\mathrm{j}0.02)\times 10=0.1+\mathrm{j}0.4(\mathrm{kA})$$

②回代过程：

$$\dot{J}_2^1=-\dot{I}_1^1+\dot{J}_1^1=-(0.1+\mathrm{j}0.4)+\frac{2+\mathrm{j}2}{10}=0.1-\mathrm{j}0.2(\mathrm{kA})$$

③前推过程：

$$\dot{V}_2^1=10-(0.08+\mathrm{j}0.24)\times(0.1-\mathrm{j}0.2)=9.9440-\mathrm{j}0.0080(\mathrm{kV})$$

(2)第二次迭代。

①计算节点电流：

$$\dot{I}_1^2 = \frac{2+\mathrm{j}2}{9.9440-\mathrm{j}0.0080} - (0.01-\mathrm{j}0.02)\times(9.9440-\mathrm{j}0.0080) = 0.1017+\mathrm{j}0.4002(\mathrm{kA})$$

②回代过程：

$$\dot{J}_2^2 = -\dot{I}_1^2 + \dot{J}_1^2 = -(0.1017+\mathrm{j}0.4002) + \frac{2+\mathrm{j}2}{9.9440-\mathrm{j}0.0080} = 0.0992-\mathrm{j}0.1989(\mathrm{kA})$$

③前推过程：

$$\dot{V}_2^2 = 0.9440-\mathrm{j}0.0080-(0.08+\mathrm{j}0.24)(0.0992-\mathrm{j}0.1989) = 9.8883-\mathrm{j}0.0159(\mathrm{kV})$$

电压误差 $\Delta\dot{V}_2^2 - \frac{9.9440-9.8883}{9.9440} = 0.0056 < 0.01$，达到收敛精度要求。

3.4　直接潮流计算方法

3.4.1　辐射状配电网络的直接潮流算法

直接法(direct power flow algorithm)计算潮流继承了前推回代法的思路，但它将前推和回代过程分别用两个矩阵代替，从而大大降低了算法的复杂度。假设节点 i 处负荷的注入功率为 $\dot{S}_i$ 为

$$\dot{S}_i = (\dot{P}_i + \mathrm{j}\dot{Q}_i) \qquad (i=1,\cdots,N) \tag{3-37}$$

则对于恒功率负荷，第 k 次迭代中，节点 i 的负荷电流可由下式计算：

$$\dot{I}_i^k = \dot{I}_i^r(\dot{V}_i^{(k-1)}) + \mathrm{j}\dot{I}_i^i(\dot{V}_i^{(k-1)}) = \left(\frac{\dot{P}_i+\mathrm{j}\dot{Q}_i}{\dot{V}_i^{(k-1)}}\right)^* \tag{3-38}$$

式中，$\dot{V}_i^{(k-1)}$ 和 $\dot{I}_i^{(k-1)}$ 分别为第 $k-1$ 次迭代的节点 i 的电压和等效注入电流。$\dot{I}_i^r(\dot{V}_i^{(k-1)})$ 和 $\dot{I}_i^i(\dot{V}_i^{(k-1)})$分别为第 $k-1$ 次迭代的节点 i 等效注入电流的实部和虚部，其值和第 $k-1$ 次迭代的电压 $\dot{V}_i^{(k-1)}$ 有关。

为阐述方便，以如图 3-9 所示的一个 6 节点的简单配电网络为例介绍直接法求解计算潮流分布的基本原理。

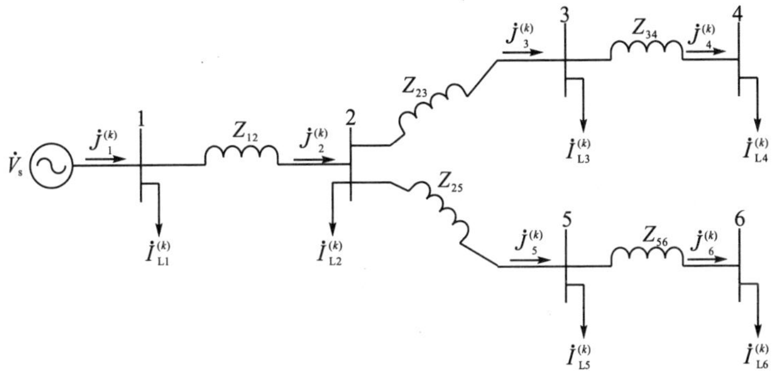

图 3-9　一个 6 节点配电网络

如图 3-9 所示，$\dot{V}_s$ 为变电所变压器出口侧的电压，$\dot{I}_{Li}^{(k)}$ 为第 k 次迭代中节点 i 的负荷

电流，$\dot{J}_i^{(k)}$ 为第 k 次迭代中注入节点 i 的支路电流，Z_{ij} 为连接节点 i 和 j 的支路阻抗。已知负荷功率，可以通过式(3-38)计算各个节点的负荷电流。在此基础上，根据基尔霍夫电流定律可得到第 k 次迭代节点电流和支路电流之间的关系，如支路电流 $\dot{J}_1^{(k)}$，$\dot{J}_3^{(k)}$，$\dot{J}_6^{(k)}$ 可由下式计算：

$$\begin{aligned}\dot{J}_1^{(k)} &= \dot{I}_{L1}^{(k)} + \dot{I}_{L2}^{(k)} + \dot{I}_{L3}^{(k)} + \dot{I}_{L4}^{(k)} + \dot{I}_{L5}^{(k)} + \dot{I}_{L6}^{(k)} \\ \dot{J}_3^{(k)} &= \dot{I}_{L3}^{(k)} + \dot{I}_{L4}^{(k)} \\ \dot{J}_6^{(k)} &= \dot{I}_{L6}^{(k)}\end{aligned} \tag{3-39}$$

对如图 3-9 所示的配电网络可以写出节点电流和支路电流的关系为

$$\begin{bmatrix}\dot{J}_1\\ \dot{J}_2\\ \dot{J}_3\\ \dot{J}_4\\ \dot{J}_5\\ \dot{J}_6\end{bmatrix}^{(k)} = \begin{bmatrix}1&1&1&1&1&1\\0&1&1&1&1&1\\0&0&1&1&0&0\\0&0&0&1&0&0\\0&0&0&0&1&1\\0&0&0&0&0&1\end{bmatrix}\begin{bmatrix}\dot{I}_{L1}\\ \dot{I}_{L2}\\ \dot{I}_{L3}\\ \dot{I}_{L4}\\ \dot{I}_{L5}\\ \dot{I}_{L6}\end{bmatrix}^{(k)} \tag{3-40}$$

式(3-40)的一般表达形式可写为

$$[\dot{J}]^{(k)} = [\boldsymbol{BIBC}][\dot{I}]^{(k)} \tag{3-41}$$

式中，***BIBC***(bus injection-branch current)为节点注入电流和支路电流之间的关系矩阵，元素取值为 0 和 1。可以看出，式(3-41)实现了前推回代潮流算法中的回代过程，因此，不妨称 ***BIBC*** 为回代矩阵。

在得到支路电流的基础上，图 3-9 中节点电压不难得出，如节点 2、3 和 4 的电压可由式(3-42)～式(3-44)计算得到：

$$\dot{V}_2^{(k)} = \dot{V}_1 - \dot{J}_2^{(k)} Z_{12} \tag{3-42}$$

$$\dot{V}_3^{(k)} = \dot{V}_2^{(k)} - \dot{J}_3^{(k)} Z_{23} \tag{3-43}$$

$$\dot{V}_4^{(k)} = \dot{V}_3^{(k)} - \dot{J}_4^{(k)} Z_{34} \tag{3-44}$$

式中，$\dot{V}_i^{(k)}$ 是第 k 次迭代中节点 i 上的电压；Z_{ij} 是母线 i、j 之间的支路阻抗。

把式(3-42)和式(3-43)代入式(3-44)中，则式(3-44)可写为

$$\dot{V}_4^{(k)} = \dot{V}_1 - \dot{J}_2^{(k)} Z_{12} - \dot{J}_3^{(k)} Z_{23} - \dot{J}_4^{(k)} Z_{34} \tag{3-45}$$

式(3-45)建立起了变压器出口侧电压、支路电流、支路阻抗和节点 i 的电压四者之间的关系。同理，可以得到变压器出口侧电压 $\dot{V}_1$ 和其他节点电压的关系为

$$\begin{bmatrix}\dot{V}_1\\ \dot{V}_1\\ \dot{V}_1\\ \dot{V}_1\\ \dot{V}_1\end{bmatrix} - \begin{bmatrix}\dot{V}_2\\ \dot{V}_3\\ \dot{V}_4\\ \dot{V}_5\\ \dot{V}_6\end{bmatrix}^{(k)} = \begin{bmatrix}Z_{12}&0&0&0&0\\Z_{12}&Z_{23}&0&0&0\\Z_{12}&Z_{23}&Z_{24}&0&0\\Z_{12}&0&0&Z_{25}&0\\Z_{12}&0&0&Z_{25}&Z_{56}\end{bmatrix}\begin{bmatrix}\dot{J}_2\\ \dot{J}_3\\ \dot{J}_4\\ \dot{J}_5\\ \dot{J}_6\end{bmatrix}^{(k)} \tag{3-46}$$

式(3-46)的一般形式可写为

$$[\Delta\dot{V}]^{(k)} = [\boldsymbol{BCBV}][\dot{J}]^{(k)} \tag{3-47}$$

式中，***BCBV*** 为支路电流和节点电压之间的关系矩阵，元素取值为阻抗值。

可以看出，式(3-47)中矩阵 ***BCBV***(支路电流-母线电压矩阵，branch current-bus voltage)建立了支路电流和节点电压之间的关系，实现了前推回代算法中的前推过程，因此，不妨称其为前推矩阵。

实际过程中，式(3-41)和式(3-47)中矩阵 **BIBC** 和 **BCBV** 可以通过如下 6 个步骤形成。

(1)在一个有 m 条支路和 n 个节点的配电网中，**BIBC** 的矩阵大小为 $m\times(n-1)$。

(2)如果电流 $\dot{J}_p$ 流过节点 i，那么 **BIBC** 中第 p 行的第 i 列节点的元素数值将会置为 1。

(3)重复第(2)步直至所有的节点完成。

(4)在一个有 m 条支路和 n 条节点的配电网中，**BCBV** 的矩阵大小为 $(n-1)\times(m-1)$。

(5)如果电流 $\dot{J}_p$ 流过节点 i，且 $\dot{J}_p$ 位于节点 j、k 之间，那么 **BCBV** 上第 $p-1$ 列第 $i-1$ 行的元素数值将会置为 Z_{jk}。

(6)重复第(5)步直至所有的节点完成。

上述步骤可应用到多相的线路中，如果母线 i、j 之间的线路是三相的，则对应的线路电流 J_i 是一个 3×1 的向量，并且 **BIBC** 矩阵中的数值 1 将会变为 3×3 的矩阵。同理，如果母线 i、j 之间的线路是三相的，那么 **BCBV** 矩阵中的 Z_{ij} 将会变为 3×3 的阻抗矩阵。

在上述形成 **BIBC** 和 **BCBV** 矩阵后，联立式(3-41)和式(3-47)可以得到节点电压和支路电流之间的关系为

$$[\Delta\dot{\boldsymbol{V}}]^{(k)}=[\boldsymbol{BCBV}][\boldsymbol{BIBC}][\dot{\boldsymbol{I}}]^{(k)}=[\boldsymbol{DLF}][\dot{\boldsymbol{I}}]^{(k)} \tag{3-48}$$

因为图 3-9 中节点 1 的电压为配电所二次侧出口电压，在潮流计算中，该节点为松弛节点，在整个迭代过程中保持不变，因此可通过 $[\Delta\dot{\boldsymbol{V}}]^{(k)}$ 求出第 k 次迭代过程中计算节点电流时需要代入的电压 $[\dot{\boldsymbol{V}}]^{(k)}$ 为

$$[\dot{\boldsymbol{V}}]^{(k)}=[\dot{\boldsymbol{V}}_1]-[\Delta\dot{\boldsymbol{V}}]^{(k)} \tag{3-49}$$

式中，$[\dot{\boldsymbol{V}}]^{(k)}=[\dot{V}_2^{(k)},\ \dot{V}_3^{(k)},\ \dot{V}_4^{(k)},\ \dot{V}_5^{(k)},\ \dot{V}_6^{(k)}]$，$\boldsymbol{V}_1=[\dot{V}_1,\ \dot{V}_1,\ \dot{V}_1,\ \dot{V}_1,\ \dot{V}_1]$。

上述循环过程的收敛条件为

$$\varepsilon=\max_i|\dot{\boldsymbol{V}}_i^{(k)}-\dot{\boldsymbol{V}}_i^{(k-1)}|<\varepsilon_0 \tag{3-50}$$

式中，max(·)为取向量的最大元素，ε_0 为既定阈值。

3.4.2　直接潮流法对环网的处理

由图 3-10 可以看出，联络线连接节点 4 和 6 形成环路，联络线阻抗为 Z_l，流过联络线的电流为 $\dot{J}_l^{(k)}$。在新增环路后，节点 4 和 6 的注入电流将会变为

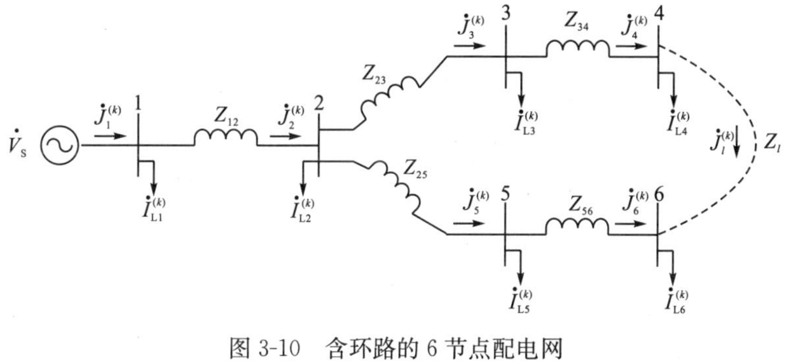

图 3-10　含环路的 6 节点配电网

$$\begin{aligned}\dot{J}_4^{(k)'} &= \dot{I}_{L4}^{(k)} + \dot{J}_l^{(k)} \\ \dot{J}_6^{(k)'} &= \dot{I}_{L6}^{(k)} - \dot{J}_l^{(k)}\end{aligned} \tag{3-51}$$

则 ***BIBC*** 矩阵将会成为

$$\begin{bmatrix}\dot{J}_1\\ \dot{J}_2\\ \dot{J}_3\\ \dot{J}_4\\ \dot{J}_5\\ \dot{J}_6\end{bmatrix}^{(k)} = \begin{bmatrix}1&1&1&1&1&1\\0&1&1&1&1&1\\0&0&1&1&0&0\\0&0&0&1&0&0\\0&0&0&0&1&1\\0&0&0&0&0&1\end{bmatrix}\begin{bmatrix}\dot{I}_{L1}\\ \dot{I}_{L2}\\ \dot{I}_{L3}\\ \dot{I}_{L4}+\dot{J}_l\\ \dot{I}_{L5}\\ \dot{I}_{L6}-\dot{J}_l\end{bmatrix}^{(k)} \tag{3-52}$$

式(3-52)可写为

$$\begin{bmatrix}\dot{J}_1\\ \dot{J}_2\\ \dot{J}_3\\ \dot{J}_4\\ \dot{J}_5\\ \dot{J}_6\end{bmatrix}^{(k)} = \begin{bmatrix}1&1&1&1&1&1\\0&1&1&1&1&1\\0&0&1&1&0&0\\0&0&0&1&0&0\\0&0&0&0&1&1\\0&0&0&0&0&1\end{bmatrix}\begin{bmatrix}\dot{I}_{L1}\\ \dot{I}_{L2}\\ \dot{I}_{L3}\\ \dot{I}_{L4}\\ \dot{I}_{L5}\\ \dot{I}_{L6}\end{bmatrix}^{(k)} + \begin{bmatrix}1&1\\1&1\\1&0\\1&0\\0&1\\0&1\end{bmatrix}\begin{bmatrix}\dot{J}_l\\ -\dot{J}_l\end{bmatrix}^{(k)} \tag{3-53}$$

整理 ***BIBC*** 可得

$$\begin{bmatrix}\dot{J}_1\\ \dot{J}_2\\ \dot{J}_3\\ \dot{J}_4\\ \dot{J}_5\\ \dot{J}_6\\ \hline \dot{J}_l\end{bmatrix}^{(k)} = \begin{bmatrix}1&1&1&1&1&1&0\\0&1&1&1&1&1&0\\0&0&1&1&0&0&1\\0&0&0&1&0&0&1\\0&0&0&0&1&1&-1\\0&0&0&0&0&1&-1\\ \hline 0&0&0&0&0&0&1\end{bmatrix}\begin{bmatrix}\dot{L}_{L1}\\ \dot{L}_{L2}\\ \dot{L}_{L3}\\ \dot{L}_{L4}\\ \dot{L}_{L5}\\ \dot{L}_{L6}\\ \hline \dot{L}_l\end{bmatrix}^{(k)} \tag{3-54}$$

式(3-54)的一般形式可写为

$$\begin{bmatrix}\dot{\boldsymbol{J}}\\ \hline \dot{\boldsymbol{J}}_{\text{new}}\end{bmatrix} = [\boldsymbol{BIBC}]\begin{bmatrix}\dot{\boldsymbol{I}}\\ \hline \dot{\boldsymbol{J}}_{\text{new}}\end{bmatrix} \tag{3-55}$$

存在环路时，形成 ***BIBC*** 矩阵的第(2)步可修改为：如果节点 i、j 之间的线路 B_l 使配电网变成环路，那么第 i 列减去第 j 列所得的结果放在第 l 列，并将第 l 行第 l 列的元素置为 1。

在对 ***BIBC*** 矩阵进行修正后，还需要对 ***BCBV*** 矩阵进行修正，为此可由基尔霍夫电压定律可得该环路 2→3→4→6→5→2 的电压和支路电流的关系式为

$$Z_{23}\dot{J}_3^{(k)} + Z_{34}\dot{J}_4^{(k)} + Z_l\dot{J}_l^{(k)} - Z_{56}\dot{J}_6^{(k)} - Z_{25}\dot{J}_5^{(k)} = 0 \tag{3-56}$$

结合式(3-56)和式(3-47)，新的 ***BCBV*** 矩阵如下：

$$\begin{bmatrix}\dot{V}_1\\ \dot{V}_1\\ \dot{V}_1\\ \dot{V}_1\\ \dot{V}_1\\ \hdashline 0\end{bmatrix}-\begin{bmatrix}\dot{V}_2\\ \dot{V}_3\\ \dot{V}_4\\ \dot{V}_5\\ \dot{V}_6\\ \hdashline 0\end{bmatrix}^{(k)}=\left[\begin{array}{ccccc:c}Z_{12} & 0 & 0 & 0 & 0 & 0\\ Z_{12} & Z_{23} & 0 & 0 & 0 & 0\\ Z_{12} & Z_{23} & Z_{34} & 0 & 0 & 0\\ Z_{12} & 0 & 0 & Z_{25} & 0 & 0\\ Z_{12} & 0 & 0 & Z_{25} & Z_{56} & 0\\ \hdashline 0 & Z_{23} & Z_{34} & -Z_{25} & -Z_{56} & Z_l\end{array}\right]\begin{bmatrix}\dot{J}_2\\ \dot{J}_3\\ \dot{J}_4\\ \dot{J}_5\\ \dot{J}_6\\ \hdashline \dot{J}_l\end{bmatrix}^{(k)} \tag{3-57}$$

式(3-57)的一般形式可写为

$$\begin{bmatrix}\Delta\dot{V}\\ \hdashline 0\end{bmatrix}=[\boldsymbol{BCBV}]\begin{bmatrix}\dot{J}\\ \hdashline \dot{J}_{\text{new}}\end{bmatrix} \tag{3-58}$$

存在环路时，形成 **BCBV** 矩阵的第(5)步可修改为：如果节点 i、j 之间的线路 B_l 使配电网变成环路，那么根据基尔霍夫电压定律在原有的 **BCBV** 矩阵上增加一行一列。在该环路中，基尔霍夫电压定律的一般形式如下：

$$\sum_{l=1}^{n_l} Z_l \dot{J}_l^{(k)} = 0 \tag{3-59}$$

式中，n_l 是形成该环路的线路；Z_l 是对应线路 $\dot{J}_l^{(k)}$ 的阻抗矩阵。

把式(3-55)和式(3-58)代入式(3-48)中，则式(3-48)可写为

$$\begin{bmatrix}\Delta\dot{\boldsymbol{V}}\\ \hdashline 0\end{bmatrix}^{(k)}=[\boldsymbol{BCBV}][\boldsymbol{BIBC}]\begin{bmatrix}\dot{\boldsymbol{I}}\\ \hdashline \dot{\boldsymbol{J}}_{\text{new}}\end{bmatrix}^{(k)}=\left[\begin{array}{c:c}\boldsymbol{A} & \boldsymbol{M}^{\mathrm{T}}\\ \hdashline \boldsymbol{M} & \boldsymbol{N}\end{array}\right]\begin{bmatrix}\dot{\boldsymbol{I}}\\ \hdashline \dot{\boldsymbol{J}}_{\text{new}}\end{bmatrix}^{(k)} \tag{3-60}$$

由式(3-60)不难求得 $[\Delta\dot{\mathbf{V}}]^{(k)}$ 为

$$[\Delta\dot{\mathbf{V}}]^{(k)}=[\mathbf{A}-\mathbf{M}^{\mathrm{T}}\mathbf{N}^{-1}\mathbf{M}][\dot{I}]^{(k)}=[\mathbf{DLF}][\dot{I}]^{(k)} \tag{3-61}$$

需要注意的是，在弱环配电网中，只需要对 **BIBC**、**BCBV** 和 **DLF** 矩阵进行相应调整，而求解方法不变。配电网基频潮流直接解法的流程图如图 3-11 所示。

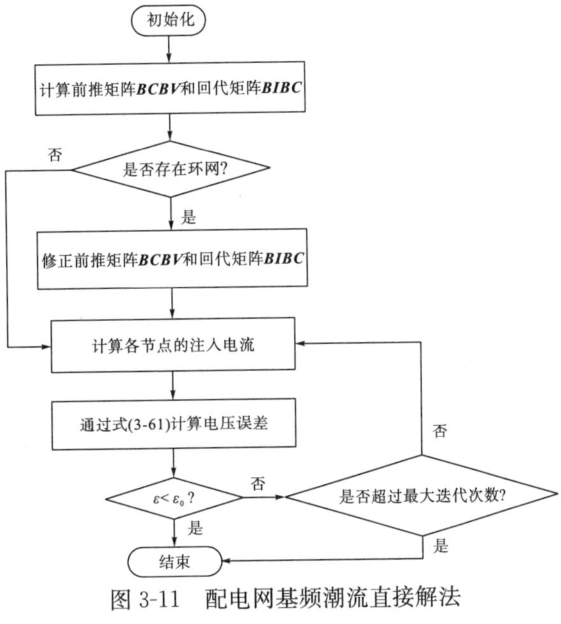

图 3-11　配电网基频潮流直接解法

例 3-3 一个 5 节点的配电网如图 3-12 所示，系统参数示于图中，$P_{L1}=P_{L2}=2+j2$ (MV·A)，$P_{L3}=P_{L4}=P_{L5}=4+j4$(MV·A)，假定所有负荷均为恒功率负荷，试给出直接法计算其潮流的两次迭代过程。

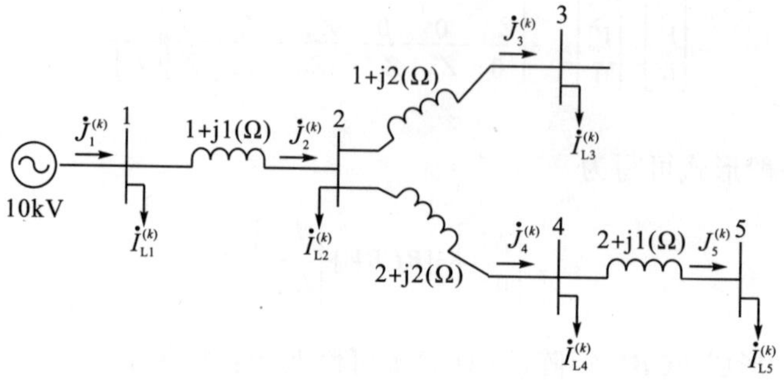

图 3-12 一个 5 节点配电网

解

(1)第一次迭代。

$$\dot{I}_{L1}^{(1)}=\dot{I}_{L2}^{(1)}=\frac{2+j2}{10}=0.2+j0.2(\text{kA})$$

$$\dot{I}_{L3}^{(1)}=\dot{I}_{L4}^{(1)}=\dot{I}_{L5}^{(1)}=\frac{4+j4}{10}=0.4+j0.4(\text{kA})$$

$$\dot{J}_1^{(1)}=\dot{I}_{L1}^{(1)}+\dot{I}_{L2}^{(1)}+\dot{I}_{L3}^{(1)}+\dot{I}_{L4}^{(1)}+\dot{I}_{L5}^{(1)}=1.6+j1.6(\text{kA})$$

$$\dot{J}_2^{(1)}=\dot{I}_{L2}^{(1)}+\dot{I}_{L3}^{(1)}+\dot{I}_{L4}^{(1)}+\dot{I}_{L5}^{(1)}=1.4+j1.4(\text{kA})$$

$$\dot{J}_3^{(1)}=\dot{I}_{L3}^{(1)}=0.4+j0.4(\text{kA})$$

$$\dot{J}_4^{(1)}=\dot{I}_{L4}^{(1)}+\dot{I}_{L5}^{(1)}=0.8+j0.8(\text{kA})$$

$$\dot{J}_5^{(1)}=\dot{I}_{L5}^{(1)}=0.4+j0.4(\text{kA})$$

故回代方程 $[\dot{J}]^{(1)}=[\boldsymbol{BIBC}][\dot{I}]^{(1)}$ 可写为

$$\begin{bmatrix}\dot{J}_1\\ \dot{J}_2\\ \dot{J}_3\\ \dot{J}_4\\ \dot{J}_5\end{bmatrix}^{(1)}=\begin{bmatrix}1&1&1&1&1\\0&1&1&1&1\\0&0&1&0&0\\0&0&0&1&1\\0&0&0&0&1\end{bmatrix}\begin{bmatrix}\dot{I}_{L1}\\ \dot{I}_{L2}\\ \dot{I}_{L3}\\ \dot{I}_{L4}\\ \dot{I}_{L5}\end{bmatrix}^{(1)}$$

$$\dot{V}_1^{(1)}-\dot{V}_2^{(1)}=Z_{12}\dot{J}_2^{(1)}=(1+j)\times(1.4+j1.4)=j2.8(\text{kV})$$

$$\begin{aligned}\dot{V}_1^{(1)}-\dot{V}_3^{(1)}&=Z_{12}\dot{J}_2^{(1)}+Z_{23}\dot{J}_3^{(1)}=(1+j)\times(1.4+j1.4)+(1+j2)\times(0.4+j0.4)\\&=-0.4+j4.0(\text{kV})\end{aligned}$$

$$\begin{aligned}\dot{V}_1^{(1)}-\dot{V}_4^{(1)}&=Z_{12}\dot{J}_2^{(1)}+Z_{24}\dot{J}_4^{(1)}=(1+j)\times(1.4+j1.4)+(2+j2)\times(0.8+j0.8)\\&=j6.0(\text{kV})\end{aligned}$$

$$\begin{aligned}\dot{V}_1^{(1)}-\dot{V}_5^{(1)}&=Z_{12}\dot{J}_2^{(1)}+Z_{24}\dot{J}_4^{(1)}+Z_{45}\dot{J}_5^{(1)}\\&=(1+j)\times(1.4+j1.4)+(2+j2)\times(0.8+j0.8)+(2+j)\times(0.4+j0.4)\\&=0.4+j7.2(\text{kV})\end{aligned}$$

故前推方程 $[\Delta\dot{V}]^{(1)}=[\boldsymbol{BCBV}][\dot{J}]^{(1)}$ 可写为

$$\begin{bmatrix}\dot V_1\\ \dot V_1\\ \dot V_1\\ \dot V_1\end{bmatrix}^{(1)}-\begin{bmatrix}\dot V_2\\ \dot V_3\\ \dot V_4\\ \dot V_5\end{bmatrix}^{(1)}=\begin{bmatrix}Z_{12}&0&0&0\\ Z_{12}&Z_{23}&0&0\\ Z_{12}&0&Z_{24}&0\\ Z_{12}&0&Z_{24}&Z_{45}\end{bmatrix}\begin{bmatrix}\dot J_2\\ \dot J_3\\ \dot J_4\\ \dot J_5\end{bmatrix}^{(1)}$$

$$=\begin{bmatrix}1+\mathrm{j}&0&0&0\\ 1+\mathrm{j}&1+\mathrm{j}2&0&0\\ 1+\mathrm{j}&0&2+\mathrm{j}2&0\\ 1+\mathrm{j}&0&2+\mathrm{j}2&2+\mathrm{j}\end{bmatrix}\begin{bmatrix}1.4+\mathrm{j}1.4\\ 0.4+\mathrm{j}0.4\\ 0.8+\mathrm{j}0.8\\ 0.4+\mathrm{j}0.4\end{bmatrix}^{(1)}$$

$$=\begin{bmatrix}\mathrm{j}2.8\\ -0.4+\mathrm{j}4\\ \mathrm{j}6.0\\ 0.4+\mathrm{j}7.2\end{bmatrix}(\mathrm{kV})$$

故

$$\dot V_2^{(1)}=10-\mathrm{j}2.8(\mathrm{kV}),\dot V_3^{(1)}=10.4-\mathrm{j}4(\mathrm{kV})$$

$$I_u,\dot V_5^{(1)}=9.6-\mathrm{j}7.2(\mathrm{kV})$$

(2)第二次迭代。

$$\dot I_{L1}^{(2)}=\frac{2+\mathrm{j}2}{10}=0.2+\mathrm{j}0.2(\mathrm{kA})$$

$$\dot I_{L2}^{(2)}=\frac{2+\mathrm{j}2}{10-\mathrm{j}2.8}=0.1335+\mathrm{j}0.2374(\mathrm{kA})$$

$$\dot I_{L3}^{(2)}=\frac{4+\mathrm{j}4}{10.4-\mathrm{j}4}=0.2062+\mathrm{j}0.4639(\mathrm{kA})$$

$$\dot I_{L4}^{(2)}=\frac{4+\mathrm{j}4}{10-\mathrm{j}6.0}=0.1176+\mathrm{j}0.4706(\mathrm{kA})$$

$$\dot I_{L5}^{(2)}=\frac{4+\mathrm{j}4}{9.6-\mathrm{j}7.2}=0.0667+\mathrm{j}0.4667(\mathrm{kA})$$

故$[\Delta\dot V]^{(2)}=[\boldsymbol{BCBV}][\boldsymbol{BIBC}][\dot I]^{(2)}=[\boldsymbol{DLF}][\dot I]^{(2)}$，即

$$\begin{bmatrix}\dot V_1\\ \dot V_1\\ \dot V_1\\ \dot V_1\end{bmatrix}^{(2)}-\begin{bmatrix}\dot V_2\\ \dot V_3\\ \dot V_4\\ \dot V_5\end{bmatrix}^{(2)}=\begin{bmatrix}1+\mathrm{j}&0&0&0\\ 1+\mathrm{j}&1+\mathrm{j}2&0&0\\ 1+\mathrm{j}&0&2+\mathrm{j}2&0\\ 1+\mathrm{j}&0&2+\mathrm{j}2&2+\mathrm{j}\end{bmatrix}\begin{bmatrix}1&1&1&1\\ 0&1&0&0\\ 0&0&1&1\\ 0&0&0&1\end{bmatrix}\begin{bmatrix}0.1335+\mathrm{j}0.2374\\ 0.2062+\mathrm{j}0.4639\\ 0.1176+\mathrm{j}0.4706\\ 0.0667+\mathrm{j}0.4667\end{bmatrix}^{(2)}$$

$$=\begin{bmatrix}-1.1146+\mathrm{j}2.1626\\ -1.8362+\mathrm{j}3.0389\\ -2.6206+\mathrm{j}4.4058\\ -2.9539+\mathrm{j}5.4059\end{bmatrix}(\mathrm{kV})$$

$$\dot V_2^{(2)}=11.1146-\mathrm{j}2.1626(\mathrm{kV}),\dot V_3^{(2)}=11.8362-\mathrm{j}3.0389(\mathrm{kV})$$

$$\dot V_4^{(2)}=12.6206-\mathrm{j}4.4058(\mathrm{kV}),\dot V_5^{(2)}=12.9539-\mathrm{j}5.4059(\mathrm{kV})$$

3.5 小　　结

本章主要介绍了 3 种配电网潮流计算方法牛顿拉夫逊法、前推回代法和直接潮流法。

传统牛顿-拉夫逊算法以雅可比矩阵来决定搜索方向，进而计算状态变量的修正量，计算复杂性高、求解速度慢。改进的牛顿-拉夫逊算法充分考虑了配电网的实际运行特点，降低了计算复杂性，但仍需要计算块对角矩阵 $\boldsymbol{D}$，导致其应用受到一定限制。

前推回代法充分利用了配电网络从任一给定母线到源节点具有唯一路径这一显著特征，沿这些唯一的供电路径修正电压和电流(或功率流)。前推回代法收敛性能不受配电网络高电阻与电抗比值的影响，前推回代法以其简单、灵活、方便等优点，在配电网络潮流计算中获得了广泛应用。

直接法求解潮流继承了前推回代法的思路，根据配电网的拓扑特点，利用节点电流和支路电流的关系形成回代矩阵，利用支路电流和节点电压的关系形成前推矩阵，通过简单的矩阵乘法直接求解网络潮流，避免了耗时的雅可比矩阵计算和前推回代过程。直接法可节省大量的计算资源，适用于实时动态的求解。同时，直接法通过修正前推矩阵和回代矩阵实现环路问题的求解，计算简洁，物理意义清晰，不仅提高了计算速度，还大大提高了算法的收敛性。

3.6 习　　题

习题 1. 某节点的三相负荷如习题图 3-1 所示，额定电压 $\dot{V}_{\mathrm{A}}=\dfrac{10}{\sqrt{3}}\angle 0°(\mathrm{kV})$，$\dot{V}_{\mathrm{B}}=\dfrac{10}{\sqrt{3}}\angle -120°(\mathrm{kV})$，$\dot{V}_{\mathrm{C}}=\dfrac{10}{\sqrt{3}}\angle 120°(\mathrm{kV})$，实际运行电压 $\dot{V}_{\mathrm{A}}=5.8\angle 2°(\mathrm{kV})$，$\dot{V}_{\mathrm{B}}=4.7\angle -118°(\mathrm{kV})$，$\dot{V}_{\mathrm{C}}=6.3\angle 123°(\mathrm{kV})$，三相负荷功率中 $\dot{S}_{\mathrm{AB}}=\dot{S}_{\mathrm{BC}}=5+\mathrm{j}5(\mathrm{kV\cdot A})$，$\dot{S}_{\mathrm{CA}}=10+\mathrm{j}10(\mathrm{kV\cdot A})$。假设三相负荷均为恒功率负荷，恒阻抗负荷以及恒电流负荷时，求三相负荷电流 $\dot{I}_{\mathrm{A}}$、$\dot{I}_{\mathrm{B}}$ 和 $\dot{I}_{\mathrm{C}}$。

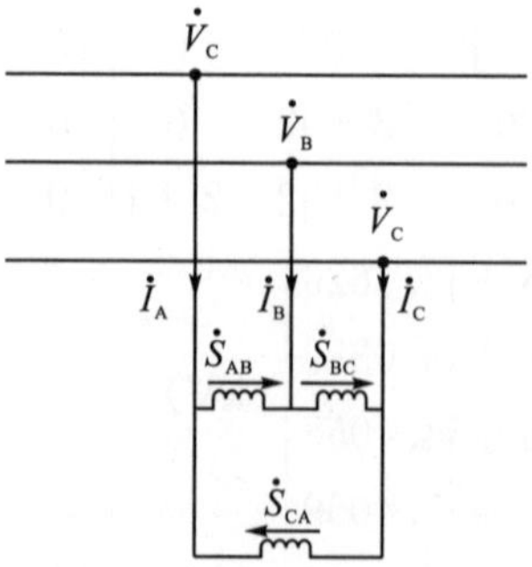

习题图 3-1　某节点的三相负荷

习题 2. 一个 6 节点的配电网如习题图 3-2 所示，网络的额定电压为$\dfrac{10}{\sqrt{3}}\mathrm{kV}$，$P_{\mathrm{L1}}=P_{\mathrm{L2}}=5+\mathrm{j}5(\mathrm{kV\cdot A})$，$P_{\mathrm{L3}}=P_{\mathrm{L4}}=P_{\mathrm{L5}}=P_{\mathrm{L6}}=10+\mathrm{j}10(\mathrm{kV\cdot A})$，线路阻抗如图中所示，假

定所有负荷均为恒功率负荷，试分别利用前推回代法和直接法写出潮流计算的前两次迭代过程。

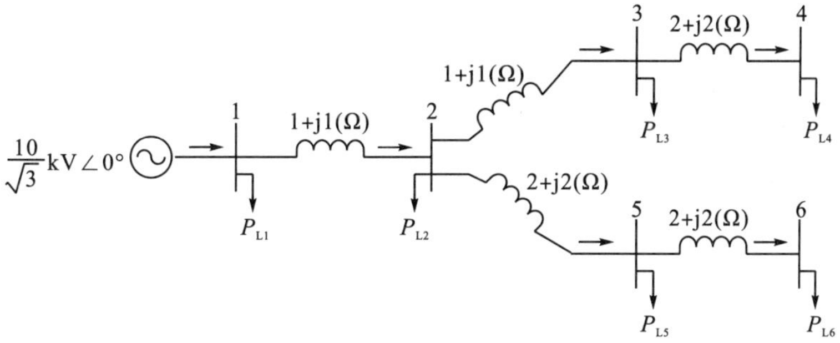

习题图 3-2　一个 6 节点的配电网

主要参考文献

陈珩. 1995. 电力系统稳态分析［M］. 第 2 版. 北京：中国电力出版社.

韩祯祥，等. 2005. 电力系统分析［M］. 杭州：浙江大学出版社.

李光琦. 1995. 电力系统暂态分析［M］. 第 2 版. 北京：中国电力出版社.

王守相，李继平，王成山. 2000. 配电网三相潮流算法比较研究［J］. 电力系统及其自动化学报，12(2)：26-31.

王守相，王成山. 2007. 现代配电系统分析［M］. 北京：高等教育出版社.

Bompard E，et al. 2000. Convergence of the backward/forward sweep method for the load-flow analysis of radial distribution system［J］. Electrical Power and Energy System，22：521-530.

Chiang H D，Baran M E. 1990. On the existence and uniqueness of load flow solution for radial distribution power networks［J］. IEEE Transactions on Circuits and Systems，37(3)：410-415.

Miu K N，Chiang H D. 2000. Existence，uniqueness，and monotonic properties of the feasible power flow solution for radial three-phase distribution networks［J］. IEEE Transactions on Circuits and Systems—I：Fundamental Theory and Applications，47(10)：1502-1514.

Zhang F，Cheng C S. 1997. A modified newton method for radial distribution system power flow analysis［J］. IEEE Transactions on Power Systems，12(1)：389-397.

第 4 章　配电网状态估计

4.1　概　　述

随着用户对电能质量和可靠性的要求越来越高，配电 SCADA 系统越来越多地被采用，这为配电系统实时分析和控制提供了便利。但出于经济性的考虑，量测设备安装的数目是有限的，这导致实时数据不足。并且由于设备和通信的问题，可能使传送到控制中心的数据不准确、不可靠或者具有时延。本章所讲述的配电网的状态估计就是解决上述问题的有效方法。

本章首先给出配电网状态估计的简介，说明其意义、特点和用途。接着，详细介绍配电网状态估计的数学描述，包括量测系统和电力网络的数学描述、配电网状态估计的量测方程及基本步骤，并总结其与常规潮流计算的关系。最后，重点讲解配电网状态估计算法，包括最小二乘状态估计算法和基于量测变换的状态估计算法。

4.2　配电网状态估计简介

配电网状态估计是在获知全网网络结构的条件下，结合从馈线 FTU 和母线 RTU 得到的实时功率和电压信息，补充负荷预测数据以及抄表数据，运用新型的数学和计算机手段，在线估计配电网用户实时负荷，由此获得全网当前时刻各部分的运行状态和参数，为其他配电系统高级应用软件提供可靠的实时数据信息。

配电网状态估计具有不同于输电网状态估计的特点。

(1)配电网中的量测量包括实时量测、伪量测和零注入量测等。由于配电馈线分支数量很大，不可能对所有馈线分支配置实时量测，一般将利用用户数据库中的数据得到的预测值作为伪量测使用。因此，这种伪量测的误差较大，且随着时间段的不同而发生变化，而实时量测的标准差则较小，这就需要每次状态估计之后，对于量测的权重重新赋值，以便改善状态估计的收敛效果。

(2)对于第一次状态估计伪量测权值的问题，可以根据工业用电、商业用电和生活用电的预测可信度，对不同类型的伪量测赋予不同的权值。

(3)在配电网中，可以使用电流幅值和电压实时量测，一方面这些量测数量较大，另一方面这些量测容易获得，可以有效地提高配电状态估计的精度。

(4)根据配电网量测值的来源不同，分别赋予量测权重。

(5)在辐射状配电网状态估计中，一方面变电站出口电压一般视为精确值而不参与状态估计；另一方面馈线之间除根节点外无电气联系，所以各条馈线可分别进行状态估计，即以馈线作为状态估计的基本单元。

配电网状态估计作为配电管理系统的一种高级应用具有重要意义。

(1)配电网状态估计能够提高配电网数据的能观度。在所观测到的母线或馈线开关处的电压以及流过各个开关的有功功率和无功功率的基础上，在线估计配电网用户实时负荷，为配电网安全经济运行提供更加全面和丰富的实时数据。

(2)配电网状态估计有助于掌握各个负荷的用电规律，进行负荷特性分析、负荷预测、用电情况分析和理论线损分析等，以便进一步提高供电管理水平和服务质量。

(3)配电网状态估计为实施需求侧负荷管理提供参考依据，有助于在发生故障的紧急状态下和电力供应紧张的情况下，采取科学的负荷控制措施，既缓解电力供需矛盾，又最大限度地满足用户的用电需求。

(4)配电网状态估计也为配电网和电力设施扩容和扩展规划提供决策支持，尽管通过各个用户的抄表电量能够反映它们对供电量的需求，但是却不能反映它们的最大瞬间功率及其出现的时间，而配电网状态估计可以获得这些信息。

(5)配电网状态估计可以根据少量量测信息补充得出更多的状态参数。如果配电网状态估计效果比较好，这些补充得出的状态参数的估计精度令人满意，就不必为它们安装专门的量测装置，从而可以降低整个数据量测、传送、处理系统的投资。此外，配电网状态估计有助于对各种量测配置方案进行对比，从而确定合适的测点数据及其合理分布，用以改进现有的远动系统或规范未来的远动系统，使软件与硬件联合以发挥更大的效益。

(6)配电网状态估计还有助于删除或改正不良数据，提高数据系统的可靠性。

在本节，首先介绍实时数据在传送过程中的误差和不良数据；然后介绍状态估计在配电网中的用途，并探讨其在配电网应用的可能性和必要性。

4.2.1　实时数据的误差和不良数据

数据量测和传送系统，状态估计和实时数据库在调度系统中的作用如图 4-1 所示。由该图可知一个遥测量传送至配电网调度中心需要经过多个环节。例如一个功率量测值的上传过程主要为：首先要由量测器(电压互感器和电流互感器)测得电压和电流；然后通过功率变换器将其变换到统一规格的信号电压；再由模/数转换器化为数字编码由远动通道送到调度中心。当中的每个环节都可能会出现误差，并且可能收到偶发的故障或干扰的影响，导致量测值与其真实值之间是有差异的，这种差异称为测量误差。

由图 4-1 可以看出，配电网量测误差主要来自于量测器(电压互感器和电流互感器)、变换器、模/数转换器、数据传送过程的误差、量测和传送过程中的时间延迟等。

对一个经过良好校对的量测系统来说，其误差具有正态分布的性质，即对应每一量测量，有量测误差标准差 σ，为正常量测范围的 0.5%～2%。据统计，在正常量测采样条件下有 99.73%的量测值误差在 $\pm3\sigma$ 的范围内，有 68%在 $\pm\sigma$ 的范围内。所以在正常量测条件下，误差大于 $\pm3\sigma$ 的量测值出现的概率较小，仅为 0.27%。因此理论上将误差大于 $\pm3\sigma$ 的量测值认为是不良数据，实际中所采用的不良数据的界限要远远大于 $\pm3\sigma$ 的标准，一般为 $\pm(6\sim7)\sigma$。配电网调度中心接收到的不良数据主要来自于量测与传送系统受到较大的随机干扰或者其出现的偶然故障、配电网快速变化中各测量点间的非同时测量以及系统正常操作或大干扰引起的过渡过程。由远动装置直接传送来的数据具有较大的误差，偶尔还包含不良数据，习惯上称为生数据。

具有丰富经验的调度人员通常会对仪表上出现的每一突然变化与相关仪表进行校核，判断出不良数据，正确地把握系统的实际运行状态。然而随着配电网的扩大和结构的复杂化，靠人来从事计算机所收到的实时数据的纠错工作是不可想象的。如果没有一个可靠的数据库，则显示、记录以及与安全和经济有关的各种分析计算中出现的错误都将会给调度人员的判断带来不利影响，直接影响系统的安全和经济运行。

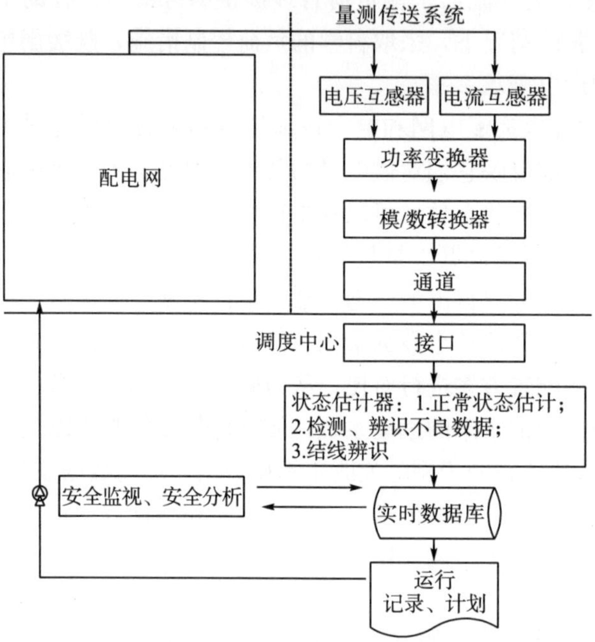

图 4-1 配电网中数据量测－传送－处理系统工作示意图

4.2.2 配电网状态估计的功能

配电网状态估计的主要功能可以总结为以下几点：

(1)提高数据精度。根据量测量的精度和基尔霍夫定律按最佳估计准则对生数据进行计算，得到最接近于系统真实状态的最佳估计值。

(2)提高数据系统的可靠性。对生数据进行不良数据的检测与辨识，删除或修正不良数据。

(3)推算出完整而精确的各种电气量。例如根据周围相邻的变电站的量测量推算出某一装设有远动装置的变电站的各种电气量；或者根据现有类型的量测量推算另一些难以量测的电气量，如根据有功功率量测值推算各节点电压的相角。

(4)网络结线辨识或开关状态辨识。根据遥测量估计电网的实际开关状态，纠正偶然出现的错误的开关状态信息，以保证数据库中电网结线方式的正确性。

(5)数据预测。可以应用状态估计算法以现有的数据预测未来的趋势和可能出现的状态。丰富数据库的内容，为安全分析与运行计划等提供必要的计算条件。

(6)参数估计。如果把某些可疑或未知的参数作为状态量处理时，也可以用状态估计的方法估计出这些参数的值。例如带负荷自动改变分接头位置的变压器，如果分接头位置信号没有传送到中调，可以把它作为参数估计出来。

(7)确定合适的测点数量及其合理分布。通过状态估计的离线模拟试验，可以确定配电网合理的数据收集与传送系统，用以改进现有的远动系统或规划未来的远动系统，使软件与硬件联合以发挥更大的效益，既保证了数据的质量，又降低了整个数据量测-传送-处理系统的投资。

从目前配电网状态估计的实际应用情况来看，其主要内容包括估计计算和结线分析，简单的不良数据检测与辨识、结线辨识以及在线应用的功能。其主要目的是提高配电网的安全与经济运行水平。为了对配电网运行的安全性和经济性进行正确的分析与判断，首先要求正确而全面地掌握配电网过去、现在、甚至未来的状态。为了满足各种应用对数据不断增长的要求，建立一个实时数据库是非常必要的。数据库中的数据可供安全监视、电压和无功控制等配电网高效应用系统使用。目前对配电网运行的安全分析是给调度人员提供参考。可以预计在线应用还会向更高级的阶段发展，它将会帮助或代替调度人员的工作，而这就依赖对大量数据的运算，也就是依赖完整而可靠的数据库。

综上所述，配电网状态估计是远动装置与数据库之间的重要一环。通过配电网状态估计使从远动装置接收的低精度、不完整的数据，转变成最终数据库中高精度的、完整且可靠的数据。状态估计不仅提高了数据精度，滤掉了不良数据，还相当于补充了一些测点，能够得到某些难以直接量测的物理量(如节点电压的相角)。

4.3　配电网状态估计的数学描述

前面已对量测误差、不良数据、状态估计的功能和算法进行了概念性的介绍，本节将引入一些必要的定义和对状态估计问题进行数学描述。

配电网实时潮流问题的状态估计的输入和输出的数据内容见图 4-2。

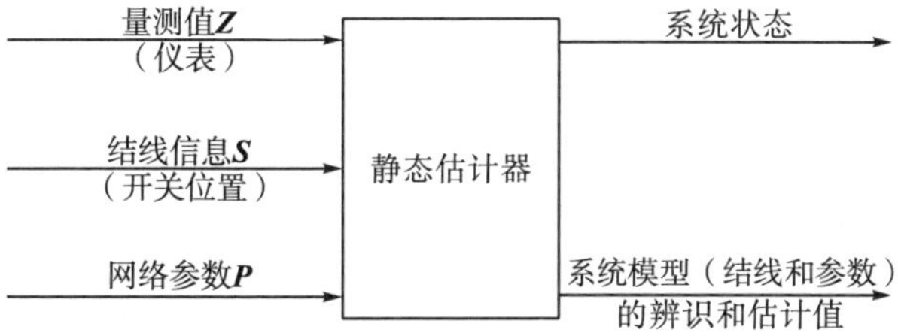

图 4-2　静态估计器的输入和输出模型

从图 4-2 可以看出，配电网状态估计需要量测系统和电力网络两方面的数据和信息。

4.3.1　量测系统的数学描述

量测系统的数学描述包括量测值和量测设备两个方面。

(1)量测值 z，包括对支路有功功率和无功功率、节点注入有功功率和无功功率及节点电压值的量测，是 m 维矢量。量测值的来源有两个方面，绝大多数是通过遥测得到的实时数据，也有一小部分是人工设置的数据。这些非遥测数据被称为伪量测(pseudo measurement)数据。

每个量测值都是有误差的，可以描述为

$$\boldsymbol{z} = \boldsymbol{z}_0 + \boldsymbol{v}_\sigma \tag{4-1}$$

式中，$\boldsymbol{z}_0$ 为假设的量测量的真值；$\boldsymbol{v}_\sigma$ 为量测误差，假设是均值为 0，方差为 σ^2 的正态分布随机矢量，它是 m 维矢量。

有时量测值中还包含不良数据，可以描述为

$$\boldsymbol{z} = \boldsymbol{z}_0 + \boldsymbol{v}_\sigma + \boldsymbol{b} \tag{4-2}$$

式中，$\boldsymbol{b}$ 为不良数据(bad data)，它是附加到 $\boldsymbol{v}_\sigma$ 上的异常大的误差。

(2)量测设备的描述，包括量测设备的种类、装设地点、可用情况和仪表精度的信息。仪表精度用量测误差方差阵 $\boldsymbol{R}$ 表示：$E[\boldsymbol{v}_\sigma \boldsymbol{v}_\sigma^{\mathrm{T}}] = \boldsymbol{R}$，它是 $m \times m$ 维对角阵，各元素是：$\boldsymbol{R}_i = \sigma_i^2$。在状态估计中，取量测误差方差阵的逆矩阵 $\boldsymbol{R}^{-1}$ 为量测量的加权阵。

量测值 $\boldsymbol{z}$ 随每次采样而变化，而量测系统信息在运行中基本不变，仅在量测系统扩张或检修时才出现变化，图 4-2 中未予显示。

4.3.2 电力网络的数学描述

电力网络在状态估计中的数学描述包括网络参数和网络结线两个方面。

(1)网络参数 p，包括线路参数和变压器参数。线路参数用电阻、电抗和对地电纳表示，变压器参数用电抗和变比表示(一般不必考虑电阻)。这些参数是由实际测试或设计计算得到的，一般在运行中是不变的。但网络的某些参数，如带负荷调压变压器的变比和补偿电容器的电容值在运行中是变化的。

在一般状态估计模型中假设网络参数是无误差的，但由某些原因得不到准确的网络参数时，也可以进行参数估计，这时要用到带误差的参数误差模型：

$$\boldsymbol{p} = \boldsymbol{\rho} + \boldsymbol{v}_\rho \tag{4-3}$$

式中，$\boldsymbol{\rho}$ 为参数真值，$\boldsymbol{v}_\rho$ 为参数误差。

(2)网络结线状态 s，表示网络中支路的联结关系，主要决定于开关状态。通过遥信或电话通知得到运行中开关状态的变化，由结线分析得到网络结线状态(网络模型)。

在一般状态估计模型中假设网络结线状态 s 是准确的，但遥信传送的开关状态出现错误时，将引起网络结线模型错误，这时要用包含错误的网络结线模型：

$$\boldsymbol{s} = \boldsymbol{\zeta} + \boldsymbol{c} \tag{4-4}$$

式中，$\boldsymbol{\zeta}$ 为真实网络结线状态；$\boldsymbol{c}$ 为网络结线错误。

4.3.3 配电网状态估计的量测方程

由图 4-2 可以看出，配电网状态估计器的输出主要是配电网状态、正确的网络参数 p 和结线状态 s，配电网状态通常用 x 表示，它是电网上各节点的复数电压，是 n 维矢量。由于一个系统中参考节点电压幅角是已知的(一般规定为 0°)，所以对于包括 N 个节点的网络，状态矢量的维数是 $n = 2N - 1$。利用基尔霍夫定律可以将量测量用状态量 x、网络参数 p 和结线状态 s 表示出来，由前面对量测系统及电力网络的描述式(4-2)～式(4-4)可以写出配电网状态估计的量测方程：

$$\boldsymbol{z}=\boldsymbol{h}(x,p,s)+\boldsymbol{v}_s+\boldsymbol{v}_\sigma+\boldsymbol{c}+\boldsymbol{b} \tag{4-5}$$

式中，$\boldsymbol{h}(\cdot)$是基于基尔霍夫定律建立的量测函数方程，其数目与量测数一致，也是 m。式(4-5)是最完整的量测模型，实际上针对不同的使用目的仅取其中的一部分。

正常量测时采用的状态估计的量测模型为

$$\boldsymbol{z}=\boldsymbol{h}(x)\big|_{s=\xi}^{p=\varrho}+\boldsymbol{v}_\sigma \tag{4-6}$$

此时假设：$\boldsymbol{v}_\rho=0$，$\boldsymbol{b}=0$，$\boldsymbol{c}=0$。

包括不良数据辨识的量测模型为

$$\boldsymbol{z}=\boldsymbol{h}(x)\big|_{s=\xi}^{p=\varrho}+\boldsymbol{v}_\sigma+\boldsymbol{b} \tag{4-7}$$

此时假设：$\boldsymbol{v}_\rho=0$，$\boldsymbol{c}=0$。

包括估计网络参数的增广状态估计的量测模型为

$$\boldsymbol{z}=\boldsymbol{h}(x)\big|_{s=\xi}+\boldsymbol{v}_\sigma+\boldsymbol{v}_\rho \tag{4-8}$$

此时假设：$\boldsymbol{b}=0$，$\boldsymbol{c}=0$。

4.3.4　配电网状态估计的基本步骤

配电网状态估计的基本步骤如图 4-3 所示，一般包括：假设模型、状态估计、检测和辨识 4 个步骤。

(1)假设模型(hypothesize model)：是指在给出网络结线状态 s 和网络参数 p 的条件下，确定量测函数方程 $\boldsymbol{h}(x)$和量测误差方差阵 $\boldsymbol{R}$ 的过程。

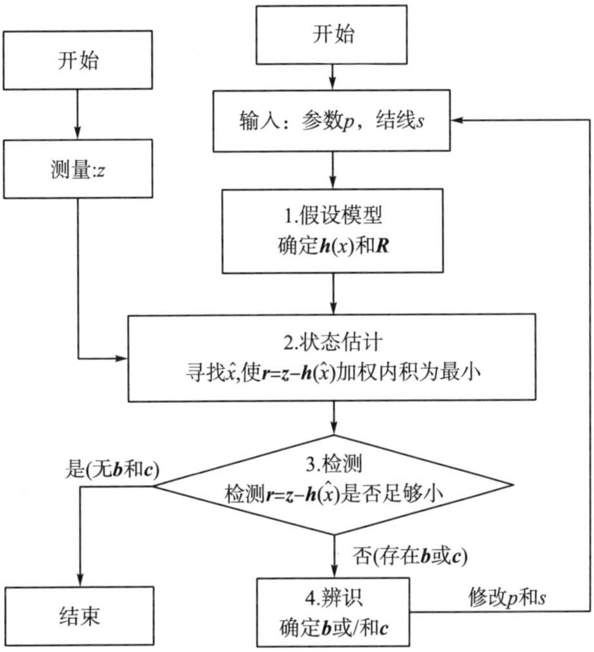

图 4-3　状态估计的 4 个基本步骤

(2)状态估计(state estimation)：是计算状态估计值 $\hat{x}$ 的过程，$\hat{x}$ 是使残差 $\boldsymbol{r}=\boldsymbol{z}-\boldsymbol{h}(\hat{x})$的加权内积达到最小的状态 x 值。

(3)检测(detection)：是检测量测值 x 中是否存在不良数据 b 或(和)网络结线状态 s 中是否存在错误信息 c 的过程。

(4)辨识(identification)：是确定具体不良数据 b 或(和)网络结线错误 c 中的过程。

在具体的状态估计中这 4 个基本步骤不一定能严格划分。另外需要说明的是，实际上量测值 z、网络结线状态 s 和网络参数 p 是时间的函数，但本章所讨论的状态估计是对一次采样中量测数据的处理，即假设它们是同一时刻的值，因此，对这些量均未加时间下标。

4.3.5 配电网状态估计与常规潮流算法的关系

综上所述，可以看出与潮流算法比较，状态估计实际上是扩展了的潮流计算，这主要表现在：

(1)计算利用到的量测类型的扩展：常规潮流计算中使用的数据是节点电压和注入节点的有功和无功功率数据，状态估计的量测量除了上面的数据外还利用了支路有功和无功功率的量测量。

(2)量测量的数目增加：潮流计算中方程数目与未知量的数目是一致的，即量测量的个数 m 等于状态量数 n。而状态估计中量测量的个数 m 大于状态量数 n，即方程的个数比未知数的个数多。由于量测误差的存在，m 个方程是矛盾的，形成了初等代数中矛盾方程无解的局面，只有去掉 K 个“多余”的方程式才能求解。如果真是这样处理就又回到常规潮流算法，这将是对量测资源的极大浪费。

(3)两者利用的数学方法不同：潮流计算的基本原理是使用牛顿-拉夫逊算法等数学方法来求解非线性方程组，而状态估计是根据一定的估计准则，按照估计理论的处理方法来求解方程组，从而得到最佳的估计值。

(4)状态估计利用加权的方法提高状态量的估计精度：在潮流计算中对各量测量给予相同的权重，而在状态估计中对各量测量按其精度加权。量测数据的精度越高权重越大，也就是让精度高的量测值在状态估计中起较大的作用，从而提高估计精度。

由表 4-1 可以看出，状态估计与常规潮流在状态量、量测量、量测误差、迭代矩阵以及目标函数等方面都存在不同之处，因此，状态估计中“估计”一词并不同于日常口语中的“估计”。事实上用状态估计算法常规潮流计算时，在正常条件下，即完全满足给定的潮流条件。所以，“估计”决不意味着不准确。相反，对于实际运行状态，不能认为潮流计算的值是绝对准确的，显然状态估计的值更准确。这不仅由于状态估计算法能利用多余量测提高数据精度，还由于离线潮流的原始数据本身已具有粗略的性质，往往与实际运行条件有较大差别。

综上所述，状态估计本质上是在量测类型和数量上扩展了的一种广义潮流，而常规潮流则是限定量测类型为节点注入功率或电压幅值条件下的狭义潮流，即是状态估计算法中 $m=n$ 的特例。

表 4-1　常规潮流与状态估计算法比较

项目	常规潮流	状态估计
状态量 x	θ，ν	θ，ν
状态量数 n	$2N-1$	$2N-1$
量测量 z 的类型	V_i，P_i，Q_i	V_i，P_i，Q_i，P_{ij}，Q_{ij}
量测量 z 的数目 m	$=n$	$>n$
量测误差 ν	$=0$	$\neq 0$
量测量权重 R_i^{-1}	$=1$	$=\frac{1}{\sigma_i^2}$
迭代矩阵	$\boldsymbol{H}^{-1}$	$(\boldsymbol{H}^{\mathrm{T}}\boldsymbol{R}^{-1}\boldsymbol{H})^{-1}\boldsymbol{H}^{\mathrm{T}}\boldsymbol{r}^{-1}$
计算残差	$r=0$	$r\neq 0$
目标函数 $J(x)$	$\sum r^2=0$	$E\left\{\sum (r/\sigma)^2\right\}=m-n$

4.4　配电网状态估计算法

状态估计算法是指在给定网络接线、支路参数和量测系统的条件下，根据量测值求得最优状态估计值的计算方法，它是状态估计的核心部分，配电网状态估计算法最为常见的是最小二乘估计算法，其特点是收敛性好，估计质量高，然而由于这种算法的计算量和使用内存量比较大，难以用于大型配电网的实时计算，需通过对其进行适当变换加以改进，这使基于量测变换的配电网状态估计算法得到了广泛应用，其本质上也属于最小二乘法。本节主要介绍最小二乘状态估计算法的原理以及基于量测变换的状态估计算法的原理和实例。

4.4.1　最小二乘状态估计算法

1. 最小二乘状态估计算法的数学描述

1)基本最小二乘状态估计算法

状态估计的最小二乘法是各种状态估计算法的比较基准及原理基础。线性条件下的量测方程表示为

$$\boldsymbol{Z}=\boldsymbol{Hx}+\boldsymbol{v} \tag{4-9}$$

式中，$\boldsymbol{Z}$ 为 $m\times1$ 维量测矢量；$\boldsymbol{H}$ 为 $m\times n$ 维量测矩阵；$\boldsymbol{x}$ 为量测量的计算值矢量，为 $n\times1$ 维状态矢量；$\boldsymbol{v}$ 为 $m\times1$ 维量测误差矢量。

配电网状态估计一般在非线性条件下进行，非线性条件下的量测方程可以表示为

$$\boldsymbol{z}=\boldsymbol{h}(\boldsymbol{x})+\boldsymbol{v} \tag{4-10}$$

式中，$\boldsymbol{z}$ 为 $m\times1$ 维量测矢量，一般是各节点伪量测及一些支路功率量测、电流量测、电压量测等；$\boldsymbol{h}(\cdot)$为 $m\times1$ 维非线性量测函数；$\boldsymbol{x}$ 是 $n\times1$ 维状态矢量，一般为各节点的电压和相角。

进行状态估计的必要条件是，状态估计的量测量个数 m 大于状态量个数 n，即方程个数 m 大于状态变量的个数 n，这是能够进行状态估计的必要条件。冗余的 $m-n$ 个方程为矛盾方程，因而找不到常规意义上的解，只能用拟合的方法求出其估计意义上的解。

考虑到量测误差 $\boldsymbol{v}$ 有正有负，取各量测量的误差平方和，对量测方程 $\boldsymbol{z}=\boldsymbol{h}(\boldsymbol{x})+\boldsymbol{v}$ 建立如下目标函数：

$$\min \boldsymbol{J}(\boldsymbol{x}) = \boldsymbol{v}^T\boldsymbol{v} = (\boldsymbol{z}-\boldsymbol{h}(\boldsymbol{x}))^{\mathrm{T}}(\boldsymbol{z}-\boldsymbol{h}(\boldsymbol{x})) = \sum_{i=1}^{m}(\boldsymbol{z}_i-\boldsymbol{h}_i(x))^2 \tag{4-11}$$

满足式(4-11)的 $\hat{\boldsymbol{x}}$ 称为 $\boldsymbol{x}$ 的最小二乘估计值。

下面，以电气工程中的简单电路为例，形象说明最小二乘状态估计的原理。

例 4-1 如图 4-4 所示电路，已知电阻 $R=10\Omega$，电流表Ⓐ的读数 $I=1.02\text{A}$，电压表Ⓥ的读数 $U=9.9\text{V}$。试确定估计电流。

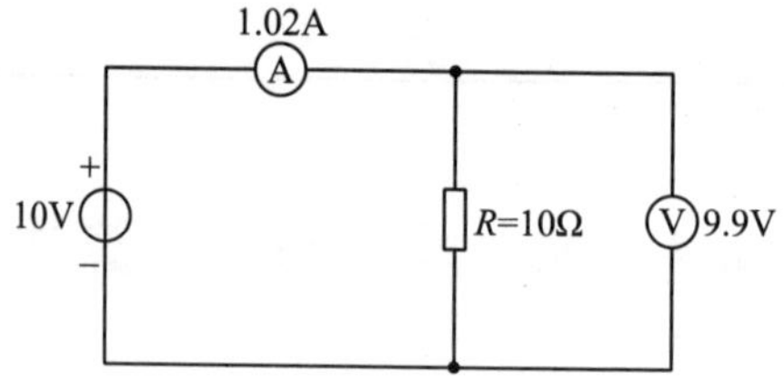

图 4-4 一个简单电路

解：设电流值为 x，图中增加了电压量测，由电流表和电压表读数得

$$\begin{cases}1.02=x\\ 9.9=10x\end{cases} \Rightarrow \begin{cases}1.02=x\\ 0.99=x\end{cases}$$

将已知量代入式(4-11)的目标函数，可得

$$\min \boldsymbol{J}(\boldsymbol{x}) = \sum_{i=1}^{m}(\boldsymbol{z}_i-\boldsymbol{h}_i(x))^2 = (1.02-x)^2+(0.99-x)^2$$

$$\frac{\partial J}{\partial x} = -2(1.02-x)-2(0.99-x)=0$$

可得电流估计值为

$$\hat{\boldsymbol{x}} = \frac{1.02+0.99}{2} = 1.005\text{A}$$

由于实际电流值为 1 A，

对电流表 $x=1.02$ A，估计误差 $\nu=2\%=0.02$ A；

对电压表 $x=0.99$ A，估计误差 $\nu=1\%=0.01$ A；

对估计电流 $\hat{x}=1.005$ A，估计误差 $r=0.005$ A。

由此可见，在增加电压量测量的情况下，采用最小二乘估计提高了估计精度。

2)加权最小二乘状态估计算法

若事先知道量测值的精度，可对精度较高的量测仪表赋予较大的权重值，以提高估计精度。

对量测方程 $\boldsymbol{z}=\boldsymbol{h}(\boldsymbol{x})+\boldsymbol{v}$ 建立新的目标函数：

$$\min \quad \boldsymbol{J}(\boldsymbol{x}) = (\boldsymbol{z}-\boldsymbol{h}(\boldsymbol{x}))^{\mathrm{T}}\boldsymbol{R}^{-1}(\boldsymbol{z}-\boldsymbol{h}(\boldsymbol{x})) = \sum_{i=1}^{m}\boldsymbol{R}_i^{-1}(\boldsymbol{z}_i-\boldsymbol{h}_i(x))^2 \tag{4-12}$$

式中，$\boldsymbol{R}$ 为以量测仪表的量测误差方差 σ_i^2 为对角线元素的 $m\times m$ 维量测误差方差阵，误差越小意味着精度越高。因此，配电网状态估计将 $\boldsymbol{R}^{-1}$ 作为量测仪表的权重矩阵。

例 4-2　如图 4-4 所示电路和参数，若已知电流表量测误差为 0.02，电压表的量测误差为 0.01，试确定估计电流。

解　设电流值为 x，将已知量代入式(4-12)加权最小二乘状态估计算法的目标函数，可得

$$\min J(x)=\sum_{i=1}^{m}\boldsymbol{R}_i^{-1}(\boldsymbol{z}_i-\boldsymbol{h}_i(x))^2=\frac{1}{0.02^2}(1.02-x)^2+\frac{1}{0.01^2}(0.99-x)^2$$

则电流估计值为

$$\hat{x}=\frac{\dfrac{1.02}{0.02^2}+\dfrac{0.99}{0.01^2}}{\dfrac{1}{0.02^2}+\dfrac{1}{0.01^2}}=0.996\ \text{A}$$

估计误差为

$$r=|\hat{x}-x|=|0.996-1|=0.004\text{A}$$

由例 4-1 和例 4-2 可知，实际电流真值为 $I=1$ A，直接测量的误差为 0.02 A，基本最小二乘估计的误差为 0.005 A，加权最小二乘估计的误差为 0.004 A。由此可见，加权最小二乘估计进一步提高了估计精度。

2. 基于牛顿迭代法的最小二乘状态估计

式(4-12)中，由于 $\boldsymbol{h}(x)$是 x 的非线性矢量函数，故无法直接计算 $\hat{x}$，此时可以采用牛顿法等标准迭代算法对问题进行求解。

由 3.2.1 节中牛顿法求解非线性方程的方法可知，求解方程 $f(x)=0$ 时，为了求取 $\hat{x}$，首先要对 $f(x)$进行线性化假设。令 x_0 是 x 的某一近似值，可以在 x_0 附近将 $f(x)$进行泰勒展开，忽略二次以上的非线性项之后，可得

$$f(x_0)+\left.\frac{\partial f(x)}{\partial x}\right|_{x_0}\Delta x=0 \tag{4-13}$$

式中，$\Delta x=x-x_0$。

$$\Delta x=x-x_0=-\left[\frac{\partial f(x)}{\partial x}\right]_{x_0}^{-1}f(x_0) \tag{4-14}$$

其中，$\boldsymbol{H}(x_0)=\left.\dfrac{\partial h(x)}{\partial x}\right|_{x=x_0}$。

这里的 $\boldsymbol{H}(x_0)$是 $m\times n$ 阶量测矢量的雅可比矩阵。

所以迭代后有

$$\Delta x^k=-\boldsymbol{H}_f^{-1}(x^k) \tag{4-15}$$

$$x^{k+1}=x^k+\Delta x^k \tag{4-16}$$

由式(4-12)有加权最小二乘法的目标函数为

$$\min\quad \boldsymbol{J}(\boldsymbol{x})=(\boldsymbol{z}-\boldsymbol{h}(\boldsymbol{x}))^{\mathrm{T}}\boldsymbol{R}^{-1}(\boldsymbol{z}-\boldsymbol{h}(\boldsymbol{x})) \tag{4-17}$$

$$\frac{\partial \boldsymbol{J}(\boldsymbol{x})}{\partial x}=-\boldsymbol{H}^{\mathrm{T}}\boldsymbol{R}^{-1}(\boldsymbol{z}-\boldsymbol{h}(\boldsymbol{x}))=0 \tag{4-18}$$

量测的雅可比矩阵为

$$\boldsymbol{H}=\frac{\partial h(x)}{\partial x} \tag{4-19}$$

令

$$f(x)=\frac{\partial J(x)}{\partial x}=\boldsymbol{H}^{\mathrm{T}}\boldsymbol{R}^{-1}(\boldsymbol{z}-\boldsymbol{h}(x))=0 \tag{4-20}$$

所以用牛顿法求解，在 x_0 附近展开，忽略二次及以上的项有

$$\frac{\partial f(x)}{\partial x}\Big|_{x_0}\Delta x+f(x_0)=0$$

$$\frac{\partial f(x)}{\partial x}=\frac{\partial(\boldsymbol{H}^{\mathrm{T}}\boldsymbol{R}^{-1}(\boldsymbol{z}-\boldsymbol{h}(x))}{\partial x}=-\boldsymbol{H}^{\mathrm{T}}\boldsymbol{R}^{-1}\boldsymbol{H}\quad\left(\boldsymbol{H}=\frac{\partial \boldsymbol{h}(x)}{\partial x}\right)$$

得到牛顿法状态估计的格式为

$$\begin{cases}\Delta\hat{x}^{(k)}=-\left[\dfrac{\partial f}{\partial x^{l}}\right]^{-1}f[\hat{x}^{(k)}]=(\boldsymbol{H}^{\mathrm{T}}\boldsymbol{R}^{-1}\boldsymbol{H})^{-1}\boldsymbol{H}^{\mathrm{T}}\boldsymbol{R}^{-1}[\boldsymbol{z}-\boldsymbol{h}(\hat{x}^{(k)})]\\ \hat{x}^{(k+1)}=\hat{x}^{(k)}+\Delta\hat{x}^{(k)}\end{cases} \tag{4-21}$$

按照式(4-21)进行迭代修正，直到目标函数 $J(x^{(k)})$ 趋近于最小值，采用的收敛判据可以是以下三项中的任意一项：

$$|\Delta\hat{x}^{(k)}|_{\max}<\varepsilon_x \tag{4-22}$$

$$|J(\hat{x}^{(k)})-J(\hat{x}^{(k-1)})|<\varepsilon_J \tag{4-23}$$

$$\|\Delta\hat{x}^{(k)}\|_{\infty}<\varepsilon_a \tag{4-24}$$

式中，ε_x、ε_J、ε_a 是按精度要求而选取的收敛标准。式(4-22)表示第 k 次迭代计算中状态修正量绝对值最大者小于给定的门槛值，这是实用中最常用的标准，ε_x 可取基准电压幅值的 $10^{-4}\sim10^{-6}$。

经过 k 次迭代满足收敛标准时：

$$\Delta\hat{x}^{(k)}=\hat{x}^{(k+1)}-\hat{x}^{(k)}=[\boldsymbol{H}^{\mathrm{T}}(\hat{x}^{(k)})\boldsymbol{R}^{-1}\boldsymbol{H}(\hat{x}^{(k)})]^{-1}\boldsymbol{H}^{\mathrm{T}}(\hat{x}^{(k)})\boldsymbol{R}^{-1}[\boldsymbol{z}-\boldsymbol{h}(\hat{x}^{(k)})]\approx0 \tag{4-25}$$

此时 $\hat{x}^{(k)}$ 就是最优状态估计值 $\hat{x}$：$\hat{x}=\hat{x}^{(k)}$，而量测量的估计值是 $\hat{z}=h(\hat{x})$。

下面考察状态估计值 $\hat{x}$ 和量测估计值 $\hat{z}$ 的估计误差。假设 $x_0=x$，则状态估计误差为

$$x-\hat{x}=-\sum(x)\boldsymbol{H}^{\mathrm{T}}(x)\boldsymbol{R}^{-1}[\boldsymbol{z}-\boldsymbol{h}(x)] \tag{4-26}$$

式中，$\sum(x)=[\boldsymbol{H}^{\mathrm{T}}(x)\boldsymbol{R}^{-1}\boldsymbol{H}^{\mathrm{T}}(x)]^{-1}$。

而状态估计误差方差阵为

$$\begin{aligned}\boldsymbol{E}[(x-\hat{x})(x-\hat{x})^{\mathrm{T}}]&=\boldsymbol{E}(\{\sum(x)\boldsymbol{H}^{\mathrm{T}}(x)\boldsymbol{R}^{-1}[\boldsymbol{z}-\boldsymbol{h}(x)]\}\\&\quad\times\{\sum(x)\boldsymbol{H}^{\mathrm{T}}(x)\boldsymbol{R}^{-1}[\boldsymbol{z}-\boldsymbol{h}(x)]\}^{\mathrm{T}})\\&=\boldsymbol{E}\Big[\sum(x)\boldsymbol{H}^{\mathrm{T}}(x)\boldsymbol{R}^{-1}\nu\nu^{\mathrm{T}}\boldsymbol{R}^{-1}\boldsymbol{H}(x)\sum{}^{\mathrm{T}}(x)\Big]=\sum(x)\end{aligned} \tag{4-27}$$

式中，$\boldsymbol{E}(\nu\nu^{\mathrm{T}})=\boldsymbol{R}$，$\boldsymbol{H}^{\mathrm{T}}(x)\boldsymbol{R}^{-1}\boldsymbol{H}(x)=\sum{}^{-1}(x)$。

由于真值 x 是未知的，近似用 $\hat{x}$ 代替状态估计误差方差阵中的 x，于是有

$$\boldsymbol{E}[(x-\hat{x})(x-\hat{x})^{\mathrm{T}}]\approx\boldsymbol{E}(\hat{x})=[\boldsymbol{H}^{\mathrm{T}}(\hat{x})\boldsymbol{R}^{-1}\boldsymbol{H}(\hat{x})]^{-1} \tag{4-28}$$

状态估计误差方差阵$[\boldsymbol{H}^{\mathrm{T}}\boldsymbol{R}^{-1}\boldsymbol{H}]^{-1}$中对角元素表示量测系统可能达到的估计效果，是

评价量测系统配置的重要指标。$[\boldsymbol{H}^{\mathrm{T}}\boldsymbol{R}^{-1}\boldsymbol{H}]$称为信息矩阵，其对角元素随量测量的增多而增大，而$[\boldsymbol{H}^{\mathrm{T}}\boldsymbol{R}^{-1}\boldsymbol{H}]^{-1}$的对角元素则随之降低。即量测量越多，估计出的状态量越准确；反之，量测量越少，估计出的状态量的误差就越大。只要有一个状态量 x_i 未被量测矢量函数$h(x)$包含，则雅可比矩阵 $\boldsymbol{H}$ 中第 i 列元素全部为 0，所以$[\boldsymbol{H}^{\mathrm{T}}\boldsymbol{R}^{-1}\boldsymbol{H}]$的对角元素出现 0 值，$[\boldsymbol{H}^{\mathrm{T}}\boldsymbol{R}^{-1}\boldsymbol{H}]^{-1}$便不存在，从而失去了可估计性。

量测估计误差为

$$\boldsymbol{z}-\hat{\boldsymbol{z}}=\boldsymbol{z}-\boldsymbol{h}(\hat{x})=\boldsymbol{H}(\hat{x})\Delta x=\boldsymbol{H}(\hat{x})(x-\hat{x}) \tag{4-29}$$

量测估计误差方差阵为

$$\begin{aligned}\boldsymbol{E}\{[(\boldsymbol{z}-\hat{\boldsymbol{z}})(\boldsymbol{z}-\hat{\boldsymbol{z}})^{\mathrm{T}}]\} &= \boldsymbol{E}\{[\boldsymbol{H}(\hat{x})(x-\hat{x})][\boldsymbol{H}(\hat{x})(x-\hat{x})]^{\mathrm{T}}\}\\ &= \boldsymbol{E}[\boldsymbol{H}(\hat{x})(x-\hat{x})(x-\hat{x})^{\mathrm{T}}\boldsymbol{H}^{\mathrm{T}}(\hat{x})]\\ &= \boldsymbol{H}(\hat{x})\sum(\hat{x})\boldsymbol{H}^{\mathrm{T}}(x)\\ &= \boldsymbol{H}(\hat{x})[\boldsymbol{H}^{\mathrm{T}}(\hat{x})\boldsymbol{R}^{-1}\boldsymbol{H}(\hat{x})]^{-1}\boldsymbol{H}^{\mathrm{T}}(\hat{x})\end{aligned} \tag{4-30}$$

量测估计误差方差阵 $\boldsymbol{H}\ [\boldsymbol{H}^{\mathrm{T}}\boldsymbol{R}^{-1}\boldsymbol{H}]^{-1}\boldsymbol{H}^{\mathrm{T}}$ 的对角元素表示量测量估计误差的方差的大小，在一般量测系统中有：$\mathrm{diag}\ \{\boldsymbol{H}\ [\boldsymbol{H}^{\mathrm{T}}\boldsymbol{R}^{-1}\boldsymbol{H}]^{-1}(\boldsymbol{H})^{\mathrm{T}}\}<\boldsymbol{R}$，表明状态估计可以提高量测数据的精度，即起到了滤波效果。

加权最小二乘法状态估计计算流程如图 4-5 所示。

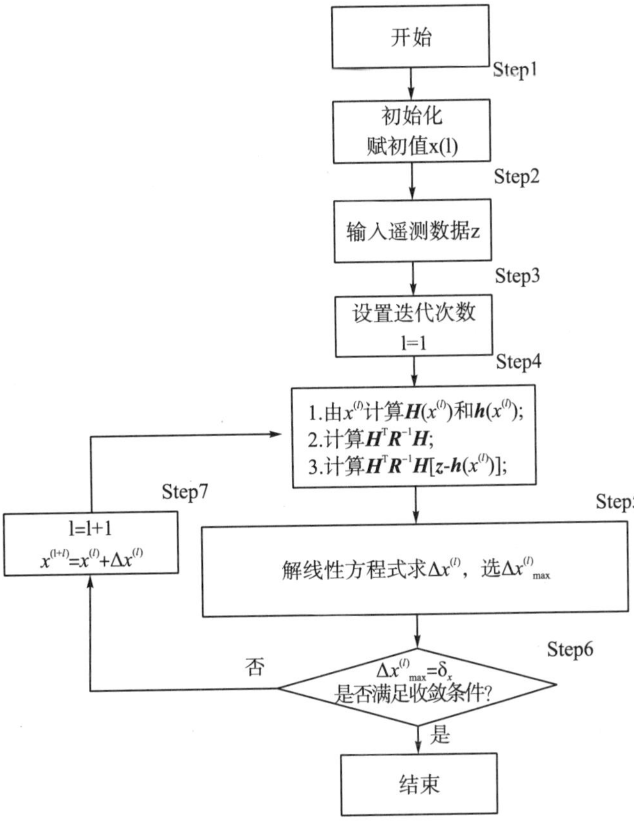

图 4-5　加权最小二乘法状态估计程序框图

Step1 程序初始化：当在线运行的状态估计程序初始启动，以及在结线状态出现变化时，均应通过本框。程序初始化的内容包括状态量赋初值、结点次序优化、形成结点导纳矩阵和分配内存等。

在线跟踪估计是在网络结线不出现变化的条件下，将前一次采样的状态估计值作为下一次采样状态估计的初值，不需要进行初始化，应该直接进入 Step2。

Step2 输入遥测数据 $\boldsymbol{z}$：即进行一次量测采样，读入遥测数据。

Step3 恢复迭代计数器：$l=1$。

Step4 由现有的状态栏量 $x^{(1)}$ 计算各量测量的计算值 $\boldsymbol{h}(x^{(l)})$ 和雅可比矩阵 $\boldsymbol{H}(x^{(l)})$。

由 $\boldsymbol{z}$ 和 $\boldsymbol{h}(x^{(1)})$ 计算出残差 $r^{(1)}$ 和目标函数值 $J(x^{(l)})$，并由雅可比矩阵 $\boldsymbol{H}(x^{(l)})$ 计算信息矩阵 $[\boldsymbol{H}^{\mathrm{T}}\boldsymbol{R}^{-1}\boldsymbol{H}]$ 和自由矢量 $\boldsymbol{H}^{\mathrm{T}}\boldsymbol{R}^{-1}[\boldsymbol{z}-\boldsymbol{h}(x^{(l)})]$。

Step5 解线性方程式(4-20)求状态修正量 $\Delta x^{(l)}$，并选取其中绝对值最大者 $|\Delta x_i^{(l)}|_{\max}$。

线性方程组的系数矩阵 $[\boldsymbol{H}^{\mathrm{T}}\boldsymbol{R}^{-1}\boldsymbol{H}]$ 是对称矩阵，可以选用平方根分解等方法求得 $\Delta x^{(l)}$，对较大的电力系统应采用稀疏矩阵的程序技巧，以提高计算速度和降低使用内存的数量。

Step6 收敛检查：若 $|\Delta x|_{\max}$ 达到收敛标准 δ_x 则结束计算；否则，转 Step7 继续迭代。

Step7 修正状态量：$x^{(l+1)}=x^{(l)}+\Delta x^{(l)}$，并将迭代计数器加 1，$l=l+1$，返回 Step4 继续迭代。为了避免无休止地迭代，还可对迭代次数应加以限制。

正确的状态估计结果将通过一个输出程序送入数据库中，根据需要可以送出各节点的电压幅值和相角、各节点的注入功率和各支路的潮流等数据。

简明起见，本节仅给出基本最小二乘法和加权最小二乘法的原理，相关例证请参阅于尔铿所著的《电力系统状态估计》。

4.4.2 基于量测变换的配电网状态估计算法

基于量测变换的状态估计能够充分利用量测量中的电流量测数据，它将支路潮流量测量变换为对支路两端电压差的量测，并假设运行电压变化不大，最后得到与加权最小二乘法状态估计算法类似的迭代修正公式，其信息矩阵是常实时、对称、实虚部统一的稀疏矩阵，计算速度快、节省内存；它的不足之处是难以处理节点注入型量测量，但在实际配电网中完整的注入型量测是很少的，所以并不妨碍其实用性。

1. 量测量变换状态估计原理

对量测量和状态量均用直角坐标的复数形式表示，量测矢量 $\boldsymbol{z}$ 是支路复数潮流，用 $\dot{\boldsymbol{s}}_{\mathrm{M}}$ 表示，其量测函数矢量 $\boldsymbol{h}$ 用 $\dot{\boldsymbol{s}}_{\mathrm{C}}$ 表示。将 $\dot{\boldsymbol{s}}_{\mathrm{M}}$ 和 $\dot{\boldsymbol{s}}_{\mathrm{C}}$ 代入加权最小二乘法状态估计目标函数式中可得

$$\boldsymbol{J}(\dot{\boldsymbol{v}})=[\overset{*}{\boldsymbol{s}}_{\mathrm{M}}-\overset{*}{\boldsymbol{s}}_{\mathrm{C}}(\dot{\boldsymbol{v}})]^{\mathrm{T}}\boldsymbol{R}^{-1}[\dot{\boldsymbol{s}}_{\mathrm{M}}-\dot{\boldsymbol{s}}_{\mathrm{C}}(\dot{\boldsymbol{v}})] \tag{4-31}$$

$$\dot{\boldsymbol{v}}=\begin{pmatrix}\dot{v}_1\\ \dot{v}_2\\ \vdots\\ \dot{v}_n\end{pmatrix}=\begin{pmatrix}e_1+\mathrm{j}f_1\\ e_2+\mathrm{j}f_2\\ \vdots\\ e_n+\mathrm{j}f_n\end{pmatrix} \tag{4-32}$$

$$\dot{\boldsymbol{s}}_{\mathrm{M}}=\begin{pmatrix}\dot{s}_{\mathrm{MS},1}\\ \dot{s}_{\mathrm{M},2}\\ \vdots\\ \dot{s}_{\mathrm{M},m}\end{pmatrix}=\begin{pmatrix}P_{\mathrm{M},1}+\mathrm{j}Q_{\mathrm{M},1}\\ P_{\mathrm{M},2}+\mathrm{j}Q_{\mathrm{M},2}\\ \vdots\\ P_{\mathrm{M},m}+\mathrm{j}Q_{\mathrm{M},m}\end{pmatrix} \tag{4-33}$$

$$\dot{\boldsymbol{s}}_{\mathrm{C}}=\begin{pmatrix}\dot{s}_{\mathrm{C},1}\\ \dot{s}_{\mathrm{C},2}\\ \vdots\\ \dot{s}_{\mathrm{C},m}\end{pmatrix}=\begin{pmatrix}P_{\mathrm{C},1}+\mathrm{j}Q_{\mathrm{C},1}\\ P_{\mathrm{C},2}+\mathrm{j}Q_{\mathrm{C},2}\\ \vdots\\ P_{\mathrm{C},m}+\mathrm{j}Q_{\mathrm{C},m}\end{pmatrix} \tag{4-34}$$

式中，$\dot{\boldsymbol{v}}$ 为 n 维复数电压矢量；$\dot{\boldsymbol{s}}_{\mathrm{M}}$ 为 m 维复数潮流量测矢量；$\dot{\boldsymbol{s}}_{\mathrm{C}}$ 为 m 维复数潮流函数矢量；$\boldsymbol{R}^{-1}$为 m 维实数加权对角阵，对每一复数量测量的实部和虚部使用同一权重；* 为复数共轭值符号；e_i 和 f_i 分别表示 $\dot{\boldsymbol{v}}$ 的实部和虚部，$n=N$(节点数)。

规定潮流由量测端节点流入支路为正方向，则支路 ij 的潮流方程可以写成为如下形式。

线路 i 侧潮流：

$$\dot{s}_{ij}=\dot{\nu}_i(\nu_i^*-\nu_j^*)/\overset{*}{Z}_{ij}+\nu_i^2\,\overset{*}{y}_{ij} \tag{4-35}$$

线路 j 侧潮流：

$$\dot{s}_{ji}=\dot{\nu}_j(\nu_j^*-\nu_i^*)/\overset{*}{Z}_{ij}+\nu_j^2\,\overset{*}{y}_{ij} \tag{4-36}$$

变压器 i 侧潮流：

$$\dot{s}_{ij}=\dot{\nu}_i(\nu_i^*-\nu_j^*)/K\overset{*}{Z}_{ij}+\nu_i^2\left(\frac{1}{K}-1\right)/(K\overset{*}{Z}_{ij}) \tag{4-37}$$

变压器 j 侧潮流：

$$\dot{s}_{ji}=\dot{\nu}_j(\nu_j^*-\nu_i^*)/K\overset{*}{Z}_{ij}+\nu_j^2(K-1)/(K\overset{*}{Z}_{ij}) \tag{4-38}$$

式中，$\dot{Z}_{ij}$为支路ij 的阻抗值；$\dot{y}_{ij}$为线路ij 对地电纳的一半；K 为变压器ij 的变比。

提出式(4-35)～式(4-38)中的$(\dot{\nu}_i-\dot{\nu}_j)$，可得到用原潮流量测值表示的该支路电压差的“量测值”。

由式(4-35)线路 i 端量测 $\dot{s}_{\mathrm{M},ij}$：

$$\Delta\dot{\nu}_{ij}=\dot{\nu}_i-\dot{\nu}_j=\dot{Z}_{ij}\left(\frac{s_{\mathrm{M},ij}^*}{\nu_i^*}-\dot{\nu}_i\dot{y}_{ij}\right) \tag{4-39}$$

由式(4-36)线路 j 端量测 $\dot{s}_{\mathrm{M},ji}$化为

$$\Delta\dot{\nu}_{ij}=-\dot{Z}_{ij}\left(\frac{s_{\mathrm{M},ji}^*}{\nu_j^*}-\dot{\nu}_j\dot{y}_{ij}\right) \tag{4-40}$$

由式(4-37)变压器 i 端量测 $\dot{s}_{\mathrm{M},ij}$化为

$$\Delta\dot{\nu}_{ij}=K\dot{Z}_{ij}\frac{s_{\mathrm{M},ij}^*}{\nu_i^*}-\dot{\nu}_i\left(\frac{1}{K}-1\right) \tag{4-41}$$

由式(4-38)变压器 i 端量测 $\dot{s}_{\mathrm{M},ji}$化为

$$\Delta\dot{\nu}_{ij}=-K\dot{Z}_{ij}\frac{s_{\mathrm{M},ji}^*}{\nu_j^*}+\dot{\nu}_j(K-1) \tag{4-42}$$

将式(4-39)～式(4-42)称为量测量变换公式，可以统一表示为矩阵形式：

$$\Delta\dot{\boldsymbol{v}}_{\mathrm{M}}=\dot{\boldsymbol{H}}^{-1}s_{\mathrm{M}}^*-\dot{\boldsymbol{k}} \tag{4-43}$$

式中，$\Delta\dot{\boldsymbol{v}}_{\mathrm{M}}$ 为变换后的 m 维复数电压差量测矢量；$\dot{\boldsymbol{H}}$ 为 $m\times m$ 阶复数对角线矩阵；$\dot{\boldsymbol{k}}$ 为 m 阶复数对角线矩阵。

矩阵 $\dot{\boldsymbol{H}}$ 的各元素(l 表示测点号)分别为：

$$\dot{H}_{il}=\nu_i^*/\dot{Z}_{ij}\text{(线路 } i \text{ 侧)}$$

$$\dot{H}_{lj}=-\nu_j^*/\dot{Z}_{ij}\text{(线路 } j \text{ 侧)}$$

$$\dot{H}_{il}=\nu_i^*/(K\dot{Z}_{ij})\text{(变压器 } i \text{ 侧)}$$

$$\dot{H}_{lj}=-\nu_j^*/(K\dot{Z}_{ij})\text{(变压器 } j \text{ 侧)}$$

矩阵 $\dot{\boldsymbol{k}}$ 的各元素分别为

$$\dot{k}_i=\dot{Z}_{ij}\dot{y}_{ij}\dot{\nu}_i\text{(线路 } i \text{ 侧)}$$

$$\dot{k}_j=-\dot{Z}_{ij}\dot{y}_{ij}\dot{\nu}_j\text{(线路 } j \text{ 侧)}$$

$$\dot{k}_i=\dot{\nu}_i\left(\frac{1}{K}-1\right)\text{(变压器 } i \text{ 侧)}$$

$$\dot{k}_j=-\dot{\nu}_j(K-1)\text{(变压器 } j \text{ 侧)}$$

同理，代入潮流计算值矢量 $\dot{\boldsymbol{s}}_{\mathrm{C}}$ 时：

$$\Delta\dot{\boldsymbol{v}}_{\mathrm{C}}=\dot{\boldsymbol{H}}^{-1}\overset{*}{\boldsymbol{s}}_{\mathrm{C}}-\dot{\boldsymbol{k}} \tag{4-44}$$

可得

$$\dot{\boldsymbol{s}}_{\mathrm{C}}=\overset{*}{\boldsymbol{H}}(\Delta\overset{*}{\boldsymbol{v}}_{\mathrm{C}}+\overset{*}{\boldsymbol{k}}) \tag{4-45}$$

将式(4-45)代入目标函数式(4-31)中，可得

$$\begin{aligned}\boldsymbol{J}(\dot{\nu})&=[\overset{*}{\boldsymbol{s}}_{\mathrm{M}}-\dot{\boldsymbol{H}}(\Delta\dot{\boldsymbol{v}}_{\mathrm{C}}+\dot{\boldsymbol{k}})]^{\mathrm{T}}\boldsymbol{R}^{-1}[\dot{\boldsymbol{s}}_{\mathrm{M}}-\overset{*}{\boldsymbol{H}}(\Delta\overset{*}{\boldsymbol{v}}_{\mathrm{C}}+\overset{*}{\boldsymbol{k}})]\\&=[\dot{\boldsymbol{H}}^{-1}\overset{*}{\boldsymbol{s}}_{\mathrm{M}}-\Delta\dot{\boldsymbol{v}}_{\mathrm{C}}-\dot{\boldsymbol{k}}]^{\mathrm{T}}\dot{\boldsymbol{H}}\boldsymbol{R}^{-1}\overset{*}{\boldsymbol{H}}[\overset{*}{\boldsymbol{H}}^{-1}\overset{*}{\boldsymbol{s}}_{\mathrm{M}}-\Delta\dot{\boldsymbol{v}}_{\mathrm{C}}-\dot{\boldsymbol{k}}]^*\\&=[\Delta\dot{\boldsymbol{v}}_{\mathrm{M}}-\Delta\dot{\boldsymbol{v}}_{\mathrm{C}}]^{\mathrm{T}}\boldsymbol{D}[\Delta\dot{\boldsymbol{v}}_{\mathrm{M}}-\Delta\dot{\boldsymbol{v}}_{\mathrm{C}}]^*\end{aligned} \tag{4-46}$$

式中，$\boldsymbol{D}=\dot{\boldsymbol{H}}\boldsymbol{R}^{-1}\overset{*}{\boldsymbol{H}}$ 为 $m\times m$ 阶实数对角阵，其元素分别为

$$D_{il}=\sigma_i^{-2}\nu_i^2/Z_{ij}^2\text{(线路 } i \text{ 侧)}$$

$$D_{lj}=\sigma_i^{-2}\nu_j^2/Z_{ij}^2\text{(线路 } j \text{ 侧)}$$

$$D_{il}=\sigma_i^{-2}\nu_i^2/(K^2Z_{ij}^2)\text{(变压器 } i \text{ 侧)}$$

$$D_{lj}=\sigma_i^{-2}\nu_j^2/(K^2Z_{ij}^2)\text{(变压器 } j \text{ 侧)}$$

这样，通过量测变换的方法将原来支路潮流表示的目标函数式(4-31)化为支路电压差表示的新的目标函数式(4-46)。

考察式(4-46)，其中量测矢量 $\Delta\dot{\boldsymbol{v}}_{\mathrm{M}}$可以由原来的量测矢量 $\dot{\boldsymbol{s}}_{\mathrm{M}}$通过式(4-39)～式(4-42)变换得到，而对应的计算值矢量 $\Delta\dot{\boldsymbol{v}}_{\mathrm{C}}$ 与状态量 $\dot{\boldsymbol{v}}$ 的关系可写为

$$\Delta\dot{\nu}_l=\Delta\dot{\nu}_{ij}=\Delta\dot{\nu}_i-\Delta\dot{\nu}_j\quad(l=1,2,\cdots,m) \tag{4-47}$$

用矩阵形式表示为

$$\Delta\dot{\boldsymbol{v}}=\boldsymbol{A}\dot{\boldsymbol{v}} \tag{4-48}$$

式中，$\boldsymbol{A}$ 为$(m\times n)$维量测点对节点的关联矩阵，每行中仅有两个非 0 元素。例如，测点 l 设在支路 ij 上，$\boldsymbol{A}$ 中第 l 行中 i 列元素为+1，j 列元素为−1，其余均为 0。

由于 $\Delta\dot{\boldsymbol{v}}_{\mathrm{C}}$ 仅表示各节点电压之间的相对关系，必须有基准电压才能确定全网的绝对电压值。为此将电压矢量分为已知和未知两部分，式(4-48)可进一步表示为

$$\Delta\dot{\boldsymbol{v}}_{\mathrm{C}}=\boldsymbol{A}_{ij}\dot{\boldsymbol{v}}_{ij}+\boldsymbol{B}\dot{\boldsymbol{v}}_u \tag{4-49}$$

式中，$\dot{\boldsymbol{v}}_{ij}$为已知的 b 维节点复数电压矢量，排在最后 b 个位置上，$b\geqslant 1$；$\dot{\boldsymbol{v}}_u$为未知的$(n-$

b)维节点复数电压矢量，排在前$(n-b)$个位置上；$\boldsymbol{A}_{ij}$为关联矩阵A中对应于$\dot{\boldsymbol{v}}_{ij}$各列元素组成的$(m\times b)$阶子矩阵；$\boldsymbol{B}$为关联矩阵$\boldsymbol{A}$中对应于$\dot{\boldsymbol{v}}_u$各列元素组成的$[m\times(n-b)]$阶子矩阵。

将式(4-49)代入式(4-46)，可得

$$\boldsymbol{J}(\dot{\boldsymbol{v}}_u)=[\Delta\dot{\boldsymbol{v}}_{\mathrm{M}}-\boldsymbol{A}_{ij}\dot{\boldsymbol{v}}_{ij}-\boldsymbol{B}\dot{\boldsymbol{v}}_u]^{\mathrm{T}}\boldsymbol{D}[\Delta\dot{\boldsymbol{v}}_{\mathrm{M}}-\boldsymbol{A}_{ij}\dot{\boldsymbol{v}}_{ij}-\boldsymbol{B}\dot{\boldsymbol{v}}_u]^{*} \tag{4-50}$$

为了求得此目标函数值为最小的状态量$\dot{\boldsymbol{v}}_u$，应有：

$$\frac{\partial\boldsymbol{J}(\dot{\boldsymbol{v}}_u)}{\partial\dot{\boldsymbol{v}}_u}=\boldsymbol{0} \tag{4-51}$$

因为在迭代或跟踪运行中电压变化不大，可以假设为常数，则$\boldsymbol{D}$就变为常数对角阵，由此可得

$$\frac{\partial\boldsymbol{J}(\dot{\boldsymbol{v}}_u)}{\partial\dot{\boldsymbol{v}}_u}=2\boldsymbol{B}^{\mathrm{T}}\boldsymbol{D}(\Delta\dot{\boldsymbol{v}}_{\mathrm{M}}-\boldsymbol{A}_{ij}\dot{\boldsymbol{v}}_{ij}-\boldsymbol{B}\dot{\boldsymbol{v}}_u)=\boldsymbol{0} \tag{4-52}$$

所以

$$(\boldsymbol{B}^{\mathrm{T}}\boldsymbol{D}\boldsymbol{B})\dot{\boldsymbol{v}}_u=\boldsymbol{B}^{\mathrm{T}}\boldsymbol{D}[\Delta\dot{\boldsymbol{v}}_{\mathrm{M}}-\boldsymbol{A}_{ij}\dot{\boldsymbol{v}}_{ij}] \tag{4-53}$$

式中，量测矢量$\Delta\dot{\boldsymbol{v}}_{\mathrm{M}}$是由原量测矢量$\dot{\boldsymbol{s}}_{\mathrm{M}}$变换而来的，而$\Delta\dot{\boldsymbol{v}}_{\mathrm{M}}$是节点电压的函数，在每次迭代中是变化的。另外，迭代公式(4-53)计算出的是待估计的状态矢量$\dot{\boldsymbol{v}}_u$，而不是其修正矢量。

由于$\boldsymbol{D}$已是常实数对角矩阵，而$\boldsymbol{B}$是测点对节点的关联矩阵，只在测点配置或电网结线出现变化时才需改变，因此信息矩阵$(\boldsymbol{B}^{\mathrm{T}}\boldsymbol{D}\boldsymbol{B})$在迭代中或跟踪估计中是常实数矩阵。而且$(\boldsymbol{B}^{\mathrm{T}}\boldsymbol{D}\boldsymbol{B})$在结构上具有一种特殊性质，其非零元素排列位置与节点导纳矩阵完全相同，避免了确定这些元素的位置再单独去编写。

由于限定量测点为支路潮流，通过量测变换而得到的信息矩阵$(\boldsymbol{B}^{\mathrm{T}}\boldsymbol{D}\boldsymbol{B})$具备以下计算上的特点：

(1)稀疏程度高，而且由于$(\boldsymbol{B}^{\mathrm{T}}\boldsymbol{D}\boldsymbol{B})$的非零元素出现的位置与节点导纳矩阵相同，给设计带来了方便。

(2)常数化，对$(\boldsymbol{B}^{\mathrm{T}}\boldsymbol{D}\boldsymbol{B})$的一次分解的因子表可用于整个迭代过程，并可继续用在结线改变前的跟踪估计中。

(3)实部和虚部迭代使用一个实数$(\boldsymbol{B}^{\mathrm{T}}\boldsymbol{D}\boldsymbol{B})$矩阵，既可降低内存，又可减少计算时间。

这样，在这种状态估计算法中，对信息矩阵$(\boldsymbol{B}^{\mathrm{T}}\boldsymbol{D}\boldsymbol{B})$进行因子分解及以后的迭代计算所需的时间和内存均大于常规潮流。

2. 量测量变换法状态估计计算流程

量测变换法状态估计计算流程如图 4-6 所示。图中含两个入口，一个供初始启动、电网结线以及量测配置出现变化时使用，另一个供跟踪估计使用。

Step1 程序初始化中包括：

(1)节点编号次序优化，建立节点导纳矩阵；

(2)送初始电压；

(3)建立测点-节点关联矩阵$\boldsymbol{A}$，计算m维对角矩阵$\boldsymbol{D}$，计算信息矩阵$(\boldsymbol{B}^{\mathrm{T}}\boldsymbol{D}\boldsymbol{B})$，并用平方根法分解成因子表加以保存。

Step2 读入支路潮流量测值 $\dot{\boldsymbol{s}}_{\mathrm{M}}$。

Step3 置迭代计数器，初始化为 $k=1$。

Step4 扫描量测量 $\dot{\boldsymbol{s}}_{\mathrm{M}}$，根据其类型和地点选用式(4-39)～式(4-42)中对应公式计算出 $\Delta\dot{\boldsymbol{v}}_{\mathrm{M}}$。

Step5 计算式(4-53)右端矢量，$\boldsymbol{B}^{\mathrm{T}}\boldsymbol{D}(\Delta\dot{\boldsymbol{v}}_{\mathrm{M}}-\boldsymbol{A}_{ij}\dot{\boldsymbol{v}}_{ij})$，用 Step1 中保存的$(\boldsymbol{B}^{\mathrm{T}}\boldsymbol{DB})$因子表对此自由矢量进行前推和回代，得到新的状态矢量 $\dot{\boldsymbol{v}}_u$。

Step6 检查迭代是否收敛，不收敛经过 Step7 转至 Step3，更新 k 的值，继续迭代；若收敛，则结束计算，输出结果。

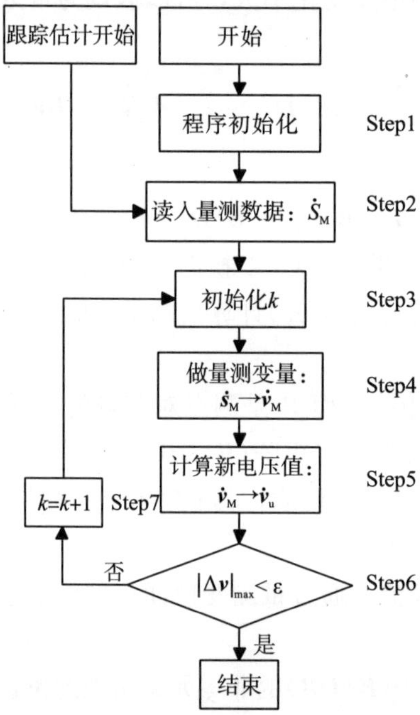

图 4-6 量测变换法状态估计计算流程框图

试验表明，式(4-53)右端项中的 $\boldsymbol{D}$ 最好不采用初始化中的统一电压，但也不需要随迭代一直变化，采用 1 次或 2 次迭代后的电压为好。

3. 量测变换法状态估计例题

本节采用 IEEE-4 节点模型来说明量测变换状态估计方法的具体步骤。

(1)原始网络结线和支路参数如图 4-7 和表 4-2 所示，该系统由 4 个节点和 4 个支路组成，其中 1 号和 4 号节点是发电机，2 号和 3 号节点是负荷，(1)～(3)号支路是线路，(4)号支路是变压器。

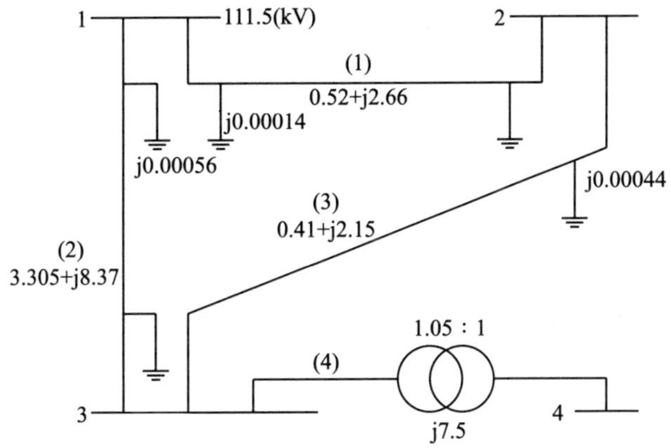

图 4-7　4 节点试验系统的阻抗图

表 4-2　支路数据表

支路号	起点 i	终点 j	电阻 R/Ω	电抗 X/Ω	对地电纳 $\frac{1}{2}Y/\mathrm{S}$	变比 k
1	1	2	0.52	2.66	0.00014	—
2	1	3	3.05	8.37	0.00056	—
3	2	3	0.41	2.15	0.00044	—
4	3	4	0.00	7.50	—	1.05

(2)系统的潮流分布(真实值)画在图 4-8 中。

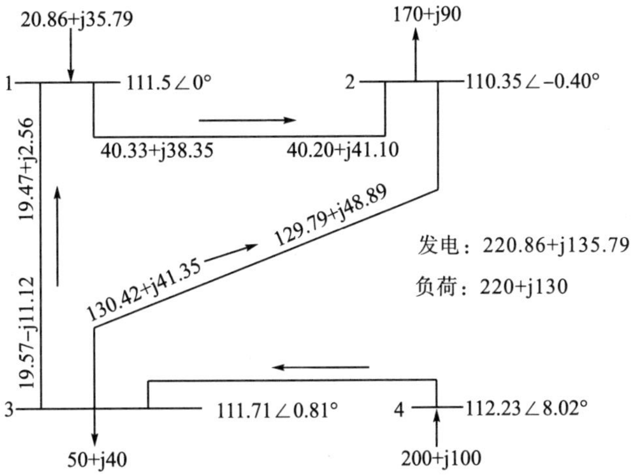

图 4-8　基准负荷的潮流图

电压幅值单位为 kV；功率单位为 MV · A；电压相角单位为(°)

量测配置是每支路两端的潮流，$m=8$，并且已知节点 1 的电压(可以是邻近几个母线电压的平均值)。一次采样的量测值 $\dot{\boldsymbol{s}}_{\mathrm{M}}$ 和权重 $\boldsymbol{R}^{-1}$ 列于表 4-3 中，其中 $\boldsymbol{R}^{-1}$ 是针对复数量 $\dot{\boldsymbol{s}}_{\mathrm{M}}$，采用原模拟系统中有功量测的权重。

表 4-3 量测值和权重

采样序号	测量	量测值($\dot{s}_M$)	权重(R^{-1})
1	$P_{12}+jQ_{12}$	37.97 + j36.59	0.48
2	$P_{21}+jQ_{21}$	−38.74 − j41.50	0.48
3	$P_{13}+jQ_{13}$	−19.10 − j2.24	0.59
4	$P_{31}+jQ_{31}$	17.55 − j10.74	0.59
5	$P_{23}+jQ_{23}$	−127.65 − j47.58	0.24
6	$P_{32}+jQ_{32}$	131.11 + j39.39	0.24
7	$P_{34}+jQ_{34}$	−193.22 − j71.08	0.16
8	$P_{43}+jQ_{43}$	201.48 + j98.81	0.16

这一系统中待求的复数状态量是节点 2～4 的电压，$n=3$。

1)预备计算

Step1 初始化。

(1)节点编号次序优化的结果列在表 4-4 中，形成的节点导纳矩阵列在表 4-5 中。

表 4-4 节点内一外编号对照表

节点内部编号	1	2	3	4
节点外部编号	4	2	3	1

表 4-5 节点导纳矩阵

节点(内)	1	2	3	4
1	−j0.1333		j0.1269	
2		0.1563−j0.8103	−0.0855+j0.4487	−0.0707+j0.3621
3	j0.1269	−0.0855+j0.4487	0.1240−j0.6746	−0.0384+j0.1054
4		−0.0707+j0.3621	−0.0384+j0.1054	0.1092−j0.4668

(2)电压初始化：

$$\dot{v}=\left[\begin{array}{c}111.50+j0\\111.50+j0\\111.50+j0\\\hline 111.50+j0\end{array}\right]\begin{array}{l}\left.\vphantom{\begin{array}{c}1\\1\\1\end{array}}\right\}\dot{v}_u\\ \}\dot{v}_l\end{array}$$

(3)建立测点一节点关联矩阵 **A**：扫描测点表，在 **A** 表的对应行上，该测点所在支路的起始节点对应的列上填 1，终止节点对应的列上填−1，其余各列填 0。最后得到(8×4)阶的测量一节点关联矩阵 **A**：

节点内部编号 →

$$A=\begin{bmatrix}0&-1&0&1\\0&-1&0&1\\0&0&-1&1\\0&0&-1&1\\0&1&-1&0\\0&1&-1&0\\-1&0&1&0\\-1&0&1&0\end{bmatrix}$$

测点号 ↓

将 A 转置，得到节点-测量关联矩阵，并按未知状态量和已知状态量分为 B^{T} 和 A_l^{T}：

$$B^{\mathrm{T}}=\begin{bmatrix}0&0&0&0&0&0&-1&-1\\-1&-1&0&0&1&1&0&0\\0&0&-1&-1&-1&-1&1&1\end{bmatrix}$$

$$A_l^{\mathrm{T}}=[1,1,1,1,0,0,0,0]$$

计算 8 阶对角阵 D，继而计算出(3×3)阶的($B^{\mathrm{T}}DB$)矩阵：

$$D=\mathrm{diag}[812.34\quad 812.34\quad 92.43\quad 92.43\quad 622.83\quad 622.83\quad 35.36\quad 35.36]$$

$$B^{\mathrm{T}}DB=\begin{bmatrix}70.7&0&-70.7\\0&2870.3&-1245.7\\-70.7&-1245.7&1501.2\end{bmatrix}$$

其结构与导纳矩阵相同。对($B^{\mathrm{T}}DB$)进行平方根分解，得到因子表矩阵：

$$BL=\begin{bmatrix}8.4095&0&0\\0&53.5756&0\\-8.4095&-23.2505&29.8317\end{bmatrix}$$

Step2 读入量测数据 $\dot{s}_{\mathrm{M}}$：已列于表 4-3 中。

Step3 迭代计数器：$k=1$。

2)第 1 次迭代过程

Step4 量测量变换 $\dot{s}_{\mathrm{M}}\rightarrow\Delta\dot{v}_{\mathrm{M}}$。

根据测点的类型和所在支路的类型，利用式(4-39)～式(4-42)计算出该支路电压差“量测值”$\Delta\dot{v}_{\mathrm{M}}$：

$$\Delta\dot{v}_{\mathrm{M}}=\begin{bmatrix}1.0915+\mathrm{j}0.7271\\1.1292+\mathrm{j}0.7388\\-0.1680-\mathrm{j}1.5630\\-0.1965-\mathrm{j}1.4208\\-1.2814-\mathrm{j}2.3066\\-1.3471-\mathrm{j}2.3632\\0.2893-\mathrm{j}13.6467\\-1.4037-\mathrm{j}14.2301\end{bmatrix}$$

Step5 计算新的电压 $\Delta\dot{v}_{\mathrm{M}}\rightarrow\dot{v}_u$。

(1)计算残差矢量：

$$\Delta\dot{\boldsymbol{v}}_{\mathrm{M}}-\boldsymbol{A}_l\dot{\boldsymbol{v}}_l=\begin{bmatrix}-110.4085+\mathrm{j}0.7271\\-110.3708+\mathrm{j}0.7388\\-111.668-\mathrm{j}1.5630\\-111.6965-\mathrm{j}1.4208\\-1.2814-\mathrm{j}2.3066\\-1.3471-\mathrm{j}2.3622\\0.2893-\mathrm{j}13.6467\\-1.4037-\mathrm{j}14.2301\end{bmatrix}$$

(2)计算自由矢量：

$$\boldsymbol{B}^{\mathrm{T}}\boldsymbol{D}(\Delta\dot{\boldsymbol{v}}_{\mathrm{M}}-\boldsymbol{A}_{\mathrm{s}}\dot{\boldsymbol{v}}_{\mathrm{s}})=\begin{bmatrix}40+\mathrm{j}990\\177710-\mathrm{j}4100\\22240+\mathrm{j}2220\end{bmatrix}$$

(3)计算新的迭代电压 $\dot{\boldsymbol{v}}_u$。使用因子表 ***BL*** 对自由矢量进行前推和回代。解式(4-53)得到新的电压 $\dot{\boldsymbol{v}}_u^{(1)}$：

$$\dot{\boldsymbol{v}}_u^{(1)}=\begin{bmatrix}112.26+\mathrm{j}15.52\\110.39-\mathrm{j}0.74\\111.7+\mathrm{j}1.58\end{bmatrix},$$

Step6 检查：$|\Delta\dot{\boldsymbol{v}}_i|_{\max}=|\Delta\dot{\boldsymbol{v}}_l|=15.55(\mathrm{kV})>\varepsilon=111.50\times10^{-4}(\mathrm{kV})$，未收敛，经[7] 转回 Step3，更新 k 的值，进行下一次迭代。

3)第 1～4 次迭代收敛过程

重复 Step4～Step6 的修正过程，经 4 次迭代满足精度要求而收敛，现将迭代中电压 $\Delta\dot{\boldsymbol{v}}_u$ 和目标函数值 $\boldsymbol{J}(\dot{\boldsymbol{v}})$变化过程列于表 4-6 中。

表 4-6 迭代中电压 $\Delta\dot{\boldsymbol{v}}_u$ 和目标函数值 $\boldsymbol{J}(\dot{\boldsymbol{v}})$的变化过程

迭代序号	$\Delta\dot{v}_1$	$\Delta\dot{v}_2$	$\Delta\dot{v}_3$	$J(\dot{v})$
0	111.50+j0.00	111.50+j0.00	111.50+j0.00	—
1	112.26+j15.57	110.39−j0.7429	111.70+j1.579	194.44
2	112.43+j15.509	110.34−j0.6556	111.78+j1.571	12.54
3	112.43+j15.503	110.34−j0.6552	111.78+j1.57	11.44
4	112.43+j15.503	110.34−j0.6553	111.78+j1.57	11.48

注：电压单位为 kV

4)量测变换法状态估计结果

(1)系统总的估计结果(见表 4-7)。

(2)节点估计结果(见表 4-8)。

(3)支路潮流估计结果(见表 4-9)。

表 4-7　系统总的估计结果

项目	P/MW	Q/Mvar
总发电功率	216.80	134.50
总负荷功率	215.96	129.51
总网损功率	0.84	4.98

表 4-8　节点估计结果

节点号(外)	P_i/MW	Q_i/Mvar	V_i/ kV	θ_i/(°)
1	19.37	35.26	111.50	0.00
2	−167.08	−87.73	110.38	−0.38
3	−48.88	−41.78	111.70	0.81
4	197.42	99.24	112.19	7.94

表 4-9　支路潮流和线损估计值

i	j	P_{ij}/MW	Q_{ij}/Mvar	P_{ji}/MW	Q_{ji}/Mvar	ΔP_{ij}/MW	ΔQ_{ij}/Mvar
1	2	38.88	37.63	−38.76	−40.42	0.13	−2.79
1	3	−19.51	−2.38	19.61	−11.31	0.09	−13.67
2	3	−128.31	−47.31	128.93	39.67	0.61	−7.63
3	4	−197.42	−70.14	197.42	99.24	0.00	29.09

综上，将量测变换状态估计的潮流结果绘于图 4-9 中。

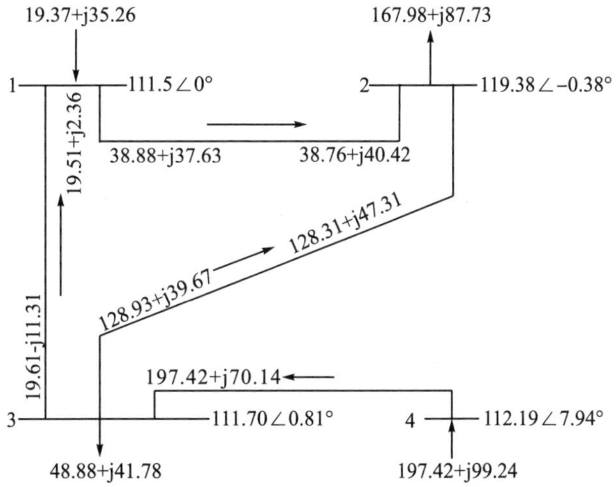

图 4-9　量测变换法状态估计的潮流结果

由此可见，量测变换状态估计的潮流结果与真实的潮流值非常接近，估计质量和收敛性能良好。

至此，本章讲述了两类配电网状态估计算法，它们的优势和不足总结如下。

(1)最小二乘法的估计质量和收敛性能最好，是状态估计的经典解法和理论基础，适用于各种类型的量测系统，进行加权处理的加权最小二乘法比基本最小二乘法估计精度高。其缺点是占用内存多，计算量大，计算时间长，不适用于大型配电网的实时状态估计。

(2)仅用支路量测量的量测变换状态估计算法的计算速度快，使用内存少，对于纯支路量测系统可以得到满意的估计结果。其不足之处是难以处理节点注入型量测量，但在实际配电网中完整的注入型量测是很少的，所以并不妨碍其实用性。

4.5 小　结

本章在介绍配电网状态估计意义、特点、用途和数学描述的基础上，重点讨论了配电网状态估计算法：最小二乘状态估计算法、加权最小二乘状态估计算法和量测变换状态估计算法。由于实际配电网中存在较大的量测误差以及在线计算机内存容量的增大，使对估计质量和使用内存的要求不必太高。目前配电网状态估计的在线应用主要关注计算速度和收敛可靠性。在一般量测系统中，为了尽可能提高量测冗余度，希望能充分利用已有的节点注入型量测量。相较而言，在支路量测量有足够冗余度的条件下，基于量测变换状态估计算法在计算速度和内存方面具有一定的优越性。

4.6 习　题

习题 1. 简述配电网状态估计的意义。

习题 2. 简述配电网状态估计的特点和功能。

习题 3. 简述配电网状态估计与常规潮流算法的区别与联系。

习题 4. 简述配电网状态估计的数学模型。

习题 5. 简述配电网状态估计的 4 个步骤。

习题 6. 简述配电网状态估计最小二乘法和加权最小二乘法的基本原理。

习题 7. 简述量测量变换配电网状态估计的基本原理与计算流程。

习题 8. IEEE-4 节点试验系统的数据如 4.4 节所示，请根据加权最小二乘法的状态估计，给出系统总的估计结果(系统总的发电功率、负荷功率和网损)，节点的估计结果(各节点的注入功率、电压幅值和相角的估计值)和支路潮流估计结果。

主要参考文献

刘辉乐，刘天琪，彭锦新. 2005. 基于 PMU 的分布式电力系统动态状态估计新算法 [J]. 电力系统自动化，29(4)：34-39.

刘健，毕鹏翔，董海鹏. 2002. 复杂配电网简化分析与优化 [M]. 北京：中国电力出版社.

李强，等. 2005. 基于相量量测的电力系统线性状态估计 [J]. 电力系统自动化，29(18)：14-18.

牟旭涛. 2009. 复杂配电系统电压跌落状态估计可观性分析 [J]. 电力系统保护与控制，37(3)：32-35.

王雅婷，何光宇，董树锋. 2010. 基于测量不确定度的配电网状态估计新方法 [J]. 电力系统自动化，34(7)：40-44.

熊文. 2012. 基于负荷测录系统的配电网状态估计 [J]. 电力系统保护与控制，40(7)：84-87.

徐臣，余贻鑫. 2009. 提高配电网状态估计精度的量测配置优化方法 [J]. 电力自动化设备，29(7)：17-21.

于尔铿. 1985. 电力系统状态估计 [M]. 北京：水利电力出版社.

张伯明. 2007. 高等电力网络分析 [M]. 北京：清华大学出版社.

赵亮. 2010. 一种基于等效模型电网动态过程状态估计方法 [J]. 电力系统保护与控制，38(11)：10-14.

Baldick R，Clements K A，Pinjoazigal Z. 1997. Implementing non－quad－ratio objective function for state estimation and bad data rejection [J]. IEEE Transactions on Power Systems，12(1)：20-26.

Baran M E，Kelley A W. 1995. A branch－current－based state estimation method for distribution systems [J]. IEEE Transactions on Power Systems，10(1)：483-491.

Celik M K，Abur A. 1992. A robust WLAV state estimator using transformations [J]. IEEE Transactions on Power Systems，7(1)：842-849.

Li K. 1996. State estimation for power distribution system and measurementimpacts [J]. IEEE Transactions on Power Systems，11(2)：911-916.

Lu C N，Teng J H，Liu W H E. 1995. Distribution system state estimation [J]. IEEE Transactions on Power Systems，10(1)：229-240.

第 5 章 配电网可靠性分析

5.1 概 述

可靠性是指人、产品或系统(统称对象)在规定的条件下和规定的时间内完成规定功能的能力，或者说是对象能保持其功能的时间。预定的时间是可靠性定义的核心，因为不谈时间则无可靠性而言，但时间长短却因不同元件或研究对象而异；规定的条件指元件或系统的使用环境、维护方式、操作技术等方面的不同对可靠性造成的不同影响；规定的功能通常用元件或系统的各项性能指标来表示，如电气元件的额定功率、电力系统的节点电压等。

如果元件或系统在运行中各项指标达到预定的要求，则称能够完成规定的功能，否则称为丧失功能。一般把元件或系统丧失规定功能的状态，称为失效或故障。可靠性为概率量使得元件或系统的可靠性有了可以测度和计算的定量标准，它综合反映对象的耐久性、无故障性、维修性、有效性和使用经济性等性质，可用各种定量可靠性分析指标来表示。

配电网可靠性分析是随着电力系统的发展而发展起来的，是电力系统可靠性分析的一个重要组成部分。自 20 世纪 70 年代以来，伴随着经济技术的不断发展，其占有日益重要的地位。所谓配电网可靠性分析就是采用解析法或模拟法，利用配电网拓扑信息和配电系统元件可靠性参数(如元件故障率、平均修复时间、计划检修率等)来评估配电网的各项可靠性指标。

5.2 配电网可靠性分析指标

配电网直接面向用户，其基本功能是将电能从变电站传输给单个的用户负荷。因此供电的连续性是衡量配电系统的一个很重要的指标，供电的连续性可以由三个负荷点可靠性评估指标和一系列系统可靠性评估指标来体现。其中三个负荷点可靠性评估指标包括：负荷点的平均故障率、平均停电持续时间和年平均停电时间。系统可靠性评估指标包括系统平均停电频率指标(system average interruption frequency index，SAIFI)、系统平均停电持续时间指标(system average interruption duration index，SAIDI)、用户平均停电持续时间指标(customer average interruption duration index，CAIDI)、平均供电可用率指标(average service available index，ASAI)和平均供电不可用率指标(average service unavailability index，ASUI)等。

5.2.1　负荷点可靠性评估指标

负荷点可靠性评估指标能定量反映在规定时间内系统中每个负荷点的可靠性水平，主要包括负荷点平均故障率 λ(次/年)(也称为停电频率)、年平均停电持续时间 U(小时/年)、平均停电持续时间 r(小时/次)等指标，其主要含义如下：

1. 平均故障率 λ

平均故障率是指某负荷点在一年中因电网元件的故障而造成停电的次数。各负荷点平均故障率的大小反映了该负荷点供电的可靠性程度。

$$\lambda_i = \sum_{j \in J} \lambda_j \text{(次 / 年)} \tag{5-1}$$

式中，J 表示某元件故障导致负荷点 i 停电的所有元件的集合。

给定时间区间通常为 1 年，则 λ_i 用次/年来表示。

2. 平均停电持续时间 r

平均停电持续时间是指从停电开始到恢复供电所需时间的平均值。r 说明了在停电事故发生后恢复供电的具体情况，在有备用电源、备用元件可供切换的情况下，其停电后恢复时间较短，r 值也较小。

$$r_j = \frac{U_i}{\lambda_i} = \frac{\sum_{j \in J} \lambda_j r_j}{\sum_{j \in J} \lambda_j} \text{(小时 / 次)} \tag{5-2}$$

3. 年平均停电持续时间 U

年平均停电持续时间是指负荷点一年内停电的时间总数，它反映了该负荷点的供电可靠性。该值越大，系统对负荷点的供电可靠性越低。

$$U_i = \sum_{j \in J} \lambda_j r_j \text{(小时 / 年)} \tag{5-3}$$

5.2.2　系统可靠性评估指标

系统可靠性评估指标可以分为频率时间类指标和负荷电量类指标。

1. 频率时间类指标

1)系统平均停电频率指标 SAIFI

系统平均停电频率指标是指系统中运行的用户在一年中的平均停电次数。

$$I_{SAIFI} = \frac{\sum \lambda_i N_i}{\sum N_i} = \frac{\text{用户总停电次数}}{\text{总用户数}} \text{[次 /(用户・年)]} \tag{5-4}$$

式中，λ_i 为负荷点 i 的故障率；N_i 为负荷点 i 的用户数，$i=1$，2，…。

2)用户平均停电频率指标 CAIFI

用户平均停电频率指标是指每个受停电影响的用户在一年时间中经受的平均停电次数。

$$I_{\mathrm{CAIFI}} = \frac{\sum \lambda_i N_i}{\sum M_i} = \frac{\text{用户总停电次数}}{\text{受影响的用户总数}}[\text{次}/(\text{停电用户}\cdot\text{年})] \tag{5-5}$$

式中，M_i为负荷点 i 受停电影响的用户数，每个受停电影响的用户每年只计算一次停电。

3)系统平均停电持续时间指标 SAIDI

系统平均停电持续时间指标是指系统中运行的用户在一年时间中经受的平均停电持续时间。

$$I_{\mathrm{SAIDI}} = \frac{\sum U_i N_i}{\sum N_i} = \frac{\text{用户停电持续时间的总和}}{\text{总用户数}}[\text{小时}/(\text{用户}\cdot\text{年})] \tag{5-6}$$

式中，U_i为负荷点 i 的年停电时间。

4)用户平均停电持续时间指标 CAIDI

用户平均停电持续时间指标是指一年中被停电的用户经受的平均停电持续时间。

$$I_{\mathrm{CAIDI}} = \frac{\sum U_i N_i}{\sum \lambda_i N_i} = \frac{\text{用户停电持续时间总和}}{\text{用户总停电次数}}[\text{小时}/(\text{停电用户}\cdot\text{年})] \tag{5-7}$$

5)平均供电可用率指标 ASAI

平均供电可用率指标是指一年中用户的可用小时数与用户要求的总供电小时数之比。

$$I_{\mathrm{ASAI}} = \frac{\sum 8760 N_i - \sum U_i N_i}{\sum 8760 N_i} = \frac{\text{用户总供电小时数}}{\text{用户要求供电总小时数}}(\%) \tag{5-8}$$

式中，8760 为一年的总小时数。

6)平均供电不可用率指标 ASUI

平均供电不可用率指标是指一年中用户的累积停电小时数与用户要求的总供电小时数之比。

$$I_{\mathrm{ASUI}} = \frac{\sum U_i N_i}{\sum 8760 N_i} = 1 - \mathrm{I}_{\mathrm{ASAI}} = \frac{\text{用户不能供电小时数}}{\text{用户要求供电小时数}}(\%) \tag{5-9}$$

2. 负荷电量类指标

1)电量不足指标(Energy Not Supplied，ENS)

电量不足指标是指系统在一年中因停电而造成用户总的电能损失(即总的电能供给不足)，ENS 期望值(Expected Energy Not Supplied，EENS)即期望故障受阻电能，针对不同的可靠性评估方法其计算公式不同。

$$I_{\mathrm{ENS}} = \sum U_i L_{\mathrm{a}i}(\mathrm{MW}\cdot\mathrm{h}/\text{年}) \tag{5-10}$$

$$L_{\mathrm{a}i} = L_{\mathrm{p}i} f_i(\mathrm{MW}) \tag{5-11}$$

式中，$L_{\mathrm{a}i}$为连接在每个负荷点 i 上的平均负荷；U_i为负荷点 i 的年停电时间；$L_{\mathrm{p}i}$为负荷点 i 的峰值负荷；f_i为负荷百分比系数。

2)平均系统缺电指标(Average Energy Not Supplied，AENS)

平均系统缺电指标是指系统一年中总的停电电能损失平均到系统内每个由系统供电的用户的平均电能。

$$I_{\mathrm{AENS}}=\frac{I_{\mathrm{ENS}}}{\sum N_i}=\frac{\sum U_i L_{ai}}{\sum N_i}[\mathrm{MW}\cdot\mathrm{h}/\text{用户}\cdot\text{年}] \tag{5-12}$$

式中，N_i为负荷点 i 的用户数。

5.3　配电网可靠性分析模型

本节介绍配电网的可靠性分析模型，主要分为元件的可靠性模型和系统的可靠性模型。元件的可靠性模型中将重点描述功率元件与操作元件的可靠性分析模型，系统的可靠性模型中将给出串联系统和并联系统的可靠性分析模型。

5.3.1　元件的可靠性模型

按照各元件在系统中所完成的功能不同，可将元件分为功率元件和操作元件，它们对可靠性的影响各不相同。这些元件绝大部分是可修复元件，近似地认为元件各种状态之间的转移率为常数，概率符合指数分布。下面分别描述其可靠性模型。

1. 功率元件

配电网中的功率元件包括变压器、输电线路、母线、系统补偿器等。在可靠性分析中，还可以将上一级电源(或系统)视为具有一定可靠度的功率元件。功率元件的功能主要是传送电能，或者起到调度和控制系统电压的作用。功率元件的三状态模型表征其状态转移关系，如图 5-1 所示。

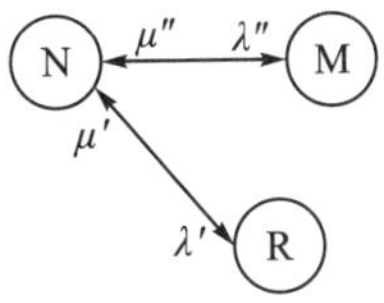

图 5-1　功率元件的三状态模型

图 5-1 中，λ'为故障率，λ''为计划检修率，单位均为次/年。μ'为故障修复率，是指元件由故障状态向正常运行状态转移的概率，与故障修复的时间互为倒数；μ''为计划检修修复率，是指元件由计划检修状态向正常运行状态转移的概率，它与计划检修的时间互为倒数。R 为故障修复状态，M 为计划检修状态，N 为正常运行状态。

2. 操作元件

操作元件是指执行开关操作，使系统状态和拓扑发生改变的元件，包括断路器、负荷开关、隔离开关和熔断器等。操作元件在配电网可靠性分析中具有重要地位，一般将其分为三类。

第一类是可自动分断开关，包括断路器和熔断器等。可断开或接通电路中的正常工作电流或故障电流，系统发生故障时能自动动作，决定故障在网络中的扩散情况，主要影响负荷点的故障率。

第二类是不可自动分断但可带负荷的操作开关，主要指负荷开关。可断开或接通电路中的正常工作电流，在系统发生故障时，不能自动切除故障，常用于作为分段开关或联络开关，故障后通过联络开关的倒闸操作可以恢复部分或全部负荷点的供电。

第三类是不可自动分断且不可带负荷的操作开关，主要指隔离开关。只能断开或接通无电流或仅有很小电流的电路，在系统发生故障时，不能自动切除故障，主要影响负荷点的故障类型和停运时间。

此外，由于不同类型的操作元件与系统的连接方式不同，在操作元件自身发生故障后对系统可靠性指标的影响也不相同。如果操作元件两侧和馈线之间没有明显的断开点，则操作元件的故障就完全相当于与该操作元件相连的两个区域同时发生故障；如果操作元件两侧和馈线之间有明显的断开点，则操作元件故障后可以迅速断开与相邻两个区域的连接，从而可尽快恢复相邻两个区域的供电。一般认为除隔离开关之外，系统中的其他操作元件和馈线之间都没有明显的断开点。

图 5-2 为操作元件的原始模型。其故障状态比较复杂，其中 f 表示误动状态，st 表示拒动状态，m 表示临时检修状态，i 表示接地或绝缘故障状态，R 表示故障修复状态，N 表示正常运行状态，M 表示计划检修状态。

该模型比较全面地考虑了操作元件的故障状态。其中，可自动分断开关的拒动状态包括操作时的拒动(未分闸和未合闸)和故障后的拒动(故障后应分闸而未分闸)两种情况，不可自动分断开关则只有操作时的拒动，操作时的拒动一般不会造成故障的扩大，并且在运行中也很少发生，对可靠性指标的影响不大，分析时可忽略不计。

在进行配电网可靠性分析时，并非在任何情况下都必须使用如此完备的模型，考虑的因素太多会使问题的复杂性大大增加，因此有必要将模型简化。从故障的后果和影响来分析，在 m、f、i、st、R 五种状态下，都要将元件从系统隔离，这必然会造成相邻的操作元件断开，直到其状态恢复正常为止。因此，可以将此五种状态合并为一种状态(故障修复状态)，最终可以得到操作元件的三状态可靠性模型，具体模型与功率元件相似。

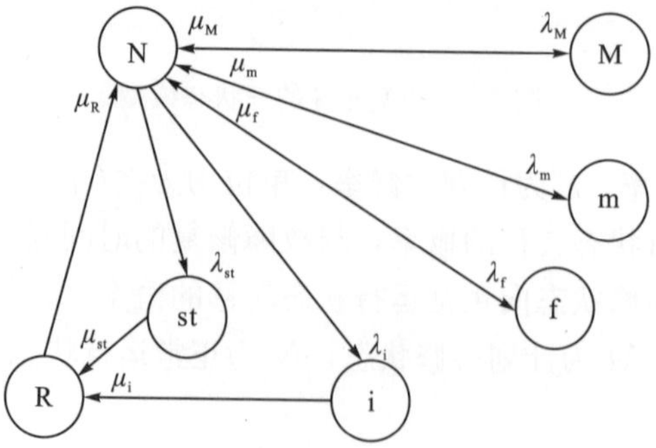

图 5-2 操作元件的模型

5.3.2　元件的停运模型

元件停运模式通常可分为独立停运和相关停运两类。独立停运按不同停运性质可分为强迫、半强迫和计划停运等；按失效状态可分为完全失效和部分失效。对于强迫停运一般分为可修复失效和不可修复失效。相关停运包括共因停运、元件组停运、电站相关停运、连锁停运和环境相依失效等模式。

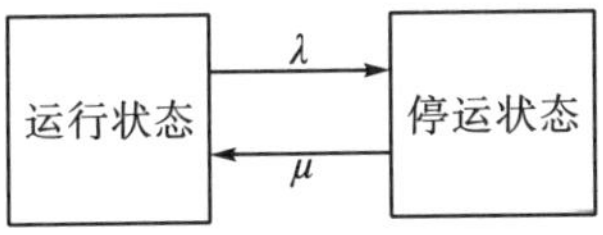

图 5-3　可修复元件状态空间图

1. 元件独立停运模型

对于可修复强迫停运，可修复元件状态空间图如图 5-3 所示。

其年平均停电时间为

$$U = \frac{\lambda}{\lambda + \mu} \tag{5-13}$$

对于计划停运，其状态空间图如图 5-4 所示。

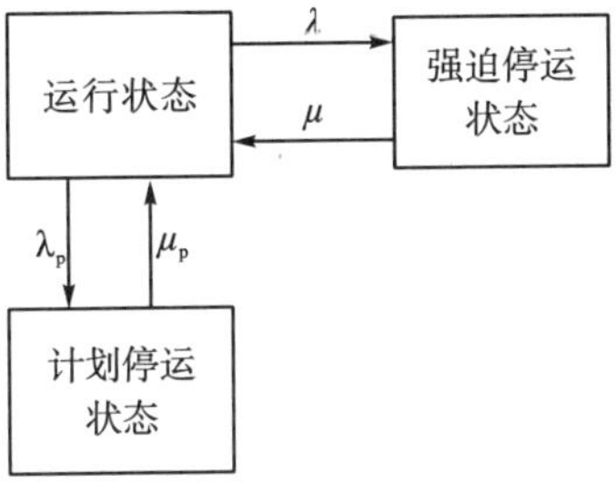

图 5-4　计划停运状态元件状态空间图

元件处于运行状态、计划停运状态、强迫停运状态的概率 P_{up}、P_{fo}、P_{po}分别为

$$\begin{aligned} P_{up} &= \frac{\mu_p \mu}{\lambda_p \mu + \lambda \mu_p + \mu_p \mu} \\ P_{fo} &= \frac{\lambda \mu_p}{\lambda_p \mu + \lambda \mu_p + \mu_p \mu} \\ P_{po} &= \frac{\lambda_p \mu}{\lambda_p \mu + \lambda \mu_p + \mu_p \mu} \end{aligned} \tag{5-14}$$

对于部分失效，其状态空间图如图 5-5 所示。

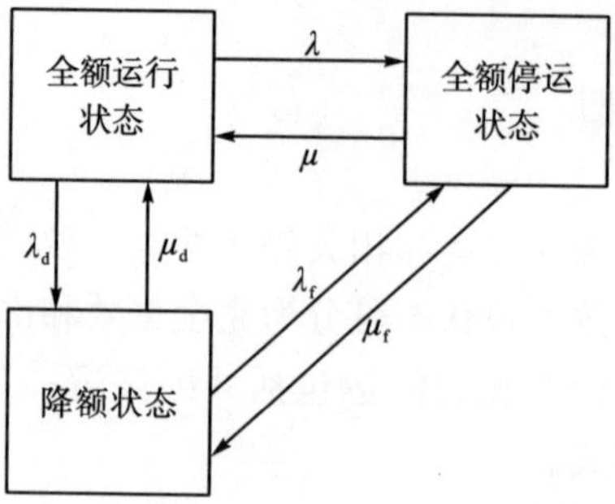

图 5-5 部分失效状态元件状态空间图

2. 元件相关停运模型

对于共因停运，是指由于同一外部原因引起的多个元件的同时停运，同塔双回线由于杆塔失效或雷击引起的停运就是这类停运的典型例子。共因停运和独立停运的组合模型与分离模型分别如图 5-6(a)和(b)所示。

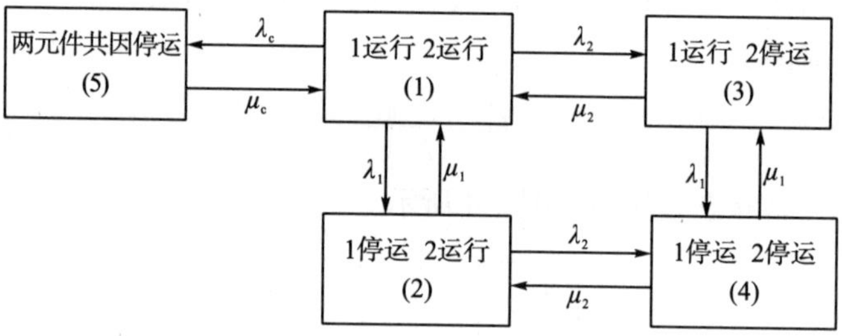

(a)共因停运和独立停运的组合模型

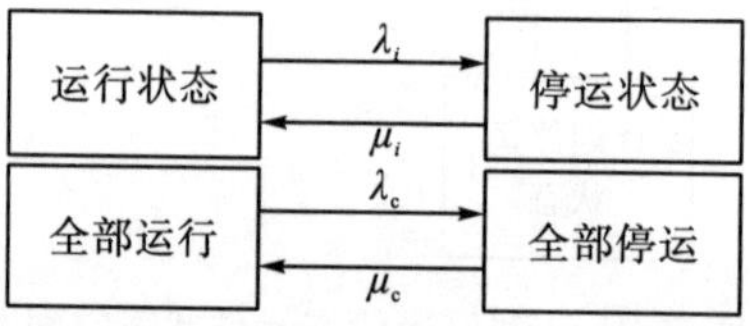

(b)共因停运和独立停运的分离模型

图 5-6 共因停运和独立停运模型

元件处于运行状态、停运状态、全部运行状态、全部停运状态的概率 P_{iD}、P_{iU}、P_{cD}、P_{cU}分别为

$$P_{iD}=\frac{\lambda_i}{\lambda_i+\mu_i}$$

$$P_{iU}=\frac{\mu_i}{\lambda_i+\mu_i}$$

$$P_{cD}=\frac{\lambda_c}{\lambda_c+\mu_c}$$

$$P_{cU}=\frac{\mu_c}{\lambda_c+\mu_c} \tag{5-15}$$

对于连锁停运，是指第一个元件的失效引起第二个元件失效，第二个元件的失效引起第三个元件失效，依次类推。第一个元件被称为停运激发元件。连锁停运模型如图 5-7

所示。

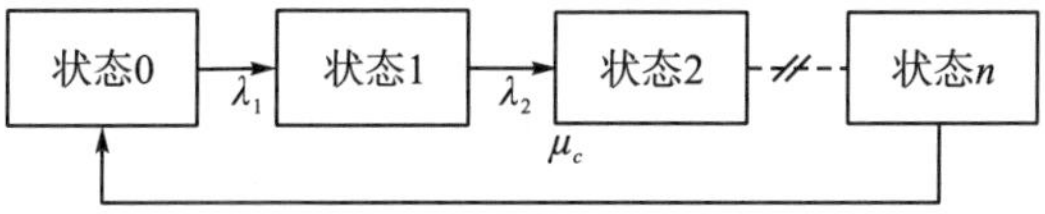

图 5-7　连锁停运模型

5.3.3　系统的可靠性模型

串联和并联是配电系统中元件之间最基本、最简单的连接关系。可靠性评估时，可以将串联系统或并联系统等效为一个元件进行计算来简化计算的复杂程度。

1. 串联系统的可靠性模型

串联系统中任何一个元件失效均构成系统失效，即只有系统中所有元件均正常运行才能保证系统正常运行。

图 5-8 所示是由 N 个元件组成的串联系统。

图 5-8　串联系统示意图

为求出等效参数，其串联系统的可靠性计算公式为

$$\lambda_s = \sum_{i \in N} (\lambda_i' + \lambda_i'') \tag{5-16}$$

$$U_s = \sum_{i \in N} (\lambda_i' r_i' + \lambda_i'' r_i'') \tag{5-17}$$

$$r_s = \frac{U_s}{\lambda_s} = \frac{\sum_{i \in N} (\lambda_i' r_i' + \lambda_i'' r_i'')}{\sum_{i \in N} (\lambda_i' + \lambda_i'')} \tag{5-18}$$

式中，λ_i' 为元件 i 的故障率；r_i' 为元件 i 的平均故障修复时间；λ_i'' 为元件 i 的检修停运率；r_i'' 为元件 i 的平均检修持续时间；λ_s 为系统的平均停运率；U_s 为系统的平均年停运时间；r_s 为系统的平均停运持续时间。

2. 并联系统的可靠性模型

并联系统是指系统中所有元件均失效才会导致系统失效，即只要其中任何一个元件正常运行，系统仍能保持运行。

图 5-9 是由两个独立元件组成的并联系统。

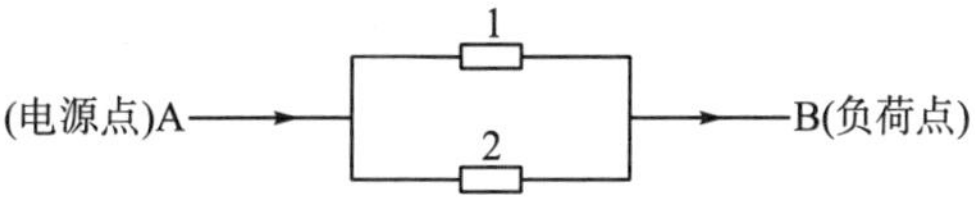

图 5-9　并联系统示意图

为求出等效参数，其串联系统的可靠性计算公式为

$$\lambda_p = \frac{\lambda_1\lambda_2(r_1+r_2)}{1+\lambda_1 r_1+\lambda_2 r_2}/8760 = \lambda_1\lambda_2(r_1+r_2)/8760 \tag{5-19}$$

$$r_p = \frac{r_1 r_2}{r_1+r_2} \tag{5-20}$$

$$U_p = \lambda_p r_p \tag{5-21}$$

式中，λ_p为并联系统等效后的故障率，单位为次/年；r_p为并联系统等效后的平均故障修复时间，单位为小时/次；U_p为并联系统等效后的平均年故障修复时间，单位为小时/年；λ_i为并联系统中元件 i 的故障率，单位为次/年；r_i为并联系统中元件 i 的平均故障修复时间，单位为小时/次。

5.4 配电网可靠性分析方法

目前，有关配电网可靠性评估的方法很多，按照传统的分类方式可将其归为三类：解析法、模拟法和人工智能算法。此外，还有解析法和模拟法相结合的混合法。

1. 解析法

解析法的物理概念清晰、模型简洁且精度高，但计算量随系统的增大而急剧增加，不易处理相关事件，只能考虑一个或有限个负荷水平，不能模拟实际的控制策略。其基本思想是：首先，根据元件功能和系统结构以及两者之间的组合逻辑关系建立系统的可靠性概率模型；然后，通过累积或递推迭代等过程对模型进行精确求解；最后，计算得出系统的可靠性指标。

应用解析法来分析复杂配电系统可靠性指标时所面临的主要困难就是如何在不失计算精度的前提下，减少计算量，提高计算速度。配电网可靠性分析的解析方法众多，本节对几种典型方法进行简单介绍。

1)故障模式与后果分析(failure mode and effect analysis，FMEA)

故障模式与后果分析是配电系统可靠性评估的传统方法。基本的 FMEA 方法的基本思路是：首先，通过对系统中各元件故障的搜索，列出全部可能的故障模式；然后，根据所选择的可靠性判据对系统的所有故障状态进行分析，得到系统的故障模式集合；最后，在此集合的基础上，求得系统的可靠性指标。

由于 FMEA 方法原理简单、结构清晰、模型准确，被广泛应用于配电系统可靠性评估。但是该方法的计算量随元件数目的增加呈指数增加，所以当配电网的结构较复杂，元件数目及操作方式增多时，系统故障模式将急剧增加，导致计算量冗长烦琐。因而延伸出 FMEA 方法的改进方法，从不同角度提出不同等效逻辑模型，结合等效逻辑模型和 FMEA 方法评估系统的各项可靠性指标，使 FMEA 方法的计算效率更高。

2)最小割集法

最小割集法的基本思想是：首先，将各元件对负荷点可靠性指标的影响分为直接割集和间接割集来考虑；然后，将元件的故障模式对系统的后果影响限制在最小割集范围内，提高了评估的效率。

最小割集是一些元件的集合，当它们失效时，必然会导致系统失效。最小割集法是将计算的状态限制在最小割集内，避免计算系统的全部状态，从而大大减小了计算量。每个割集中的元件存在并联关系，近似认为系统的失效度可以简化为各个最小割集不可靠度的总和。用最小割集理论确定与复杂网络等效的可靠性网络模型。

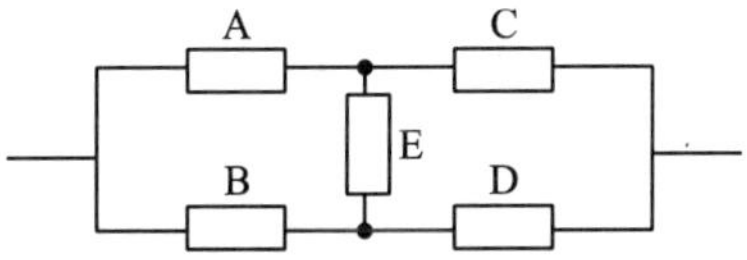

图 5-10　最小割集法网络模型图

以图 5-10 为例，可得到该网络模型的最小割集为(A，B)、(C，D)、(A，D，E)、(B，C，E)。

该算法考虑了影响系统可靠性的诸多因素，同时可以找到配电系统的薄弱环节。但是对于复杂的大型配电系统，求取最小割集需要的时间是非常长的。

3)最小路法

根据配电系统的实际运行特点，研究人员还提出了一种基于最小路的快速评估方法，该算法的基本思想是：首先，求取负荷点在支路上的最小路，根据网络实际情况将非最小路上的元件故障对负荷点可靠性的影响，通过系统分析将其折算到与其相应的最小路节点上；其次，只对最小路上节点对应设备进行计算，即可得到负荷点相应的可靠性指标；最后，进行负荷点可靠性累积计算得到系统的可靠性指标。

最小路法的流程如图 5-11 所示。

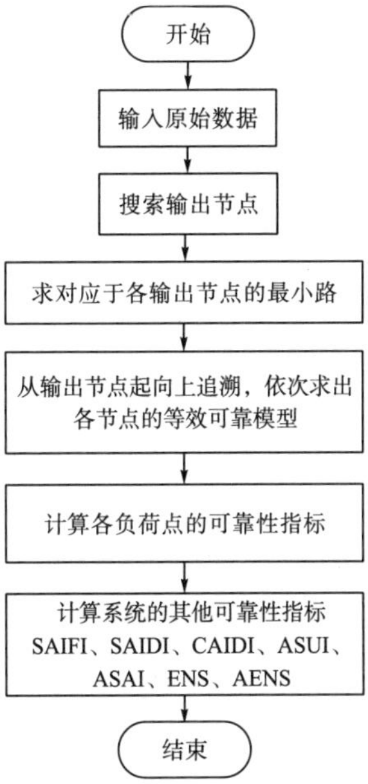

图 5-11　最小路法评估算法流程

该算法考虑了分支线保护、隔离开关、分段断路器和计划检修的影响，并且能够处理有无备用电源和有无备用变压器的情况，可结合系统的实际配置，指出系统的最薄弱环节。其计算效率与 FMEA 方法相比有了较大提高，但对复杂结构系统进行可靠性评估时，其最小路的求解及向最小路节点等效分析工作将非常复杂。

4)网络等值法

该算法的主要思想是：在配电系统中利用某一等效元件来代替部分配电网络，将复杂结构的配电网逐步分解为一系列简单辐射状主馈线系统，通过FMEA方法对简化的系统进行可靠性评估。

该算法的等效过程分为向上等效和向下等效两种。向上等效是将分支馈线对上级馈线的影响用一个串在上级馈线末端的等效节点元件来代替；而向下等效则是将上级馈线对下级馈线的影响用一个串在下级馈线首端的等效节点元件来代替。该算法能够有效地提高系统评估的效率，思路清晰，但对于较复杂的配电网络，其等效过程十分复杂，并且会出现等效结果出错的情况。该方法的详细介绍参见5.5节。

5)故障扩散法

故障扩散法是通过判断故障的影响范围及不同范围内故障的类型来进行系统可靠性评估的。该算法根据故障事件发生后，节点故障时间的不同，将负荷点节点分为4类：A类无关节点，即故障事件发生后，不受故障影响的节点；B类节点，即故障时间为隔离开关动作时间的节点；C类节点，即故障时间为隔离动作加联络开关切换动作时间之和的节点；D类节点，即故障时间为故障元件修复时间的节点。

该算法的基本思路是：选取发生故障的元件后，首先，程序进行前向搜索断路器和后向搜索隔离开关，通过一次搜索来确定断路器和隔离开关的影响范围，并形成故障点对应的分块子系统；其次，通过各节点在配网系统中的连接特性，将负荷节点依次分类到上述4类节点；最后，再分别计算出各类节点中的负荷点的可靠性指标，达到系统可靠性评估的目的。

相对于网络等值法，故障扩散法的优点是能够一次性求得节点和系统的全部可靠性指标，而且便于分析系统的薄弱环节，便于给出增强措施。该算法的缺点是，在前向搜索断路器时需要采用潮流计算判断潮流方向，增加了计算量。

6)概率分布法

基于概率分布法的可靠性风险评估应用最早，该方法通过定义配电网络中的基本元件(母线、开关、线路、变压器)，以各元件可靠性为单位，分析在各种故障情况下对所有负荷点停运的影响。遍历所有元件之后，通过累加计算得出各负荷点的可靠性指标，进而得到系统的可靠性指标。

该方法易于实现，简便灵活，计算速度快，可用于小型配电系统的可靠性评估。但该方法的评估过程没有考虑配电系统的网络结构特性，即没有考虑设备连接方式对系统可靠性的影响，并且依赖于配电网系统中所有设备的可靠性参数信息，需要经过长期统计才能得到，限制了其应用。

2. 模拟法

模拟法主要是指蒙特卡罗模拟法其主要思想是：首先，找到故障元件影响的所有负荷点，建立各元件的工作、恢复历史数据表；然后，根据各元件事件概率对所有元件状态进行抽样，通过对抽样结果的分析计算得到系统可靠性指标。评估过程中将系统元件(线路和变压器)分为工作和故障两种状态来描述：处于工作状态的时间称为工作时间，处于故障状态的时间分为开关动作时间和故障恢复时间，且各状态时间具有不同的概率分布。

蒙特卡罗模拟法属于统计试验类方法，比较直观，易于掌握和理解，容易处理各种实际运行控制策略，计算量几乎不受系统规模和复杂程度的影响，适用于处理各种复杂因素。该方法主要具有以下几大优点。

(1)与解析法相比，蒙特卡罗法能更准确地对复杂系统进行建模。

(2)评估过程中采样次数与系统规模的无关，进行复杂系统可靠性评估时具有很大的优越性。

(3)通过模拟仿真，可以发现一些难以预料的事故，可反映负荷的随机变化特性。

其不足之处在于：为了使各可靠性指标值具有较好的统计收敛特性，必须花费冗长的计算时间，同时对指导抽样过程的元件状态概率要求很高，在抽样过程中可能会抽到许多非常相似的状态，影响评估的准确性。

3. 人工智能算法

人工智能通过仿效生物处理模式，获取智能信息处理功能，以便简化处理一些复杂现象，快速有效地解决各种难题。目前包括人工神经网络算法和模糊算法等多种算法。

人工神经网络是模拟人脑工作的一种算法，其输入层用于提供原始数据，中间层为输入层和输出层建立多种连接关系，输出层的作用是对计算结果进行输出。通过传递误差来调整输出层各节点与最低层之间的连接权重，再结合历史数据得出配电系统的可靠性指标。该方法可以得到很高的精度，还可以处理由于过负荷或故障引起的系统结构改变和多个断路器同时跳开的问题。但该方法对历史数据的完整性和正确性要求较高，只能处理有限规模的系统。

模糊算法是在综合考虑随机性不确定和模糊性不确定性事件对系统可靠性影响的基础上，将概率论和模糊集合论有机结合起来的一种算法。该方法利用概率统计解决设备和电网运行状态变化的随机性，应用模糊集合论来描述设备故障、修复等状态的不确定性，用相应的模糊集合运算得出电网的模糊可靠性指标。该方法能够很好地处理可靠性计算中的不确定因素的影响，但是在隶属函数的选取、模型建立等方面需要进一步深入研究。

4. 混合法

混合法是在模拟法和解析法的基础上建立起来的，是两者的一种有机结合。其主要思路是：利用模拟法进行随机模拟系统状态的转移过程，用解析法来确定系统在模拟的各种状态下的平均持续时间，用来代替持续时间的抽样值。

混合法可以有效提高模拟效率，减少模拟的统计量方差。也有人认为，使用网络等值法将复杂的网络简化为简单主馈线系统，再针对简化后的主馈线系统，用混合法得到各负荷点可靠性的概率分布指标，能够丰富系统可靠性的水平信息。

5.5　配电网可靠性计算

针对不同的配电网系统结构，配电网可靠性计算的思路不同，本节将分别介绍简单辐射状主馈线供电系统和复杂配电网的可靠性计算。

1. 简单辐射状主馈线供电系统可靠性计算

简单辐射状主馈线供电系统在配电网中占有重要地位，它是研究复杂结构配电网的基础。典型的简单辐射状主馈线系统由断路器、若干段主馈线、负荷支路、分段开关、联络线和联络开关构成。其结构如图 5-12 所示。图中，虚线框 1 代表一条负荷支路，虚线框 2 代表分段开关，N/O 表示联络开关。

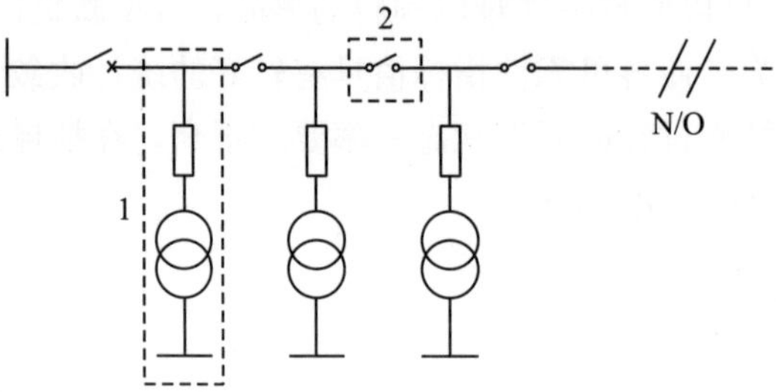

图 5-12 简单辐射状主馈线结构图

在进行可靠性评估时，可将断路器、各馈线段、分段开关等分别看成一个节点，如果把负荷支路也当成串在回路中的一个节点元件，则对该类系统进行可靠性评估时可用图 5-13 来完全等效图 5-12。

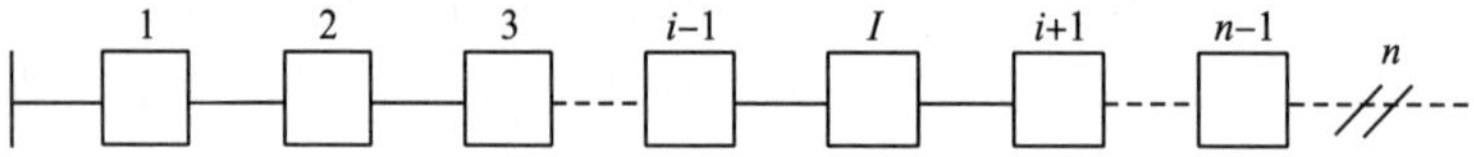

图 5-13 等效逻辑图

等效后的系统可看成由 n 个元件组成，前 $n-1$ 个元件中的每个元件都属于集合 $W=$ {断路器，线路，负荷节点，分段开关}，第 n 个为联络线及联络开关，可有可无。不同类节点具有不同的属性：

对应断路器的节点属性为 {断路器故障率 λ'，修复时间 r'，可靠断开的概率 P_b}；

对应主馈线段的节点属性为 {主馈线段故障率 λ'，修复时间 r'}；

对应分段开关的节点属性为 {分段开关操作时间 t_1，故障率 λ(取为 0)}；

对应负荷支路的节点属性为 {负荷支路等效故障率 λ'，等效修复时间 r'}；

对应联络线及联络开关的节点属性为 {联络线及联络开关联络线故障率 λ'，联络开关倒闸时间 t_2}。

对于负荷支路节点，由于它是由变压器、负荷支路线和熔断器组成，设熔断器可靠工作的概率为 1，故此负荷支路所对应等效节点的故障率 $\lambda_j'=0$。

对于简单辐射状主馈线系统，如果忽略二重及二重以上的元件故障，各负荷节点的可靠性指标计算方法如下。

设节点 j 为一负荷支路对应的节点，则该负荷点对应的故障率 λ_j、故障修复时间 r_j 及年停电时间 u_j 分别为

$$\begin{cases}\lambda_j = \sum_{k=1,k\neq j}^{n} \lambda'_k + \lambda_{jl} + \lambda_{jt} \\ r_j = \dfrac{u_j}{\lambda_j} \\ u_j = \sum_{k=1,k\neq j}^{n} \lambda'_k r_{jk} + \lambda_{jl} r_{jl} + \lambda_{jt} r_{jt}\end{cases} \tag{5-22}$$

式中，λ'_k为图 5-13 中第 k 个节点的等效故障率；r_{jk}为求第 j 个节点时第 k 个节点故障导致的第 j 个节点的停运时间。

例 5-1　某简单辐射状主馈线配电系统的等效逻辑模型图如图 5-14 所示，第 1、2、3 个节点的等效故障率分别为 0.18、0.20、0.16，第 1、2、3 个节点故障导致的第 2 个节点停运的时间分别为 1.4h、1.2h、0.8h，$\lambda_{21}=0.18$，$\lambda_{2t}=0.22$，$r_{21}=0.4$h，$r_{2t}=0.8$h。求节点 2 的故障率、故障修复时间和年停电时间。

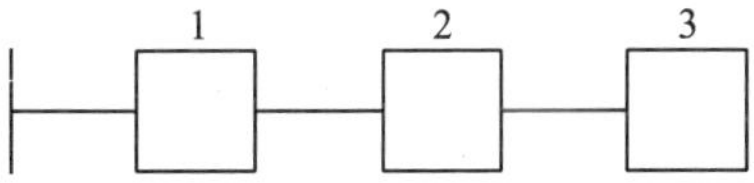

图 5-14　某简单辐射状主馈线配电系统的等效逻辑模型图

解　根据式(5-22)，将所给数据代入可得

$$\begin{cases}\lambda_2 = (0.18 + 0.16) + 0.18 + 0.22 = 0.74 \\ u_2 = (0.18 \times 1.4 + 0.16 \times 0.8) + 0.18 \times 0.4 + 0.22 \times 0.8 = 0.628(\text{h})\end{cases} \tag{5-23}$$

$$r_2 = \frac{0.628}{0.74} = 0.849(\text{h}) \tag{5-24}$$

故节点 2 的故障率为 0.74，故障修复时间为 0.849h，年停电时间为 0.628h。

2. 复杂配电网可靠性计算

复杂配电网是指具有分支馈线的配电网，根据其特点可通过网络等值法对其进行处理，将其等效成简单辐射状配电网。对复杂结构配电网的可靠性评估含向上等效及向下等效两个过程。

1)等效分支线

分支馈线上等效元件的故障对上级馈线的影响可分为在分支馈线的首端有无设置断路器两种情况。分别介绍两种情况下，求分支馈线等效元件的故障率 λ_e、故障修复时间 r_e和年故障时间 U_e的表达式。

当分支馈线首端设有断路器(配套有隔离开关)时：

$$\begin{cases}\lambda_e = (1 - P_b)\sum_{k=1}^{n}\lambda'_k \\ r_e = \sum_{k=1}^{n}\lambda'_k t_1 / \left(\sum_{k=1}^{n}\lambda'_k\right) = t_1 \\ U_e = \sum_{k=1}^{n}\lambda'_k t_1\end{cases} \tag{5-25}$$

式中，λ'_k为分支馈线上第 k 个节点的等效故障率；P_b为分支馈线首端断路器可靠断开的概率；t_1为分支馈线上与断路器相配套的隔离开关的操作时间。

当分支馈线首端不设断路器时：

$$\begin{cases}\lambda_e = \sum_{k=1}^{n} \lambda'_k \\ r_e = \dfrac{u_e}{\lambda_e} = \sum_{k=1}^{n} \lambda'_k r_{k0} / \left(\sum_{k=1}^{n} \lambda'_k\right) \\ U_e = \sum_{k=1}^{n} \lambda'_k r_{k0}\end{cases} \tag{5-26}$$

式中，λ'_k为分支馈线上第 k 个节点的等效故障率；r_{k0}为第 k 个节点故障时导致分支馈线首端的停电时间。

r_{k0}的计算方法为：当第 k 个节点与分支馈线首端无分段开关时，r_{k0}为第 k 个节点的等效修复时间；当第 k 个节点与分支馈线首端有分段开关时，r_{k0}为分段开关的操作时间。

2)等效串联元件

主馈线上的元件故障也会影响到分支馈线上的负荷，该影响可以用一个串联在分支馈线首端的串联元件表示。此时，等效串联元件的参数可以由简单辐射网馈线上一个负荷点的可靠性指标来求得。这样，就将复杂网络简化成了简单辐射状网络，即可由式(5-22)求得馈线上各个负荷点的可靠性指标。

根据以上指标按式(5-4)～式(5-9)求得系统的可靠性指标，主要包括系统平均停电频率指标 SAIFI、系统平均停电持续时间指标 SAIDI、用户平均停电持续时间指标 CAIDI 和平均供电可用率指标 ASAI，其具体计算公式见 5.2.2 节。

例 5-2 如图 5-15 所示，有如下条件：①配电变母线及断路器 S 完全可靠；②隔离开关 S_1～S_4全部常闭；③某一部分发生故障时，可以手动操作隔离开关，断开故障部分(进行检修)，使系统(正常部分)恢复供电。计算条件(元件指标及参数)如表 5-1 和表 5-2 所示，其中隔离开关操作时间为 0.5h。元件可靠性指标和负荷点参数如表 5-1 和表 5-2 所示，依据所给数据进行相关指标的计算。

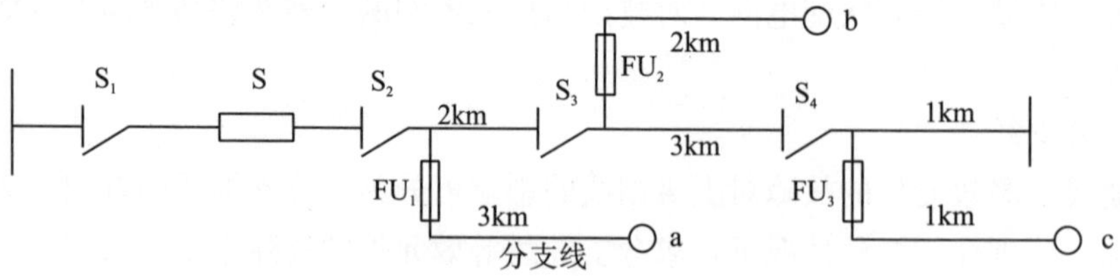

图 5-15 某简单辐射状主馈线配电系统

表 5-1 元件可靠性指标

元件	故障率 λ_i/［次/(km·年)］	平均修复时间 r_i/h
供电干线	0.1	3
分支线	0.25	1

表 5-2　负荷点参数

负荷点位置	负荷点的户数/户	负荷大小/kW
负荷点 a	250	1000
负荷点 b	100	400
负荷点 c	50	100

解：

(1)以下以负荷点 a 为例，进行相关计算。

①a 点的故障率。

因为系统中的隔离开关都是闭合的，可以认为干线与负荷 a 串联，则

$$\begin{aligned}\lambda_a &= 0.1\times 2+0.1\times 3+0.1\times 1+0.25\times 3\\ &= 0.2+0.3+0.1+0.75\\ &= 1.35(\text{次}/\text{年})\end{aligned}$$

②a 点的年平均停电时间：

$$\begin{aligned}U_a &= 0.1\times 2\times 3+0.1\times 3\times 0.5+0.1\times 1\times 0.5+0.25\times 3\times 1.0\\ &= 1.55(\text{小时}/\text{年})\end{aligned}$$

③a 点的故障修复时间(故障平均停电时间)：

$$r_a=\frac{U_a}{\lambda_a}=\frac{1.55}{1.35}=1.15(\text{小时}/\text{次})$$

综合可得 a 点可靠性指标为

$$\begin{cases}\lambda_a = 1.35(\text{次}/\text{年})\\ U_a = 1.55(\text{小时}/\text{年})\\ r_a = 1.15(\text{小时}/\text{年})\end{cases}$$

同理，b 点、c 点的可靠性指标为

$$\begin{cases}\lambda_b = 1.1(\text{次}/\text{年})\\ U_b = 2.05(\text{小时}/\text{年})\\ r_b = 1.86(\text{小时}/\text{年})\end{cases}$$

$$\begin{cases}\lambda_c = 0.85(\text{次}/\text{年})\\ U_c = 2.05(\text{小时}/\text{年})\\ r_c = 2.41(\text{小时}/\text{年})\end{cases}$$

(2)与用户相关的指标。

$$\begin{aligned}\text{用户全年总停电次数} &= 250\times 1.35+100\times 1.1+50\times 0.85\\ &= 490(\text{次}/\text{年})\end{aligned}$$

$$\begin{aligned}\text{用户总停电持续时间} &= 250\times 1.55+100\times 2.05+50\times 2.05\\ &= 695(\text{时}\cdot\text{户})\end{aligned}$$

$$\text{总户数} = 250+100+50 = 400(\text{户})$$

①系统平均停电频率指标：

$$I_{SAIFI}=\frac{\text{用户总停电次数}}{\text{总用户数}}=\frac{490}{400}=1.23(\text{次}/\text{用户}\cdot\text{年})$$

②用户平均停电频率指标：

$$I_{CAIFI}=\frac{\text{用户总停电次数}}{\text{受停电影响的总用户数}}=\frac{490}{400}=1.23(\text{次}/\text{停电用户}\cdot\text{年})$$

③系统平均停电持续时间：

$$I_{SAIDI}=\frac{\text{用户停电持续时间的总和}}{\text{总用户数}}=\frac{695}{400}=1.74(\text{小时}/\text{用户}\cdot\text{年})$$

④用户平均停电持续时间指标：

$$I_{CAIDI}=\frac{\text{用户停电持续时间的总和}}{\text{用户总停电次数}}=\frac{695}{495}=1.42(\text{小时}/\text{停电用户}\cdot\text{年})$$

⑤平均供电可用率指标：

$$I_{ASAI}=\frac{\text{用户总供电小时数}}{\text{用户需要供电小时数}}=\frac{400\times 8760-695}{400\times 8760}=0.999802$$

⑥平均供电不可用率指标：

$$I_{ASUI}=1-0.999802=0.000198$$

(3)与负荷和电量有关的指标。

①电量不足指标(期望值)：

$$I_{ENS}=1000\times 1.55+400\times 2.05+100\times 2.05=2575(\text{kWh})$$

②平均系统缺电指标：

$$I_{AENS}=\frac{\text{总的电量不足}}{\text{总用户数}}=\frac{2575}{400}=6.4375(\text{千瓦时}/\text{用户})$$

5.6 小　　结

本章首先介绍了配电网负荷点可靠性指标和系统可靠性指标。系统可靠性指标描述了整个系统的可靠程度，可由负荷点可靠性指标计算得到。在此基础上，介绍了元件的可靠性模型和系统的可靠性模型，并简要介绍了解析法、模拟法、人工智能算法和混合法等各种方法的思路和特点。最后介绍了简单辐射状主馈线系统和复杂配电网的可靠性计算。对于简单辐射状主馈线系统，通常将其等效为逻辑模型图，计算其负荷点对应的故障率、平均故障持续时间和年平均停电时间；对于复杂配电网，采用网络等值法，分别对其分支线和串联元件进行等效，等效后计算可靠性指标。

5.7　习　　题

习题 1. 配电网的可靠性分析为什么十分重要？配电网的可靠性主要研究哪些问题？目前配电网可靠性研究中主要存在哪些问题？

习题 2. 负荷点的可靠性评估指标有哪些？其计算公式是什么？

习题 3. 系统的可靠性评估指标有哪些？其计算公式是什么？

习题 4. 请分别画出功率元件和操作元件的可靠性分析模型，并解释其意义。

习题 5. 请分别画出串联系统和并联系统的可靠性分析模型，并写出其计算公式。

习题 6. 现有的配电网可靠性分析方法有哪些，它们具体是如何实现的？

习题 7. 简单辐射状配电网的可靠性计算方法应用于实际配电网时，可靠性可能受到哪些因素的影响？

习题 8. 请简要说明基于故障模式影响分析法的配电网可靠性计算的最小割集算法的具体流程。

习题 9. 某简单辐射状主馈线配电系统系统的等效逻辑模型图如习题图 5-1 所示，第 1、2、3、4 个节点的等效故障率分别为 0.23、0.16、0.20、0.18，第 1、2、3、4 个节点故障导致的第 3 个节点停运的时间分别为 1.2h、0.8h、1.0h、1.4h，λ_{3l}=0.20、λ_{3t}=0.24、r_{3l}=0.6h、r_{3t}=1.0h。求节点 3 的故障率、故障修复时间和年停电时间。

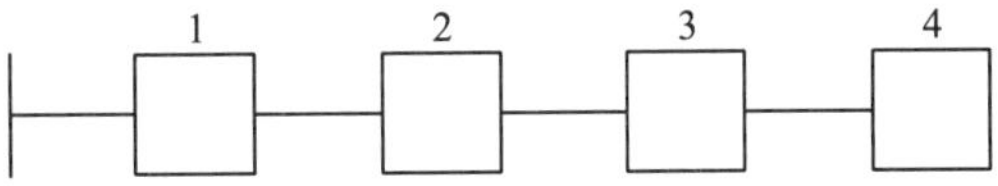

习题图 5-1　某简单辐射状主馈线配电系统的等效逻辑模型图

习题 10. 设某配电系统中，总用户数为 1000 户，用户总停电次数为 2653 次，用户停电持续时间总和为 4536h，总供电用户时间为 87600h，用户需用电时间为 76500h。求系统平均停电频率指标、系统平均停电持续时间指标、用户平均停电持续时间指标和平均供电可用率指标。

主要参考文献

郭永基. 2003. 电力系统可靠性分析 [M]. 北京：清华大学出版社.

邱生敏. 2012. 配电网可靠性评估方法研究 [D]. 广州：华南理工大学.

王守相，王成山. 2007. 现代配电系统分析 [M]. 北京：高等教育出版社.

王海巍. 2011. 考虑不确定性的配电网可靠性研究 [D]. 保定：华北电力大学.

汪穗峰，等. 2008. 配电网可靠性定量分析研究综述 [J]. 继电器，36(03)：79-83.

万国成，任震，田翔. 2003. 配电网可靠性分析的网络等值法模型研究 [J]. 中国电机工程学报，23(5)：48-52.
卫志农，等. 2006. 基于简化网络模型的复杂中压配电网分析可靠性分析算法 [J]. 电网技术，30(15)：72-75.
于敏，何正友，钱清泉. 2010a. 基于 Markov 过程的硬/软件综合系统可靠性分析 [J]. 电子学报，38(2)：473-479.
于敏，何正友，钱清泉. 2010b. 基于混合法的监控系统可靠性分析 [J]. 计算机工程，36(19)：14-17.
张鹏，王守相，王海珍. 2003. 配电系统可靠性分析改进区间分析方法 [J]. 电力系统自动化，27(17)：50-55.
Billinton R，Lakhanpal D. 1996. Impacts of demand-side management on reliability cost/reliability worth analysis [J]. IEE Proceedings of Generation，Transmission，and Distribution，143(3)：225-231.
Firuzabad M F，Ghahnavie A R. 2005. An analytical method to consider DG impacts on distribution system reliability [C]. IEEE Transmission and Distribution Conference and Exhibition：1-6.

第 6 章　配电网电压/无功控制

6.1 概　述

配电网无功优化补偿是改善电压质量的有效手段之一，它在保证配电网安全、可靠等运行约束的前提下，通过计算无功潮流，合理地进行无功补偿点的选址和补偿容量的确定，有效地维持系统的电压水平，降低网络损耗，保证系统的电压稳定性，避免大量无功的远距离传输，从而提高系统运行的安全性和经济性。配电网最重要的经济指标就是网损，配电网无功控制的目标就是使网络上各点的电压和各支路功率实现均匀化。

6.2 配电网无功功率与有功损耗、系统电压之间的关系

6.2.1 配电网无功功率与有功损耗的关系

配电网的网损大小是衡量配电网建设完善化和管理水平高低的一项综合性经济技术指标。无功电源的布局、无功功率的传输以及无功功率的管理与控制直接影响着配电网的经济运行。

1. 无功功率与有功损耗的关系

配电线路的有功损耗 ΔP_L 计算可表示为

$$\Delta P_L = \frac{P^2 + Q^2}{U^2} R \tag{6-1}$$

式中，P 和 Q 分别为流过线路的有功和无功功率；U 为电网线路末端电压；R 为线路电阻。

由式(6-1)可知，线路的有功损耗主要由两部分组成，一部分是由线路输送的有功功率产生的，另一部分是由线路流过的无功功率引起的。可见，当输送功率一定时，有功损耗与电阻成正比，而当输送的有功功率和电阻一定时，输送的无功功率越大，产生的有功损耗也越大。因此，为了降低配电网的有功损耗，有必要合理地配置无功电源，尽量减少无功功率的长距离输送，此外，还应进行无功负荷就地补偿，力求达到就地平衡，使配电网有功功率损耗降低。

2. 无功补偿对有功损耗的影响

进行无功补偿前的有功损耗 ΔP_{L1} 为

$$\Delta P_{L1} = \frac{P^2 + Q^2}{U_N^2} R \tag{6-2}$$

进行无功补偿后的有功损耗 ΔP_{L2} 为

$$\Delta P_{L2} = \frac{P^2 + (Q - Q_C)^2}{U_N^2} R \tag{6-3}$$

式中，Q_C 为投切的电容器的无功功率；U_N 为配电线路的额定电压。

从式(6-2)和式(6-3)可以看出，在有功功率一定的情况下，通过无功补偿可减少无功功率在系统中的流动，从而达到降低有功损耗的目的，使配电网经济运行。

6.2.2 配电网无功功率和系统电压的关系

1. 无功功率与电压的关系

根据配电网的无功特性，配电网中无功输出与无功负荷应保持动态平衡，配电网出现无功不足或无功过剩的情况会引起电压偏移或波动。电压质量的高低直接影响配电网运行的稳定性和经济性，因此，保证电压偏移或电压波动在规定的范围(《全国供用电规则》规定 10 kV 及以下的配电网电压波动的范围为±7%)内，是配电网运行的主要任务之一。

(1)从用户的角度看，在线路电压损耗的计算中，只计元件阻抗上产生的电压损耗，不考虑线路对地导纳的影响，并且考虑到电压降横分量对电压绝对值大小的影响较小，线路电压损耗 ΔU 的近似计算公式为

$$\Delta U = \frac{PR + QX}{U_N} \tag{6-4}$$

式中，X 为线路电抗。

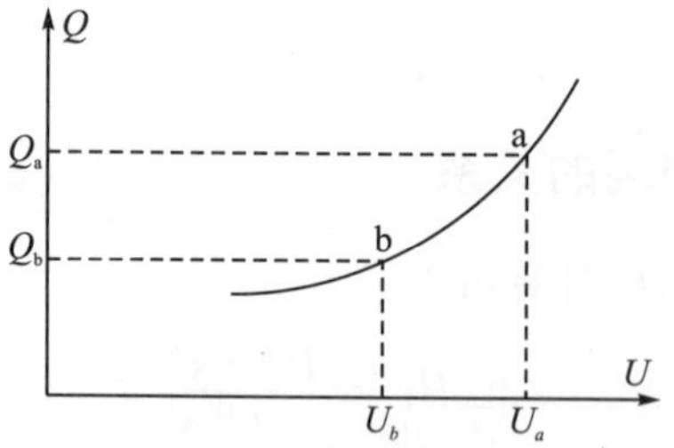

图 6-1　无功功率与电压关系曲线图

由式(6-4)可知，在配电网结构确定的情况下，电压损耗与线路流动的有功和无功相关。

(2)从电网的角度来看，无功功率和电压关系如图 6-1 所示。

要维持配电网在电压 U_a 下运行，相应地需要提供的无功功率为 Q_a。当无功功率供给不足，只能供给无功功率 Q_b 时，电压也将被迫下降至 U_b，为此要求配电网必须有足够的无功调节能力，若调节能力缺乏，则需要增加必要的无功补偿设备和调节设备，以确保配电网无功功率的动态平衡和保证配电网的电能质量。

2. 配电网无功功率对电压的影响

电压幅值大小对于送电端和受电端同样重要，它应既保证负荷需要又不至于损坏设备。

因此，配电网中节点电压必须保证在一定的范围内，而配电网节点电压水平在很大程度上是由这些节点供给或消耗的无功功率决定的。可见，电压水平和无功功率控制密不可分，电压作为衡量电能质量指标的同时，又是反映配电网无功平衡和无功功率合理分布的标志。

配电网无功优化控制对电压损耗有直接影响，可由以下分析得出：

进行无功补偿前线路的压降 ΔU_1 为

$$\Delta U_1 = \frac{PR + QX}{U_N} \tag{6-5}$$

进行无功补偿后线路的压降 ΔU_2 为

$$\Delta U_2 = \frac{PR + (Q - Q_C)X}{U_N} \tag{6-6}$$

从式(6-6)可以看出，在有功功率一定的情况下，通过无功补偿可以减少无功功率在网络中的流动，达到降低电压损耗的目的，保证配电网电压质量。

6.3 配电网无功补偿装置及方式

6.3.1 配电网无功补偿装置

配电网中常用的无功功率补偿设备，包括并联电容器、并联电抗器、静止无功补偿器和静止无功发生器等。

1. 并联电容器

并联电容器可永久连接或通过断路器连接到电网的某些节点上，是电力系统中应用最广的无功功率电源。并联电容器具有投资省、运行经济、结构简单、安装运行维护方便、实用性强等优点。但同时也存在无功功率输出不可调、对系统中的高次谐波有放大作用、在谐波电流流过时可能引起爆炸等缺点。

假设负荷是由电阻 R 及电抗 L 组成的串联电路，再与电容 C 并联进行无功补偿。电容器补偿的接线图如图 6-2 所示。端电压为 U，负荷支路电流为 $\dot{I}_{RL}$，通过电容支路的电流为 $\dot{I}_C$。

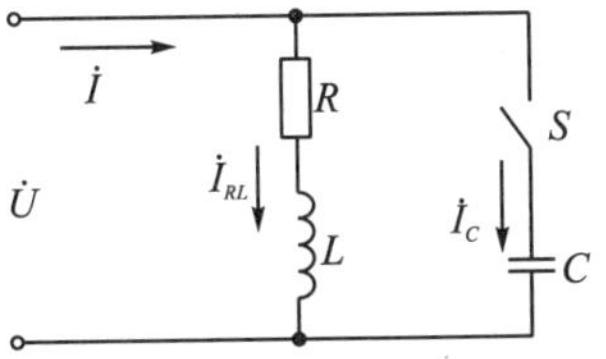

图 6-2 并联电容器补偿接线图

当不投切并联电容器时，负荷支路的电流有效值 I_{RL} 为

$$I_{RL} = \frac{U}{\sqrt{R^2 + X_L{}^2}} \tag{6-7}$$

此时，$\dot{I} = \dot{I}_{RL}$，对应功率因数为

$$\cos\varphi = \frac{R}{\sqrt{R^2 + X_L{}^2}} \tag{6-8}$$

式中，$X_L = wL$。

当投切并联电容器时，负荷支路电路保持不变，电容器支路电流有效值 I_C 为

$$I_C = \frac{U}{X_C} \tag{6-9}$$

式中，$X_C = \frac{1}{wc}$

这时，$\dot{I} = \dot{I}_{RL} + \dot{I}_C$，对应的功率因数为

$$\cos\varphi = \frac{R}{\sqrt{R^2 + (X_L - X_C)^2}} \tag{6-10}$$

由式(6-10)可以看出，投切并联电容器后，功率因数增大。特别的，当 $X_L = X_C$ 时，电源功率因数为 1，称为完全补偿。同时，从图 6-2 可知，负荷支路电流为 $\dot{I}_{RL}$ 滞后于电压 $\dot{U}$，功率因数角为 φ_1，通过电容支路的电流 $\dot{I}_C$ 超前电压 $\dot{U}$90°，回路总电流 $\dot{I}$ 超前负荷电流 $\dot{I}_{RL}$，将功率因数从 $\cos\varphi_1$ 提高到 $\cos\varphi_2$。当 $X_C < X_L$ 时，称为欠补偿，如图 6-3(*a*)所示；当 $X_C > X_L$ 时，称为过补偿，如图 6-3(b)所示。

通常，不希望出现过补偿的情况，因为过补偿会使变压器二次侧的电压升高，而且电容性无功功率在电力线路上的流动也会导致损耗的增加，若因此而升高线路电压，还将增大电容器本身的功率损耗，使温升增大，影响电容器设备的使用寿命。

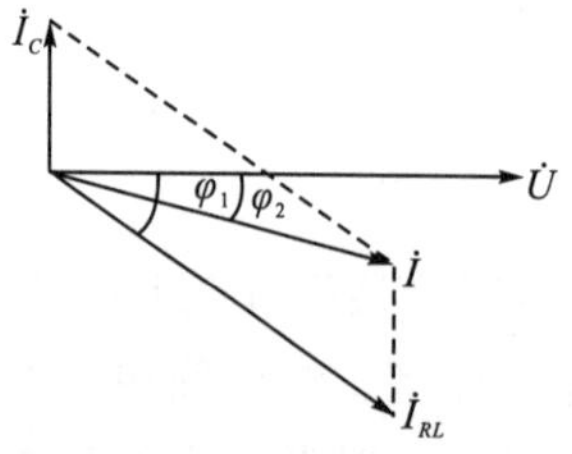

(a)欠补偿相量图

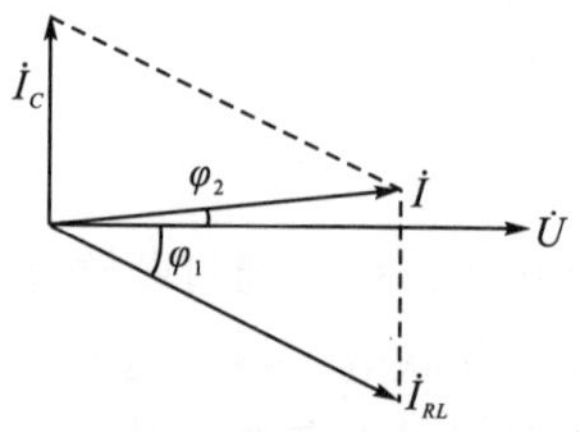

(b)过补偿相量图

图 6-3 并联电容器补偿相量图

并联电容器主要有以下几方面的作用。

1)降低线路和变压器中的功率损耗

线路的有功功率损耗可以表示为

$$\Delta P = \frac{P^2 + Q^2}{U^2}R = \frac{P^2R}{U^2} + \frac{Q^2R}{U^2} \tag{6-11}$$

变压器的有功功率损耗可表示为

$$\Delta P = \frac{P^2R}{U^2} + \frac{Q^2X}{U^2} + \Delta P_0 \tag{6-12}$$

式中，P、Q 为流过线路或变压器的有功及无功功率，U 为电网线电压，R 为线路或变压器电阻，X 为线路电感，ΔP 为线路或变压器功率损耗，ΔP_0 为变压器空载损耗。

并联电容器补偿只改变无功功率的输送，不改变线路上有功功率的输送，即补偿安装点的负荷无功功率，减少线路或变压器输送的无功功率，从而有效地降低线路功率损耗。并联电容补偿使线路减少的有功功率损失为

$$\Delta P' = \Delta P_1 - \Delta P_2 = \frac{(Q_1^2 - Q_2^2)R}{U^2} = \frac{(2Q_1 - Q_C)Q_C R}{U^2} \tag{6-13}$$

式中，ΔP_1、ΔP_2 为补偿前和补偿后的有功功率损耗；Q_1、Q_2 为补偿前和补偿后线路输送的无功功率；Q_C 为并联电容器的补偿容量。

2)降低线路和变压器中的电压损耗

线路和变压器中的电压损耗可表示为

$$\Delta U = \frac{PR + QX}{U} = \frac{PR}{U} + \frac{QX}{U} \tag{6-14}$$

在线路末端装设补偿容量为 Q_C 的并联电容后，线路上电压损耗减少的量为

$$\Delta U' - \Delta U_1 - \Delta U_2 = \frac{Q_C X}{U} \tag{6-15}$$

如果在变压器二次侧并联补偿容量为 Q_C 的并联电容，则变压器电压损耗减少的量为

$$\Delta U' = \Delta U_1 - \Delta U_2 = \frac{Q_C U \cdot U_s\%}{S_N} \tag{6-16}$$

式中，S_N 为变压器额定容量；$U_s\%$为变压器短路电压百分数。

3)提高线路和变压器的有功功率传输能力

线路和变压器的发热温度取决于通过它们的总电流。对于经并联电容器补偿后的线路和变压器，无功负荷传输量的减少使其发热情况得到改善，如果仍能达到原来的发热温度，则可提高有功功率的传输能力。

应当指出，并联补偿电容器虽然能提高线路及变压器的功率传输能力，但其能力的提高很有限，并且远没有串联补偿效果明显。因此，各级电压电网采用并联电容补偿的主要目的就是提高功率因数，降低网损和调压。

并联电容器的无功出力与供电电压平方成正比，当系统因电压降低而需要更多的无功出力时，电容器的无功出力反而降低，这是其主要缺点之一。并联电容器更为严重的缺点是其与谐波之间的如下相互影响，主要表现在以下两个方面：

(1)谐波电流叠加在电容器的基波电流上，使电容器电流有效值增大，温升增高，甚至导致电容器过热而损坏。谐波电压叠加在电容器基波电压上，不仅使电容器电压有效值增大，也可能使电压峰值增加，使电容器运行中发生的局部放电不能熄灭，导致电容器损坏。

(2)并联电容器对谐波产生放大效应，不仅危害电容器本身，而且危及电网中的其他电气设备，严重时会造成电气设备损坏，影响电网的正常运行。

2. 并联电抗器

并联电抗器通常用于吸收电网过剩的无功功率和远距离输电线的参数补偿，其补偿原理与并联电容器相似。在线路空载或轻载运行时，各线路的分布电容产生的无功功率将大于线路电抗消耗的无功功率，出现无功功率过剩的现象，使功率因数超前，进而导致线路末端的电压升高。在城市配电网中，架设有较多的电缆线路，其对地等值电纳消耗的无功功率较大，情况严重时将导致电网电压质量严重降低，危害电网及电气设备的绝缘性能。为解决无功功率过剩的情况，可以在适当的地点接入并联电抗器，就近吸收线路的无功功率，降低空载或轻载情况下线路的电容效应，改善线路电压分布情况，提高系统的稳定性和送电能力。同时，由于并联电抗器的接入，还可以较好地改善空载或轻载时线路中的无

功潮流分布，有利于减少无功功率的不合理流动，实现降低网损的目的。

常规并联电抗器具有相应速度慢、连续可控性差的缺点，不能很好地满足动态无功补偿的需要。

3. 静止无功补偿器

静止无功补偿器(static var compensator，SVC)可以有效地提高系统电压稳定性，抑制冲击负荷所造成的电压波动问题，被广泛地应用于现代电力系统负荷补偿和输电线路补偿。静止无功补偿器主要由晶闸管控制的电抗器和电容器组成。

传统的并联电容器补偿装置的阻抗是固定的，无法有效地跟踪负载无功需求的变化，与并联电容器相比，SVC 既可以输出无功无率，又能吸收无功功率，其所加的自动调节器，能根据电压的变化快速地自动改变无功补偿，从而将电压的变化控制在很小的范围内，体现了较好的调节性能。与同步调相机相比，SVC 没有旋转部件，其安装、运行和维护相对简单。同时，SVC 具有动态响应速度快、投入快，不需要附加启动设备的特点，并且在维持系统电压稳定性方面有较好的效果，具有很大的优越性。但其不足在于前期投资较大，且本身产生谐波电流，一般需要配套专门的电力滤波器。

4. 静止无功发生器

静止无功发生器(static var generator，SVG)或称为静止同步补偿器(static synchronous compensator，STATCOM)，指的是由自换相的电力半导体桥式变流器来进行动态无功补偿的装置。

SVG 的工作原理就是将自换相桥式电路通过电抗器或者直接并联在电网上，适当地调节桥式电路交流侧输出电压的相位和幅值，或者直接控制交流侧电流，就可以使该电路吸收或者发出满足要求的无功电流，实现动态无功补偿的目的。与传统的 SVC 装置相比，SVG 采用了门极可关断晶闸管(gate turn off thyristor，GTO)或绝缘栅双极晶体管(insulate gate bipolar transistor，IGBT)等全控型器件。通过 GTO 适当的通断操作，将电容上的直流电压转换为三相交流电压，再通过电抗器和变压器并联接入电网。适当控制逆变器的输出电压，即可灵活地改变 SVG 的运行状态，使其处于零负荷、容性或感性状态。同时，SVG 具有调节速度更快，运行范围宽等特点，而且通过采用多重化、多电平或 PWM 技术等措施，可大大减少补偿电流中的谐波含量。此外，SVG 使用的电抗器和电容元件较 SVC 要小，这将显著缩减装置的体积和成本。

从总无功功率补偿容量上看，并联电容器补偿仍然是现在国内外主要的无功功率补偿方式。而 SVC 无功功率补偿已经形成了成熟的技术方案，在输、配电系统中得到了很好地应用，它在提高电网稳定性以及改善配电系统的电能质量等方面发挥了重要作用，SVG 具有响应速度快、吸收无功功率连续、产生的高次谐波量小等优点，代表无功补偿技术的发展方向。

6.3.2 配电网无功补偿方式

配电网无功补偿主要有 4 种方式，分别为集中补偿、分散补偿、线路固定补偿和就地补偿。补偿方式示意图如图 6-4 所示。

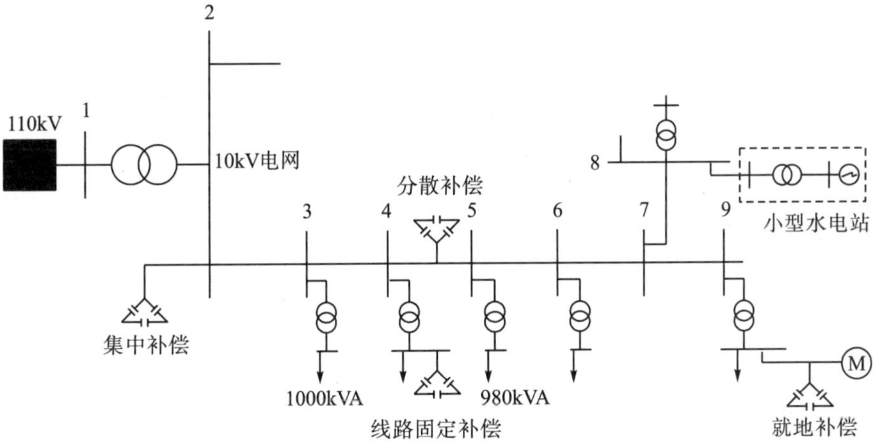

图 6-4　各补偿方式示意图

1. 集中补偿

集中补偿是将电容器配置在用户专用变电所或配电室的低压母线上，对无功功率进行统一补偿，主要用于改善电网功率因数。补偿装置一般集中于变电站 10 kV 母线上，适合于负荷集中、离变电站较近、无功功率补偿容量较大的场合。

集中补偿的优点在于：可以就地补偿变压器的无功功率，减少变压器的无功电流，增加变压器的输出容量；可以补偿变电所母线、变压器和线路的功率损耗，节约能源；能较好地同电容器组的自动投切装置配套，自动追踪无功功率变化而改变用户总的补偿容量，避免在总的补偿水平上产生过补偿或欠补偿，达到最优补偿的效果；有利于控制用户本身的无功潮流，避免受电力网电压变化或负荷变化而产生较大的电压波动；具有便于管理，维护、操作及集中控制的特点。

集中补偿方式也有一定的局限性，其只能对补偿点以上网络的无功损耗进行补偿，而不能减少用户内部通过配电线路向用户设备输送无功功率所造成的网损，所以必然影响其降损效果；在变压器空载或轻载运行时，集中补偿容易造成过补偿，致使无功功率向系统倒送，造成过电压，不利于系统稳定运行。因此，集中补偿方式一般配备电容器自动投切装置，以便及时投切补偿容量。

2. 分散补偿

分散补偿也称为分组补偿，是将电容器组按低压配电网的无功负荷分布分组配置在相应的母线上，或者直接与低压干线相连接，形成低压电网内部的多组分散补偿方式。

分散补偿对于负荷比较分散的电力用户，有利于对配电变压器所带的无功功率进行分区控制，实现无功负荷就地平衡，减少配电网络和配电网变压器中无功电流的损耗和电压降低；对于实行考核用电指标办法的用户，分散补偿有利于加强无功电力管理，提高功率因数，降低产品损耗和生产成本。分组电容器的投切随总负荷水平而变化，其利用率比单台补偿高，也比单台电动机补偿易于控制和管理。

分散补偿不如集中补偿管理方便其不足在于，如果配置的电容器无法分组，则补偿容量无法调整，运行中可能出现过补偿或欠补偿；分散补偿电容安装在线路上，易造成维护管理的不便，有许多电容器因为不能及时维护，易出现爆炸和鼓肚损坏的现象。

3. 线路固定补偿

大量配电变压器要消耗无功，很多公用变压器没有安装低压补偿装置，造成的很大无功缺额，需要变电站或发电厂承担。此外，大量的无功沿线传输使得配电网的网损居高不下，这种情况下可考虑配电线路固定补偿。

线路固定补偿即通过在线路杆塔上安装电容器实现无功补偿。由于线路补偿远离变电站，存在保护难配置、控制成本高、维护工作量大、受安装环境限制等问题，因此，线路固定补偿有以下几点需注意：线路补偿的补偿点不宜过多；一般不采用分组投切控制，控制方式应从简；避免出现过补偿现象，补偿容量不宜过大；保护以简单为原则，可采用熔断器和避雷器作为过电流和过电压保护。

线路固定补偿主要提供线路和公用变压器需要的无功，具有投资小、回收快、便于管理和维护等优点，适用于功率因数低、负荷重的长线路。线路补偿一般采用固定补偿，因此存在适应能力差和重载情况下补偿度不足等问题。

4. 就地补偿

就地补偿即将电容器直接安装在异步电动机或电感性用电设备附近，与用电设备的供电回路相并联，也称为单独补偿或个别补偿。这种方式既能提高用电设备供电回路的功率因数，又能改善线路的电压质量。

其优点在于就地补偿靠近负载，补偿效果明显。可以减少高压供电线路、变压器以及变压器向负载供电的线路损耗，充分发挥配电系统的供电潜力，有效减少线路末端电压的波动，改善负载电能质量；在确定供电设备的情况下，可以增加网络的供电容量，给更多的负载供电，减少供电设备的投资；安装就地无功补偿装置后，向负载供电的总电流减小，由此向负载供电线路的截面可相应地减小，设备开关的容量可以减低，从而降低用户在线路和开关设备上的投资。

就地补偿的不足在于：对年利用小时数较低的设备进行补偿时，利用率不高；与集中补偿和分散补偿相比补偿相同的无功负荷时，就地补偿所需的电容器总容量和补偿装置总数大量增加，投资较大，补偿装置利用率较低。

6.3.3 无功补偿容量的确定

要进行无功补偿装置的开发，首先需要确定无功补偿容量的大小。确定补偿容量的，目的是提高配电网的某种运行指标。下面介绍几种确定补偿容量的方法。

1)从提高功率因数需要来确定补偿容量

设电力网络最大负荷日的平均有功功率为 P_{av}，补偿前的功率因数为 $\cos\varphi_1$，补偿后的功率因数为 $\cos\varphi_2$，则补偿容量可用式(6-17)计算：

$$Q_C = P_{av}(\tan\varphi_1 - \tan\varphi_2) = P_{av}\left(\sqrt{\frac{1}{\cos^2\varphi_1} - 1} - \sqrt{\frac{1}{\cos^2\varphi_2} - 1}\right) \tag{6-17}$$

式中，Q_C 为所需补偿容量，单位为 kVar；P_{av}为最大负荷日平均有功功率，单位为 kW。

若要改变功率因数 $\cos\varphi_1$，使 $\cos\varphi_2 < \cos\varphi_1 < \cos\varphi_3$ 时，则补偿容量应满足：

$$P_{av}\left(\sqrt{\frac{1}{\cos^2\varphi_1}-1}-\sqrt{\frac{1}{\cos^2\varphi_2}-1}\right)\leqslant Q_C\leqslant P_{av}\left(\sqrt{\frac{1}{\cos^2\varphi_1}-1}-\sqrt{\frac{1}{\cos^2\varphi_3}-1}\right) \tag{6-18}$$

式中，$\cos\varphi_1$ 应采用最大负荷日平均功率因数，$\cos\varphi_2$ 的确定必须适当。通常，将功率因数从 0.9 提高到 1 所需的补偿容量，与将功率因数从 0.72 提高到 0.9 所需的补偿容量相当。在高功率因数下，功率因数曲线的上升率较小，提高功率因数所需的补偿容量将相应增加，因此，在高功率因数下进行补偿，其效益将显著下降。

2)从降低网损需要来确定补偿容量

网损是电力网经济运行的一项重要指标，在网络参数一定的条件下，网损与通过导线的电流的平方成正比。假设补偿前流过电力网的电流为 $\dot{I}_1$，其有功分量和无功分量分别为 $\dot{I}_{1p}$和 $\dot{I}_{1q}$，则

$$\dot{I}_1 = \dot{I}_{1p} - j\dot{I}_{1q} \tag{6-19}$$

若补偿后，流过网络的电流为 $\dot{I}_2$，其有功分量和无功分量分别为 $\dot{I}_{2p}$和 $\dot{I}_{2q}$，则

$$\dot{I}_2 = \dot{I}_{2p} - j\dot{I}_{2q} \tag{6-20}$$

然而，加上无功补偿器后，不会改变补偿前的有功分量，因此有

$$\dot{I}_{1p} = \dot{I}_{2p} \tag{6-21}$$

其关系相量图如图 6-5 所示。

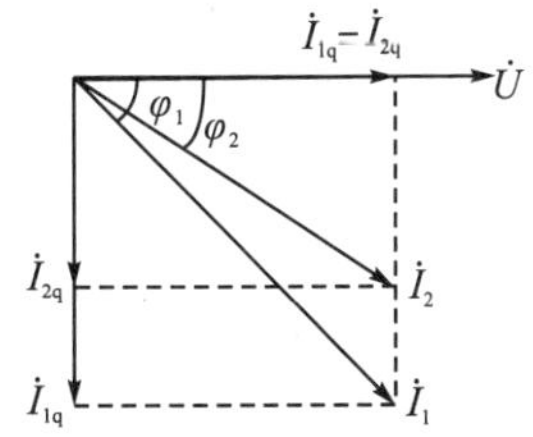

图 6-5　相量图

补偿前的线路损耗 ΔP_{L1} 为

$$\Delta P_{L1} = 3I_1{}^2R = 3\left(\frac{I_{1p}}{\cos\varphi_1}\right)^2 R \tag{6-22}$$

补偿后的线路损耗 ΔP_{L2} 为

$$\Delta P_{L2} = 3I_2{}^2R = 3\left(\frac{I_{2p}}{\cos\varphi_2}\right)^2 R \tag{6-23}$$

补偿后网损降低的百分值为

$$\Delta P_s(\%) = \frac{\Delta P_{L1}-\Delta P_{L2}}{\Delta P_{L1}}\times 100\% = \frac{3\left(\frac{I_{1p}}{\cos\varphi_1}\right)^2 R - 3\left(\frac{I_{2p}}{\cos\varphi_2}\right)^2 R}{3\left(\frac{I_{1p}}{\cos\varphi_1}\right)^2 R}\times 100\%$$

$$= \left[1-\left(\frac{\cos\varphi_1}{\cos\varphi_2}\right)^2\right]\times 100\% \tag{6-24}$$

而补偿容量 Q_C 为

$$Q_C = \sqrt{3}U(I_1\sin\varphi_1 - I_2\sin\varphi_2)$$

$$
\begin{aligned}
&= \sqrt{3}U\left(\frac{I_{1p}}{\cos\varphi_1}\sin\varphi_1 - \frac{I_{2p}}{\cos\varphi_2}\sin\varphi_2\right) \\
&= \sqrt{3}UI_{1p}(\tan\varphi_1 - \tan\varphi_2) \\
&= P(\tan\varphi_1 - \tan\varphi_2)
\end{aligned} \tag{6-25}
$$

式中，U 为线路电压；P 为补偿前线路的有功功率。

3)从提高运行电压需要来确定补偿容量

在配电线路的末端，特别是重负荷、细导线的线路，运行电压较低，电容补偿可以提高运行电压，但可能会因补偿电容过大而产生过电压，因此，需要考虑的重要问题是如何选择合适的补偿电容。此外，在网络电压正常的线路中装设补偿电容时，网络电压的抬升不能越限。为了满足这一约束条件，需要得到无功容量 Q 和网络电压增量 ΔU 之间的关系。

进行无功补偿前，网络电压可用下述表达式计算：

$$U_1 = U_2 + \frac{PR + QX}{U_2} \tag{6-26}$$

式中，U_1 为电源电压，U_2 为变电所母线电压。

进行无功补偿后，电源电压 U_1 不变，变电所母线电压 U_2 升到 U_2'，且满足：

$$U_1 = U_2' + \frac{PR + (Q - Q_C)X}{U_2'} \tag{6-27}$$

所以有

$$\Delta U = U_2' - U_2 = \frac{Q_C X}{U_2'},\quad Q_C = \frac{U_2' \Delta U}{X} \tag{6-28}$$

式中，U_2' 为投入电容后母线的电压值；X 为阻抗容性分量；ΔU 为投入电容后线电压的增量。

4)针对补偿方式确定补偿容量

针对前述不同的无功补偿方式，补偿电容器的容量确定方法如下：

(1)集中补偿和分散补偿电容器容量的确定。

针对这两种补偿方式，电容器接法不同时，每相电容器所需容量也不一样。

当电容器为星形连接时：

$$Q_C = \sqrt{3}UI_C \times 10^{-3} = \sqrt{3}U\frac{U/\sqrt{3}}{1/\omega C} \times 10^{-3} = \omega CU^2 \times 10^{-3} \tag{6-29}$$

因此，星形连接时，补偿电容器电容值为 $C_Y = \dfrac{Q_C \times 10^3}{\omega U^2}$。

当电容器为三角形连接时：

$$Q_C = \sqrt{3}UI_C \times 10^{-3} = \sqrt{3}U\frac{\sqrt{3}U}{1/\omega C} \times 10^{-3} = 3\omega CU^2 \times 10^{-3} \tag{6-30}$$

因此，三角连接时，补偿电容器电容值为 $C_\Delta = \dfrac{Q_C \times 10^3}{3\omega U^2}$。

式(6-29)和式(6-30)中，U 为装设地点电网线电压。

(2)就地补偿电容器容量的确定。单台异步电动机装有个别补偿电容器时，若电动机突然与电源断开，电容器将对电动机放电而产生自励磁现象。若补偿电容器容量过大，则可能因电动机惯性转动而产生过电压，导致电动机损坏。因而，不宜使电容器补偿容量过

大，应以电容器组在此时的放电电流不大于电动机空载电流 I_0 为限，即

$$Q_C = \sqrt{3} U_N I_0 \times 10^{-3} \tag{6-31}$$

可粗略采用下式进行估算：

$$Q_C = (1/4 \sim 1/2) P_N \tag{6-32}$$

若实际运行电压与电容器额定电压不一致，则电容器的实际补偿容量为

$$Q_{C1} = (U_\omega / U_{NC}) \times Q_{NC} \tag{6-33}$$

式中，U_N 为系统额定线电压；U_{NC}为电容器的额定电压；U_ω 为电容器的实际工作电压；P_N 为电动机额定功率；Q_{NC}为电容器的额定补偿容量。

6.4　配电网无功优化

6.4.1　配电网电容器优化装置

配电网电容器优化配置主要是在保证配电网安全、可靠运行等约束条件的前提下，确定如何在规划过程中选择合适的电容器安装位置、类型和容量。它是保证配电网安全、经济运行的一种有效手段，是降低系统有功损耗、提高电网电能质量的重要措施，也是指导调度运行人员和进行电网无功规划不可缺少的有力工具。

进行配电网电容器优化，对于节约电能、减少投资、提高设备使用率、改善电压质量、提高电网运行的稳定性、经济性具有重要的现实意义和显著的经济效益。随着配电网负荷日益增大，对配电网进行无功优化补偿，实现配电网的无功电压最优控制、无功资源的最优配置更是势在必行。

在配电网无功优化配置中，通常考虑以下多方面因素作为目标函数。

(1)保证最优电能质量，使电压与要求值相差最小。

(2)系统有功网损最小。

(3)无功补偿设备投资最小。

(4)变压器分接头和无功补偿装置动作次数最少。

配电网无功优化配置通常要考虑的约束条件主要包括：潮流等式约束、功率平衡约束、节点电压上下限约束、发电机机端电压约束和无功补偿容量约束等。

6.4.2　配电网无功补偿优化投切的数学模型

配电网无功优化的目的是在保持合格电压水平的条件下，通过调整无功潮流的分布来降低有功功率网损。在配电网中，调整无功潮流分布最常用的方法是安装并联电容器和调整有载调压变压器的分接头，而要实现这一目标需要进行必要的投资。因此，配电网无功优化问题的模型不仅要考虑技术指标，还要考虑经济性。

1. 目标函数

(1)系统有功网损最小。

$$\min P_{\text{loss}} = \sum_{i=1}^{n} \frac{P_i^2 + Q_i^2}{U_i^2} R_i \tag{6-34}$$

式中，P_{loss}为系统有功网损，n 为系统支路总数，P_i、Q_i、R_i 和U_i 分别为对应支路 i 的有功功率、无功功率、电阻和始端节点电压。

(2)系统能量损耗和投资费用综合最小。

$$\min F = C_e \sum_{i=1}^{t_c} \tau_{\max} P_{\text{loss}} + \sum_{k=1}^{n} C_k(Q_C) \tag{6-35}$$

式中，C_e 为系统电价；t_c 为不同负荷数；$\tau_{\max}$为最大负荷小时数；$C_k(Q_C)$为第 k 台电容器的总投资费用，包括电容器投资费用、维修费用等。

2. 约束条件

无功优化的控制变量包括发电机的机端电压、补偿点的补偿量和可调变压器变比等；状态变量包括发电机无功出力和各节点电压值。

各变量的约束条件包括等式约束和不等式约束。

(1)等式约束方程。

$$\begin{cases} P_i = U_i \sum_{j=1}^{N} U_j (G_{ij}\cos\delta_{ij} + B_{ij}\sin\delta_{ij}) \\ Q_i = U_i \sum_{j=1}^{N} U_j (G_{ij}\sin\delta_{ij} - B_{ij}\cos\delta_{ij}) \end{cases} \tag{6-36}$$

式中，P_i、Q_i、U_i 分别为节点 i 处注入的有功功率、无功功率和节点电压；G_{ij}、B_{ij} 和δ_{ij}分别为节点 i、j 之间电导、电纳和相角差；N 为节点总数。

(2)不等式约束方程。

控制变量的不等式约束如下：

$$\begin{cases} T_{i\min} < T_i < T_{i\max} \\ C_{i\min} < C_i < C_{i\max} \\ V_{g\min} < V_g < V_{g\max} \end{cases} \tag{6-37}$$

式中，T_i 为可调变压器变比，$T_{i\max}$、$T_{i\min}$为其上下限值；C_i 为节点 i 的补偿量，$C_{i\max}$、$C_{i\min}$为其上下限值；V_g 为发电机节点的电压值，$V_{g\max}$、$V_{g\min}$为其上下限值。

状态变量不等式约束如下：

$$\begin{cases} U_{i\min} < U_i < U_{i\max} \\ Q_{g\min} < Q_g < Q_{g\max} \end{cases} \tag{6-38}$$

式中，U_i 为节点电压，$U_{i\max}$、$U_{i\min}$为其上下限值；Q_g 为发电机节点的无功出力，$Q_{g\max}$、$Q_{g\min}$为其上下限值。

6.4.3 配电网无功优化算法

配电网无功优化问题是一个动态、多目标、多约束、不确定性的非线性混合整数规划问题。其控制变量既有连续变量(如节点电压、发电机的无功出力)，又有离散变量(如变压器分接头位置、补偿电抗器和电容器的投切容量)，因此优化过程十分复杂，难以单纯地从数学优化问题的角度求解。

随着人工智能技术的不断发展，一些新的理论和方法不断应用到配电网无功优化中。目前，国内外学者提出了多种方法来解决该问题，大致可分两类：一类是传统的数学优化法，如线性规划法、非线性规划法、混合整数规划法和动态规划法等，传统优化方法可以更多地考虑模型中各变量之间的关系，能够从全局上分析问题，原理上更为严格，但变量数多，约束条件复杂，求解效率不理想，难以找到最优解；另一类是人工智能优化算法，包括专家系统方法、遗传算法、模拟退火算法、粒子群算法、蚁群算法、禁忌搜索算法等，具有更好的全局搜索能力，一定程度上弥补了传统优化方法的不足。

下面以遗传算法为例简单介绍配电网无功优化问题的求解过程。

遗传算法(genetic algorithm，GA)是通过模拟生物进化过程中产生的繁殖、变异、竞争和选择的现象，基于群体遗传机理和自然选择的一种搜索算法，利用简单的编码技术和自然选择原理来表现复杂的现象，用于解决困难的优化问题。基于遗传算法的配电网无功优化计算流程如图 6-6 所示。

使用遗传算法解决配电网无功优化问题，大体上可以分为：染色体编码、个体适应度函数评价与选择、遗传操作(选择、交叉和变异)，具体步骤如下。

1)染色体编码

在整个遗传进化过程中，遗传操作均针对染色体进行，它反映了待解决问题的特征，其编码情况将直接影响到整个算法的操作和运算速度。常用的编码方法有二进制编码和实数编码(即十进制编码)。

对于无功优化问题，其控制变量既包括连续型变量，如发电机节点电压；又包括离散型变量，如补偿节点的补偿量、可调变压器分接头档位。将以离散调节的补偿电容器组数和变压器分接头为控制变量的组合作为染色体的编码，每一个染色体代表一个个体，表示优化问题的解，即 $X=[T_{P1}, T_{P2}, \cdots, T_{Pm} \mid S_{C1}, S_{C2}, \cdots, S_{Cn}]$。其中，$T_{Pi}$ 为第 i 个可调变压器分接头位置；S_{Ci} 为第 i 个补偿电容器位置；m 为可调变压器分接头的个数；n 补偿电容器安装的个数。

2)个体适应度函数的评价与选择

将配电网无功优化数学模型的目标函数(如网损、投资费用等)作为计算的适应度函数。值得注意的是，不恰当的适应度函数容易造成个别个体的适应度值异常，影响求取全局最优解的能力，针对这种情况，可引入适应度函数定标技术，通过采用更加适用于优化问题的适应度函数来加快最优化问题求解的收敛速度和保证求解全局最优值时搜索过程能够跳出局部最优值。

3)遗传操作

遗传算法选择、交叉和变异的操作是其具备强大搜索能力的核心，是模拟自然选择及遗传过程发生的繁殖、杂交和突变现象的主要载体。

(1)选择。

在生物的遗传和自然进化过程中，优胜劣汰的操作建立在对个体适应度进行评价的基础上，其主要目的是避免基因缺失、提高全局收敛性和计算效率。

(2)交叉。

交叉操作是进化算法中遗传算法具备的原始性独有特征。它模仿自然界有性繁殖的基因重组方案，是将两个已配对的个体按照指定的方式交换其中的部分基因而形成两个新个体，交叉操作的最终目的是在下一代群体中产生新个体，因此它也称为保证在遗传算法中能够获得新优良个体的重要方法。

(3)变异。

变异操作通过模拟自然界生物进化中染色体上某位基因发生突变现象，从而改变染色体的结构和物理性状。这个过程维持了群体的多样性，以很小的变异概率，随机改变某些个体的部分基因值，决定了遗传算法的局部搜索能力。

在求解优化问题时，遗传算法从初始化的群体出发，以适应度函数为依据，通过对个体不断地进行交叉、变异等遗传操作，实现个体之间的信息交换和结构重组，使群体品质不断提高并逐渐逼近全局最优解。目前，针对遗传算法存在的一些不足，国内外学者也不断提出了各种改进算法，如改进小生境遗传算法、自适应变异的遗传算法、混沌遗传算法等。

4)搜索终止条件

搜索终止条件包括：遗传算法最优个体适应度达到精度要求，或者达到最优解连续不变最大代数，或者达到遗传操作的最大迭代次数。

基于遗传算法的配电网无功优化计算流程如图 6-6 所示。

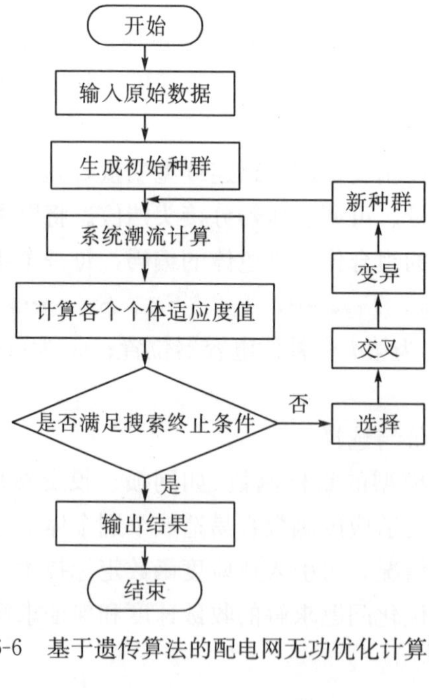

图 6-6　基于遗传算法的配电网无功优化计算流程

6.5　小　　结

配电网无功优化是降低配电系统网损、提高电能质量、保证电网安全经济运行的一种有效手段。本章主要介绍了配电网无功优化的基本原理。首先，介绍了配电网无功优化的基本概念，简单分析了配电网无功优化与系统电压、功率之间的关系，明确了适当的无功补偿对于降低线路网损和电压损耗有直接的作用，详细介绍了配电网无功补偿装置，包括并联电容器、并联电抗器、静止无功补偿器和新型无功功率补偿装置等，并对其各自的优缺点进行了对比。其次，对常见的无功补偿方式、无功补偿容量的确定原理进行了简单的介绍。最后，介绍了配电网无功优化的基本要求、目标函数、约束条件及相应的优化求解算法。

6.6 习　题

习题 1. 简述配电网无功优化的基本原理。

习题 2. 简述配电网无功与系统电压、功率之间的关系。

习题 3. 常见的配电网无功补偿装置有哪些？简单介绍其优缺点。

习题 4. 设某配电线路末端负荷为 700kW，功率因素为 0.75，要求将其功率因数提高到 0.95，则需要的无功补偿容量为多少？

主要参考文献

崔挺，等. 2011. 基于改进小生境遗传算法的电力系统无功优化 [J]. 中国电机工程学报，31(19)：43-48.

范群芳. 2007. 基于电容器最优投切阈值的静止无功补偿装置 [D]. 天津：天津大学.

王守相，王成山. 2007. 现代配电系统分析 [M]. 北京：高等教育出版社.

王兆安，杨君，刘进军. 1998. 谐波抑制和无功功率补偿 [M]. 北京：机械工业出版社.

向铁元，等. 2005. 小生境遗传算法在无功优化中的应用研究 [J]. 中国电机工程学报，25(17)：48-51.

余健明，杜刚，姚李孝. 2002. 结合灵敏度分析的遗传算法应用于配电网无功补偿优化规划 [J]. 电网技术，26(7)：46-47.

苑舜，韩水. 2003. 配电网无功优化及无功补偿装置 [M]. 北京：中国电力出版社.

张鸿凯. 2008. 基于粒子群算法的配电网无功补偿优化 [D]. 天津：天津大学.

赵昆，耿光飞. 2011. 基于改进遗传算法的配电网无功优化 [J]. 电力系统保护与控制，39(5)：57-62.

Chiang H D，et al. 1990. Optimal capacitor placements in distribution systems：part 1：a new formulation and the overall problem [J]. IEEE Transactions on Power Delivery，5(2)：634-642.

Chiang H D，et al. 1990. Optimal capacitor placements in distribution systems：part 2：solution algorithms and numerical results [J]. IEEE Transactions on Power Delivery，5(2)：643-649.

Ghosh S，Das D. 1999. Method for load flow solution of radial distribution networks [J]. IEEE Proceedings Generation，Transmission，and Distribution，146(6)：641-648.

第 7 章　配电网电能质量

7.1　概　　述

电能既是一种经济实用、清洁方便并且容易传输、控制和转换的能源形式，又是一种由电厂发电、电力部门向电力用户提供，并由发、供、用三方共同保证质量的特殊产品。因此，其作为走进市场的商品，与其他商品一样，应讲求质量。本章首先从电能质量的概念、定义及分类入手，其次介绍配电网电能质量监测的作用与方式以及在线监测系统的构建，然后介绍配电网电能质量中较为突出的谐波源、闪变源和电压暂降源的定位方法，最后简单介绍配电网电能质量的治理技术。通过本章的介绍使读者对现代配电网电能质量问题有一个整体的认识。

7.2　电能质量简介

7.2.1　电能质量的概念、定义及分类

在现代电力系统中，电能质量这一技术名词涵盖着多种电磁干扰现象。但是由于工业领域的各个行业对电能质量认识上的不同和使用名词上的不统一，长期以来人们在所提出的专业名词的含义上很不准确，作用也很不规范，严重地影响了电能质量工作的开展。直到国际电气电子工程师协会标准化协调委员会正式通过采用“Power Quality”这一专业术语的决定，才使人们采用统一的专用名词精炼地描述诸多电能质量现象和问题，并在不断提高对电能质量认识和广泛交流的基础上，对电能质量的技术术语进行不断的完善。

什么是电能质量? 迄今为止，对电能质量的技术含义由于看待问题的角度不同而存在着不同的认识。从普遍意义上讲，电能质量是指优质供电，包括电压质量、电流质量、供电质量和用电质量。IEC 标准对电能质量的定义为：电能质量是指导致用户设备故障或不能正常工作的电压、电流或频率偏差。IEEE 标准对电能质量的定义为：合格的电能质量是指给敏感设备提供电力和设置的接地系统均适合于该设备正常工作。但实际上不同的厂家和不同的设备对电源的特性要求可能相差甚远。

一种普遍接受和采用的技术名词和定义方法是：从工程实用角度出发，将电能质量的概念进一步具体分解并给出解释。具体内容如下：

(1)电压质量。给出实际电压与理想电压间的偏差(理解为广义的偏差，即包含幅值、波形、相位等)，以反映供电部门向用户分配的电能是否合格。此定义虽然能包含大多数电能质量问题，但不能将频率造成的电能质量问题包含在内，同时不含电流对质量的

影响。

(2)电流质量。电流质量与电压质量密切相关。为了提高电能的传输效率，除了要求用户汲取的电流是单一频率正弦波形外，还应尽量保持该电流波形与供电电压同相位。

(3)供电质量。它包括技术含义和非技术含义两部分。技术含义有电压质量和供电可靠性；非技术含义是指服务质量，它包括供电部门对用户投诉与抱怨的反应速度和电力价格的透明度等。

(4)用电质量。包括电流质量和非技术含义等，如用户是否按时、如数缴纳电费等。

对电能质量现象可以根据不同基础来进行分类。近几年国际上在电能质量现象分类和特性描述等方面取得了一定的研究成果。其中，在国际电工界有影响的 IEC 以电磁现象及相互干扰的途径和频率特性为基础，引出了广义的电磁扰动的基本现象分类。其中最为常见的是根据传导型低频现象将其分为：谐波、间谐波、信号系统、电压波动、电压暂降和中断、电压不平衡、工频变化、感应低频电压和交流电网中的直流成分。

对电能质量现象还可按照变化的连续性和事件的突发性分为两类。所谓变化型是指连续出现的电能质量扰动现象，表现为电压或电流的幅值、频率、相位差等在时间轴上的任一时刻总是在发生着小的变化。这一类现象包括：电压幅值变化、频率变化、电压与电流间相位变化、电压不平衡、电压波动等。而所谓事件型是指突然发生的电能质量扰动现象，表现为电压或电流短时严重偏离其额定值或理想波形。这一类现象包括电压暂降和电压短时间中断、欠电压、瞬态过电压等。

迄今为止，对电能质量的分类仍存在着由于定义不同引起的类别区分界线不清晰和由于分类方法不同产生的技术名词不统一等问题。对电能质量现象科学、完整的分类，仍是未来电能质量标准化尚待深入研究的重要内容。

7.2.2　电能质量现象描述

本节将详细给出谐波、闪变、电压暂降这三个电能质量现象的具体描述。

1. 谐波

从狭义上讲，谐波是指电流中所含有的频率为基波的整数倍的电量。一般是指对周期性的非正弦电量进行傅里叶级数分解，其余大于基波频率的电流产生的电量。由于交流电网有效分量为工频单一频率，因此从广义上讲任何与工频频率不同的成分都可以称为谐波。通常把含有工频整数倍频率的电压或电流定义为谐波。谐波是由于正弦电压加压于非线性负载基波电流发生畸变而产生的，因此，可以把畸变波形分解成基频分量与谐波分量的总和。畸变水平通常用具有各次谐波分量幅值和相角的频谱表示，在实际应用中，也可用某一特定的参数来描述，如总谐波畸变率(total harmonic distortion，THD)。总谐波畸变率是评价配电网中谐波含量的主要指标，定义为各次谐波分量总有效值与基波分量有效值之比，如式 7-1 所示：

$$THD_U = \frac{\sqrt{\sum_{h=2}^{M} {U_h}^2}}{U_1} \times 100\% \quad h = 1,2,\cdots,m \tag{7-1}$$

式中，THD_U 为电压总谐波畸变率；U_h 为各次谐波均方根值；U_1 为基波均方根值；M 为所考虑的谐波最高次数，由波形的畸变程度和分析的标准度要求来决定，通常取 $M \leqslant 50$。

谐波对系统的危害很大，主要表现在以下几个方面。

1)对供配电和用电设备的危害

(1)对供配电线路、变压器的影响：由于集肤效应和邻近效应的存在，使供配输电线路、变压器等因产生附加损耗而过热。

(2)对电动机的影响：谐波电流在旋转电动机绕组中流通，使电动机产生附加功率损耗而过热，产生脉动转矩和噪声。

(3)对电容器的影响：引起无功补偿电容器组谐振和谐波电流放大，导致电容器组因过负荷或过电压而损坏。

2)对周边设备的危害

(1)对继电保护和自动装置的影响：对继电保护和自动控制装置产生干扰，造成误动或拒动，影响继电保护和自动装置的工作可靠性。

(2)对通信系统的影响：对通信系统的工作产生干扰，威胁通信设备和人员的安全。

(3)对弱电设备的影响：谐波会使计算机的图形发生畸变，使画面亮度发生波动变化，并使机内的元件过热造成计算机及数据处理系统出现错误，损害机器。

(4)对电力测量的影响：使计量仪表特别是感应式电能表产生计量误差。

谐波畸变波形图如图 7-1 所示。

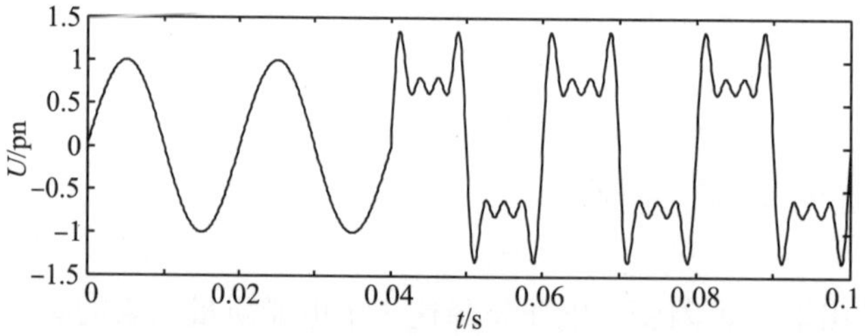

图 7-1　谐波畸变波形图

2. 闪变

负荷电流的大小呈现快速变化时，可能引起电压的变动，简称闪变。从严格的技术角度讲，闪变是指周期性电压急剧变化引起电光源光通量急剧波动而造成人眼视觉不舒适的现象，它不属于电磁现象，是电压波动对某些用电负荷造成的有害结果。

电压波动是指电压均方根值一系列相对快速变动或连续改变的现象，其变化周期大于工频周期。为了区别电压波动与电压偏差，规定电压变化率大于每秒 0.2%时为电压波动，否则视为电压偏差。通常在技术标准中常把电压波动与闪变合为一体来讨论。电压波动是用电压方均根值大小来定义的，并且用其相对值的百分数表示。

描述电压均方根值变化特性的参数通常电压变动频度、有相对电压波动值和相对最大电压变动值电压波动波形图，如图 7-2 所示。

电压变动频度是指单位时间内电压变动的次数。规定电压由大到小或由小到大的变化各算一次变动。

相对电压波动值用电压在急剧变化过程中相继出现的电压最大值U_{max}与最小值U_{min}之差与系统额定电压的相对百分比来表示：

$$d = \frac{U_{max} - U_{min}}{U_N} \times 100\% \tag{7-2}$$

式中，U_{max}、U_{min}分别为工频电压调幅波的相邻两个极值电压的均方根值；U_N 为系统额定电压。

通常可通过人眼对电压波动引起的灯光闪烁敏感度来测量闪变强度。如果电压波动频率在 6～8 Hz，波动方均根值为 0.3%时就可能感知灯光的闪烁现象。

电压波动的危害主要有：

①急剧的电压波动会引起同步电动机的震动，影响电动机的寿命以及产品的质量、产量；

②造成电子设备、测量仪器仪表无法准确、正常地工作；

③引起人的视觉不适，导致疲劳，影响工作效率。

电压波动引起的闪变如果超过限度值会使照明负荷无法正常工作，损害工作人员身体健康，容易疲劳，影响工作效率。

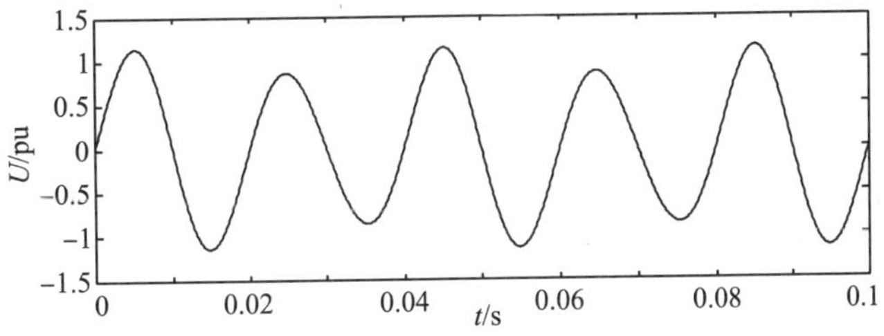

图 7-2　电压波动波形图

3. 电压暂降

按照 IEEE 的定义，电压暂降是指工频条件下电压均方根值减小为 0.1～0.9 倍额定电压、持续时间为 10 ms 至 1 min 的短时间电压变动现象。电压暂降的幅值、持续时间与相位跳变是标称电压暂降的最重要的三个特征量。

多数情况下，电压暂降是与系统故障相联系的，一般是由电网、变电设施的故障或负荷突然出现大的变化(如大功率设备启动等)引起的。对于配电网的调速电机，当电压低于 70%，持续时间超过 6 个周波时，电机将被迫切除。对于一些精细加工中的电机，当电压低于 90%，持续时间超过 3 个周波时，电机就会被强迫退出运行。对于日常工作和家庭中的计算机，当电压低于 60%，持续时间超过几个周波时，计算机工作将受到影响导致数据丢失等。

迄今为止，关于电压暂降的持续时间仍然没有明确的规定。从概念上来讲，电压暂降持续时间小于 1/2 个周期时，不能用基波方均根值的变动来描述，将这类事件看成瞬变现象。同样按照变化持续时间可以把暂降再细分为三类：瞬时、暂时和短时。

此外与电压暂降同一类型的电能质量现象还包括电压中断和电压暂升。

当供电电压降低到 0.1 pu 以下，并且持续时间不超过 1 min 时，认为出现了电压中断现象。造成电压中断的原因可能是系统故障、用电设备故障或控制失灵等。通常是以其幅值总是低于额定值百分数的持续时间来量度的。而电压暂升是指在工频条件下，电压方均根值上升到1.1～1.8 pu、持续时间为10 ms到1 min的电压变动现象。与电压暂降的起因一样，暂升现象是与系统故障相联系的，通常可以利用电压暂升的幅度大小和持续时间来表征。

电压暂降、电压中断和电压暂升的波形图如图7-3所示。

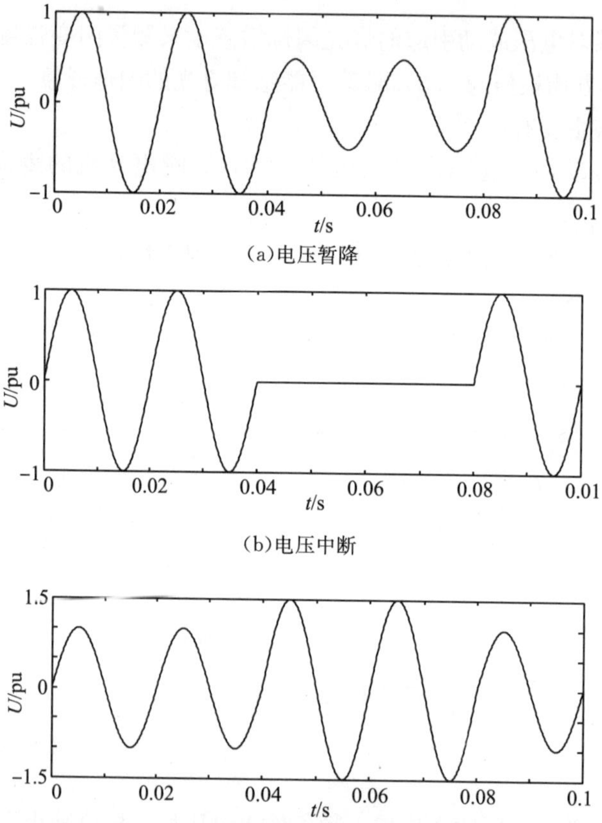

(a)电压暂降

(b)电压中断

(c)电压暂升

图7-3　电压暂降、中断和暂升波形图

近年来，电压暂降和中断已被国内外不少专家列为当前最重要的暂态电能质量问题之一。对于电力系统的很多故障，在故障期间相邻线路上都将发生不同程度的电压暂降。因此电压暂降发生的次数远比电压中断发生的次数多。对某一用户来说，一次电压暂降带来的危害可能不如一次中断带来的危害大，但由于暂降发生次数较为频繁，所以从总体上来看，暂降所带来的损失是巨大的。例如，一些对电压暂降敏感的设备在端电压低于90%额定值且持续时间在1～2个周期时就会掉电，将导致过程控制和生产流程紊乱、系统无法控制重启动等，使机电设备不能正常工作，造成严重的经济损失。

7.2.3　电能质量标准

电能质量标准是保证电网安全经济运行、保护电气环境、保障电力用户正常使用电能的基本技术规范，是实施电能质量监督管理，推广电能质量控制技术，维护供用电双方合法权益的法律依据。各国制定的电能质量标准正向权威专业委员会推荐标准(如 IEC 的 EMC−61000 系列标准和 IEEE 的 Std−标准)靠拢。在参考上述两项国际标准的基础上，我国国家技术监督局制定并颁布了如下 6 项电能质量国家标准，分别为：

(1)电能质量供电电压偏差(GB/T 12325)。

(2)电能质量电力系统频率偏差(GB/T 15945)。

(3)电能质量三相电压不平衡度(GB/T 15543)。

(4)电能质量电压波动和闪变(GB/T 12326)。

(5)电能质量公用电网谐波(GB/T 14549)。

(6)电能质量暂时过电压和瞬态过电压(GB/T 18481)。

但是我国的电能质量标准体系还不够完善，西方发达国家如美国、加拿大等国，对电能质量的研究、分析和监测范围已远远超过我国的电能质量的标准。例如，加拿大的电能质量指标有 25 个，美国的电能质量监测已经扩展到用户端等。概括起来，西方发达国家的电能质量监测不仅包括了我国的全部指标而且包括了暂态过程、长持续时间，短持续时间等电能质量指标，我国电能质量监控技术还有很大的研究和发展空间。

本章重点阐述电压波动和闪变以及公用电网谐波两个电能质量标准，具体标准摘要如表 7-1 所示。

表 7-1　电能质量国家标准摘要

<table>
<tr><th>标准名称</th><th colspan="4">允许限制</th></tr>
<tr><td rowspan="8">GB/T 12326 电压波动和闪变</td><td colspan="4">电压波动限值</td></tr>
<tr><td colspan="2" rowspan="2">r (h⁻¹)</td><td colspan="2">d%</td></tr>
<tr><td>LV/MV</td><td>HV</td></tr>
<tr><td colspan="2">r≤1</td><td>4</td><td>3</td></tr>
<tr><td colspan="2">1<r≤10</td><td>3</td><td>2.5</td></tr>
<tr><td colspan="2">10<r≤100</td><td>2</td><td>1.5</td></tr>
<tr><td colspan="2">100<r≤1000</td><td>1.25</td><td>1</td></tr>
<tr><td colspan="4">说明：
1.很少的变动频度 r(每日少于 1 次)，电压变动限值 d 还可放宽，但不在本标准中规定
2.对于随机性不规则的电压波动，其限值为 d=3%(LV/MV)，d=2. 5%(HV)；
3.公共连接点额定电压等级划分为：(1)低压 LV：U_N≤1 kV
(2)中压 MV：1 kV<U_N≤35 kV
(3)高压 HV：35 kV<U_N≤220 kV</td></tr>
<tr><td rowspan="4">GB/T 12326 电压波动和闪变</td><td colspan="4">闪变限制</td></tr>
<tr><td colspan="2">系统电压等级</td><td>≤110 kV</td><td>>110 kV</td></tr>
<tr><td colspan="2">Ph</td><td>1.0</td><td>0.8</td></tr>
<tr><td colspan="4">1.本标准的基本记录周期为 2 h，持续监测周期为一周(168 h)
2.衡量点为公共连接点 PCC</td></tr>
<tr><td rowspan="8">GB/T 14549 公用电网谐波</td><td colspan="4">公用电网谐波电压(相电压)限值</td></tr>
<tr><td rowspan="2">电网标准称电压/kV</td><td rowspan="2">电压总谐波畸变率/%</td><td colspan="2">各次谐波电压含有率/%</td></tr>
<tr><td>奇次</td><td>偶次</td></tr>
<tr><td>0.38</td><td>5.0</td><td>4.0</td><td>2.0</td></tr>
<tr><td>6.10</td><td>4.0</td><td>3.2</td><td>1.6</td></tr>
<tr><td>35.66</td><td>3.0</td><td>2.4</td><td>1.2</td></tr>
<tr><td>110</td><td>2.0</td><td>1.6</td><td>0.8</td></tr>
<tr><td colspan="4">说明：谐波电压测量应选择电网正常供电时可能出现的最小运行方式</td></tr>
</table>

7.3 配电网电能质量监测

在配电网电能质量分析中，要对电能质量进行监测、定位之后，才能有针对性地进行治理。本节将重点讲述配电网电能质量监测，包括电能质量监测的作用与方式、电能质量测量和电能质量在线监测系统的构建。

7.3.1 电能质量监测的作用与方式

关键的生产过程负荷受到电磁扰动会对设备和运行过程造成不良影响，包括故障误动、损坏、过程中断或其他异常现象，进而导致严重的经济损失。电能质量监测有助于识别电能质量问题，将生产过程中的损失降到最低，提高生产力。

电能质量监测的作用具体如下。

(1)对各种电能质量指标进行实时更新测量与数据采集，保证对电力系统基本运行工况的观察、记录和动态分析，确保设备技术性能，便于提出预防性(计划)维修和预测维修计划。

(2)针对各质量指标的具体特征对电能质量问题进行分层检测，完成对多种扰动信息的识别、提取和分析，并具有事故诊断能力。为制定改善电能质量和治理电网污染的具体措施提供可信的依据。

(3)完整了解电网安全、稳定、优质运行的技术经济条件，对电能质量各项指标进行综合评价。优化整个系统的监测体系，实现数据共享与交流。

目前电能质量监测主要存在以下几种方式。

(1)连续监测：对重要变电站的公共供电点的电能质量实行连续监测，监测的主要技术指标有：供电频率、电压偏差、三相电压不平衡度、负序电流、有功功率、电网谐波、功率因数。连续监测任务主要由安装在变电站内的电能质量监测仪完成，便于当电压偏差、三相电压不平衡、电网谐波等指标越限时，发出报警或控制指令。

(2)定时巡回检测：主要适用于需要掌握供电电能质量而不需要连续检测或不具备连续检测条件而采用的检测方式。主要用于居民、商业和小工厂供电系统公共供电点的供电质量检测。根据重要程度，一般一个月或一季度检测一次即可，巡回检测任务主要由便携式电能质量分析仪或手持式谐波分析仪完成。例如电压波动和闪变指标是不需要在线连续监测的，一般半年或一年检测一次即可。其测量可由闪变仪或便携式电能质量分析仪完成。

(3)专项检测：主要适用于干扰源设备接入电网或容量变化前后的检测方式，用以确定电网电能质量指标的背景状况和干扰发生的实际量或验证技术措施效果。此项任务一般由便携式仪器即时检测选定点的电压、电流变化，掌握电压偏差、谐波、闪变和电压不平衡等稳态电能质量水平。

电能质量的监测和检测点可根据情况选择变电站、用户接入点以及有问题的负荷侧。具体设置应综合考虑下列因素。

(1)应覆盖主网及全部供电电压等级，并在电力网内(地域和线路首末)呈均匀分布。

(2)满足电能质量指标调整与控制的要求。

(3)满足特殊用户和订有电能质量指标条款合同的用户的要求。并应按照有关国家标准、导则结合本电网实际而确定。

7.3.2　电能质量监测的测量

对电网电能质量状况进行测量，可以量化系统电能质量性能水平，提供广泛意义上的供电可靠性报告，发现并鉴别电能质量问题的类别，确定系统优先投资顺序，检验电力调整设备的性能以及提供信息服务。对不同类型的电能质量问题应采取不同的测量对策，如表 7-2 所示。

表 7-2　不同类型电能质量问题的测量对策

类型	测试与控制	分析与展示
谐波水平	电压与电流；三相(对于平衡的感性负荷可用单相代替)；波形取样；周期可设置，同步取样	趋势；波形/频谱
长期电压波动	三相电压；电压真有效值(RMS)取样；周期可设置	趋势；大小与持续时间的划分
短期电压波动、断电	三相电压；RMS 取样；定值可配置；一个周期 RMS 解决方法	大小与持续时间的划分
低频暂态(开关)	三相电压和电流；波形取样；频率响应 5kHz；定值可配置	波形图显示；事件发生前和恢复后的情况
高频暂态(雷电)	三相电压和电流；频率响应 1MHz；脉冲峰值和宽厚的检测；定值可配置	波形图显示；扰动脉冲在工频信号中的位置

电能质量的测量链如图 7-4 所示。测量传感器是用来使电气输入信号适应测量单元的，例如，降低电压、隔离输入电路或在一段距离上传输信号；测量单元实现了输入信号的测量，并给评估单元提供测量结果数据；评估单元是对数据进行数学分析，例如，谐波或间谐波的快速傅里叶变换分析；最终将结果显示在结果显示单元中。

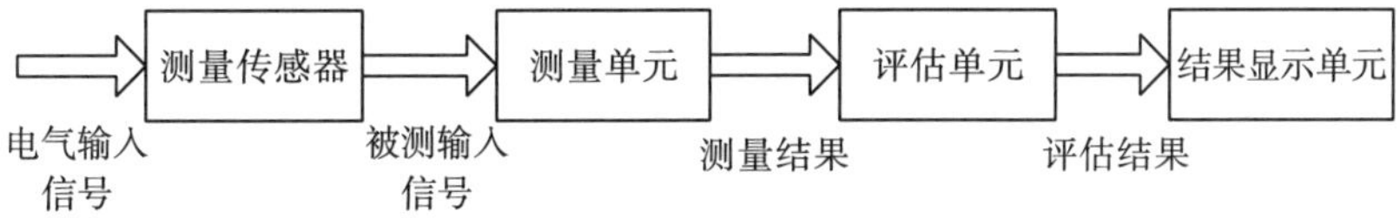

图 7-4　测量链

在电能质量的测量中，通常采用方均根值测量算法合理地获取数据。

根据某一规定时间段的采样值计算出方均根值，来表征供电电压或电流的大小。例如，为了测量电压暂降和暂升，在每个测量通道中要计算 $U_{\mathrm{rms}(1/2)}$(一个周期内测得的电压方均根值且每半周期更新一次的结果)，在一个周期窗口内其计算公式如下：

$$U_{\mathrm{rms}(1/2)}=\sqrt{\frac{1}{N}\sum_{i=1+(k-1)\frac{N}{2}}^{(k+1)\frac{N}{2}}u^{2}(i)}\quad(k=1,2,3,\cdots)\tag{7-3}$$

式中，N 为每个周期的样本数；$u(i)$为被记录(被采样)的电压波形。

需要说明的是：第一个值是在一个周期内(从样本 1 到样本 N)获得的，下一个值是从样本$\frac{1}{2}N+1$到样本$\frac{1}{2}N+N$，其他依次计算。

7.3.3 电能质量在线监测系统的构建

随着用户对电能质量要求的日益提高，现有电能质量监测系统已远远不能满足实际需求。因此，随着电力部门对用户承诺制的实行，除了具有单一功能终端监测设备外，还会出现一种抗干扰性强、功能齐全、读取方便、接口灵活的电能质量在线监测系统，可以及时测量监测点电能参数，并通过分析精确掌握运行情况，合理配置负荷，为电网安全提供可靠的保障。

电能质量监测和分析是一个复杂的系统工程，它涉及到电力系统、自动控制、现代通信等多个方面。近年来，随着网络通信技术的飞速发展，目前乃至今后较长一段时间内，电能质量监测系统将向着网络化、智能化和标准化的方向发展。

现代电网规模越来越大，监测点越来越多，未来电能质量的监测不会局限于某一点，而应是整个供电系统、不同地点的电能质量监测，甚至实现多个不同供电系统的集中监测。在功能上除具有计算、实时显示外，还需要有一定的判断、分析、决策等功能，如能进行事件预测、故障辨识、干扰源识别和实时控制，具有自动的、先进的计算智能评估功能。

目前，智能化电能质量在线监测系统能捕捉到快速、瞬时干扰的脉冲波形，并具有有效分析和自动辨识的功能，便于掌握被测线路和谐波源电力用户的谐波水平与状况，了解运行负荷谐波源的分布规律，发现谐波源负荷的动态变化特点，探索不同谐波源负荷的谐波规律，观察系统对不同次谐波的响应。同时，系统计算机强大的后台分析软件能够实时形成并存储监测数据报表，形成并存储分时段、长时间的谐波电压、电流和功率变化的曲线图表，用于做出分析判断。这一切将为配电网提供大量的、不同运行工况下的现场有效数据，为进一步加强对电能质量污染的分析、控制和治理提供有效的技术支持。

某市供电公司结合电网发展的实际情况和当地环境的需要，构建了电能质量在线监测系统。本节将以某市的电能质量在线监测系统为例，给出其运行方式原理。

该电能质量监测系统技术原理框图如图 7-5 所示。

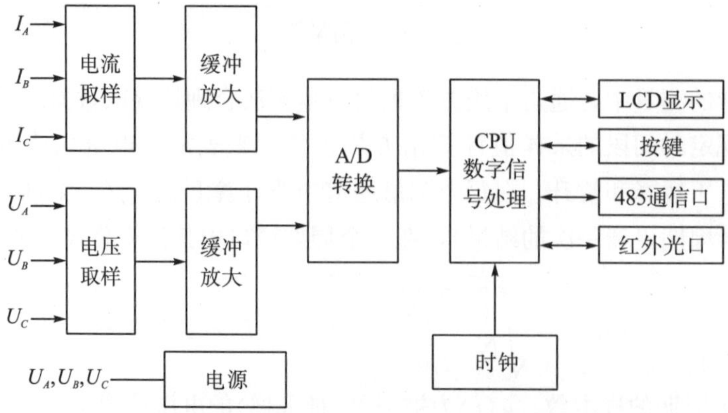

图 7-5 电能质量监测系统技术原理框图

电流和电压经取样、缓冲放大和 A/D 转换变成数字信号，再由 CPU 数字信号处理模块进行分析处理，结果由数据存储器保存、显示并可通过 485 总线组网通信。

该电能质量监测系统具有如下主要功能：

(1)对电网电能质量指标的检查考核。

(2)监测用户设备对电网的影响。

(3)紧密结合配电自动化的建设和改造，与负荷管理系统、配电 SCADA 系统等实现无缝连接，具备综合监测功能。

(4)监测电压偏差、电压合格率、供电可靠性、频率偏差、电压谐波、电流谐波、电压/电流极值、电压/电流曲线和负荷曲线等。

(5)用于变电站母线、用户专线、公用配变等三相三线、三相四线的监测点，具备历史数据存储和远程通信功能，可通过无线、有线、电话等方式组成自动化的监测网络，可及时掌握电能质量状况、统计电压合格率并进行谐波分析。

7.4 配电网电能质量定位

7.4.1 谐波源的定位

谐波源定位可以分两种情况：一种是在 PCC 点处把系统等效为两个部分，即供电侧 U 和用户侧 C，然后根据相应的等效电路模型，确定出是主谐波源的一侧，此方法称为基于等效电路模型的谐波源定位法。另一种是对整个系统网络用谐波状态估计的方法，计算出系统各个节点的谐波电压以及支路的谐波电流，从而判断哪条支路上含有谐波源，称为基于谐波状态估计的谐波源定位方法。

1. 基于等效电路模型的谐波源定位

1)基于谐波功率的谐波源定位

谐波源的诺顿等效电路如图 7-6 所示。其中，I_u 和 Z_u 分别为系统侧等值谐波电流源和等值谐波阻抗，I_c 和 Z_c 分别为用户侧等值谐波电流源和等值谐波阻抗，V 和 I 分别为公共电气耦合点 PCC 处的某次谐波电压和谐波电流。将诺顿等效电路转化为戴维南等效电路，如图 7-7 所示。其中，$Z=Z_c+Z_u$，$E_u=|I_uZ_u|$，$E_c=|I_cZ_c|$，E_u 和 E_c 的相位角分别为 0 和 δ。并假设

$$Z = Z_c + Z_u = X_c + X_u = \mathrm{j}X \tag{7-4}$$

基于谐波功率的谐波源定位方法主要有有功功率方向法、无功功率方向法、同步测量法、临界阻抗法和无功功率变化法。

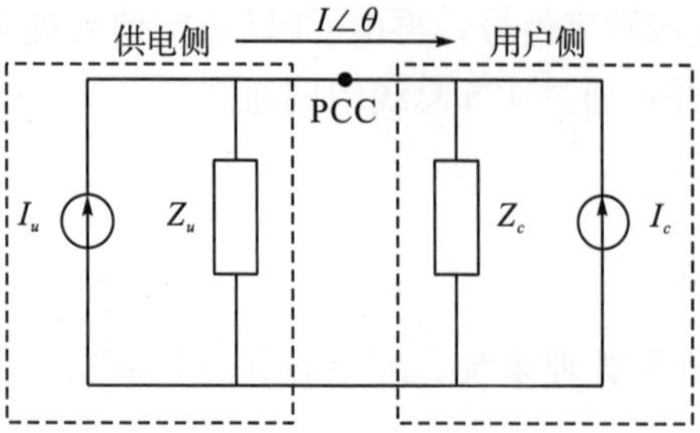

图 7-6 谐波源的诺顿等效电路

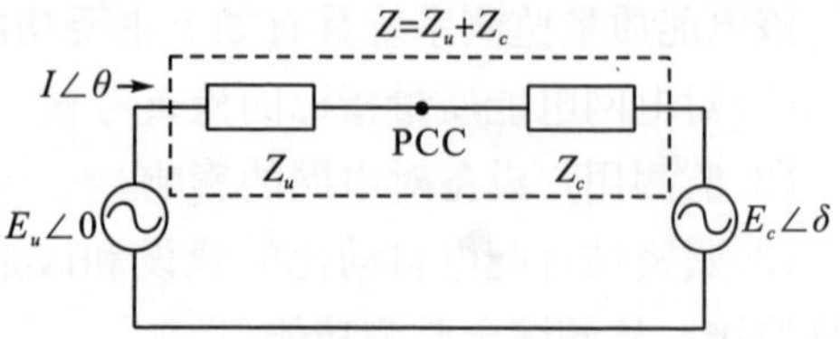

图 7-7 谐波源的戴维南等效电路

(1)有功功率方向法。

定义功率的正方向为从系统侧到用户侧，则 PCC 点某次谐波的有功功率 P 可以表示为

$$P = E_u I\sin\theta = \frac{E_u E_c}{X}\sin\delta \tag{7-5}$$

如果 $P>0$，说明谐波有功功率从系统侧流向用户侧，认为系统侧为谐波源；反之，认为用户侧为谐波源。

由谐波有功功率的表达式可以看出，谐波有功功率的正负受 PCC 点两侧谐波源相角差 δ 的影响。当两侧等效谐波源的相角差为 0°或 180°时，谐波有功功率为零，该方法失效。

(2)无功功率方向法。

无功功率方向法将谐波源检测问题转变为系统侧电压 E_u 和用户侧电压 E_c 的幅值比较问题。同理在式(7-5)假设前提下，PCC 点某次谐波的无功功率 Q 可以表示为

$$Q = E_u I\sin\theta = \frac{E_u}{X}(E_c\cos\delta - E_u) \tag{7-6}$$

从谐波无功功率的表达式可以看出：影响谐波无功功率的因素分别是系统侧和用户侧电压的幅值和综合阻抗 X 的正负。谐波条件下，综合阻抗 X 的值可能为正，也可能为负。现假定 X 值为正，则当 $Q<0$ 时，$E_u<E_c$，而当 $Q>0$ 时，则无法比较 E_u 和 E_c 的大小。因此，无功功率方向法的准确度不高，一般只能达到 50%。

(3)同步测量法。

谐波有功功率方向法和无功功率方向法都需要已知系统的谐波阻抗。同步测量法综合利用谐波有功功率和无功功率的表达式，消除了谐波阻抗的影响，得出谐波源识别的充要条件为

$$E_c^2 - E_u^2 = \frac{P^2 + Q^2}{a^2} - 2\frac{QE_u}{a} \tag{7-7}$$

式中，$a = \dfrac{P}{E_c\sin\delta}$。

令 $b=\dfrac{Q}{P}$，则式(7-7)变为

$$E_c^2 - E_u^2 = E_c[(1+b^2)E_c\sin^2\delta - 2E_u b\sin\delta] \tag{7-8}$$

要判断 E_c-E_u 的正负，只需判断 $[(1+b^2)E_c\sin^2\delta-2E_u b\sin\delta]$ 的正负即可。

同步测量法不受谐波阻抗的影响，但该方法需要知道公共电气耦合点两侧等值谐波电

压源的相角差 δ。受测量系统精度的影响，通常很难得到 δ 的精确值，影响了同步测量法在实际中的应用。

(4)临界阻抗法。

定义系统侧产生的谐波无功功率完全被吸收时所需的系统阻抗值为临界阻抗，即

$$C_I = 2\frac{E_u}{I}\sin\theta \tag{7-9}$$

将临界阻抗与系统阻抗 Z 比较，如果 $C_I > Z_{max}$，则系统侧为谐波源；如果 $C_I > Z_{min}$，则用户侧为谐波源。系统阻抗的值因系统运行方式的不同而不同，Z_{max}、Z_{min} 为不同运行方式下系统阻抗可能出现的最大值和最小值。

与有功功率方向法和无功功率方向法一样，临界阻抗法同样需要已知系统的谐波阻抗，且当 $Z_{min} > C_I < Z_{max}$ 时，临界阻抗法不能得到确定的结论。

(5)无功功率变化法。

定义一段时间内流入系统的无功功率 $Q_{u\text{-}PCC}$ 和流出系统的无功功率 $Q_{c\text{-}PCC}$ 之差为无功功率的变化率 ΔQ_{PCC}，即

$$\frac{\Delta Q_{PCC}}{\Delta t} = \frac{Q_{u\text{-}PCC} - Q_{c\text{-}PCC}}{\Delta t} \tag{7-10}$$

如果 $\frac{\Delta Q_{PCC}}{\Delta t} > 0$，则认为系统侧为谐波源，反之，认为用户侧为谐波源。该方法只能定性地分析谐波源的方向，但是不需要知道系统的谐波阻抗，实现起来较容易。

2)基于谐波阻抗的谐波源定位

基于谐波阻抗的谐波源定位法的基本思路是：首先，将非线性负荷看成电流值为负载电压函数的谐波电流源；其次，分别测量用户侧和系统侧的谐波阻抗；然后，再基于 PCC 点处的电压、电流测量值确定用户侧和系统侧对 PCC 点畸变的影响。

基于谐波阻抗的谐波源定位方法主要有负荷参数法、最小二乘系统辨识法和波动量法等。

(1)负荷参数法。

负荷参数法认为：如果某负荷的负荷参数(R 与 L)呈线性关系，那么任何时刻，该负荷的电压和电流成固定的比例关系。据此可以进行判断，当负荷参数呈线性时，认为该负荷为线性负荷；反之，认为该负荷侧存在谐波源。并且负荷参数随时间变化的非线性程度越大，该负荷的谐波发射水平越高。也就是说，依据负荷参数的非线性程度可以判断用户负荷引起电网波形畸变的程度。但该判定标准的合理性仍有待进一步研究与验证。

(2)最小二乘系统辨识法。

最小二乘系统辨识法认为：线性负荷的谐波电流仅是本次谐波电压的线性函数，而非线性负荷的谐波电流则是各次谐波电压的复杂函数。假设某综合负荷(线性和非线性负荷)吸收的总谐波电流为

$$I_h = I_{hL} + I_{hN} = I_{hL} + I'_{hN} + I''_{hN} \tag{7-11}$$

式中，I_{hL}、I_{hN} 分别为线性负荷和非线性负荷吸收的 h 次谐波电流；I'_{hN} 为非线性负荷吸收的取决于同次谐波电压分量的 h 次谐波电流；I''_{hN} 为非线性负荷吸收的取决于基波和其他各次谐波电压分量的 h 次谐波电流。

若 $I''_{hN}=0$，则该综合负荷全部为线性负荷；若 $I''_{hN}\neq 0$，则该综合负荷中含有谐波源。

最小二乘系统辨识法能很好地区分线性负荷与非线性负荷，但不能解决多谐波源对 PCC 点电压畸变的责任区分问题。

(3)波动量法。

当系统以某一种固定方式运行时，系统的谐波阻抗在短时间内不会有很大波动，因此，可以利用被测电压波动量对电流波动量比值的正负来估计 Z_u 和 Z_c 的值。波动量法是一种“非干预式”谐波阻抗估计方法，估计方式简单，仪器开发容易实现。但波动量法对测量系统的同步性要求较高，系统电压频率的微小偏差都会造成测量阻抗很大的误差，易受到不良数据的影响而导致估计精度低下。

2. 基于谐波状态估计的谐波源定位

谐波状态估计就是按照一定的估计准则，通过对测量值进行处理使目标函数得到最优状态值的过程。传统的估计算法包括最小方差估计法、极大似然估计法、极大验后估计法和最小二乘估计算法，其中最受关注的是最小二乘估计算法及其改进算法，本节将对基于最小二乘法的谐波源定位原理进行详细介绍。

基于最小二乘法的谐波源定位方法是对谐波潮流计算的逆运算。网络中各节点谐波电压和谐波注入电流的关系可以写为

$$\boldsymbol{V}=\boldsymbol{W}\times\boldsymbol{I} \tag{7-12}$$

式中，$\boldsymbol{V}$ 为网络中各节点的谐波电压；$\boldsymbol{W}$ 为线路阻抗组成的矩阵；$\boldsymbol{I}$ 为网络中各节点的谐波注入电流。

假设网络共有 n 个节点，其中 m 个节点的谐波电压已知，$(n-m)$个节点谐波电压未知；有 p 个节点可能是主要的谐波污染源，但事先并不知道具体是哪几个，将这 p 个节点称为嫌疑节点。由于$(n-p)$个节点处的谐波注入电流较小，则式(7-12)经整理后可以写为式(7-13)的形式

$$\begin{bmatrix}\boldsymbol{V}^{\mathrm{k}}\\ \boldsymbol{V}^{\mathrm{uk}}\end{bmatrix}=\begin{bmatrix}\boldsymbol{W}_{11} & \boldsymbol{W}_{12}\\ \boldsymbol{W}_{21} & \boldsymbol{W}_{22}\end{bmatrix}\times\begin{bmatrix}\boldsymbol{I}'\\ \boldsymbol{I}''\end{bmatrix} \tag{7-13}$$

式中，$\boldsymbol{V}^{\mathrm{k}}$ 为已知谐波电压的集合，$[\dot{V}_1, \dot{V}_2, \cdots, \dot{V}_m]^{\mathrm{T}}$；$V^{\mathrm{uk}}$ 为未知谐波电压的集合，$[\dot{V}_{m+1}, \dot{V}_{m+2}, \cdots, \dot{V}_n]^{\mathrm{T}}$；$\boldsymbol{I}'$为嫌疑节点处的谐波注入电流，$[\dot{I}_1, \dot{I}_2, \cdots, \dot{I}_p]^{\mathrm{T}}$；$\boldsymbol{I}''$为非嫌疑节点处的谐波注入电流，$[\dot{I}_{p+1}, \dot{I}_{p+2}, \cdots, \dot{I}_n]^{\mathrm{T}}$。

从式(7-13)可以得到嫌疑节点的谐波注入电流计算式如式(7-14)所示：

$$\boldsymbol{W}_{11}\times\boldsymbol{I}'=\boldsymbol{V}^{\mathrm{k}}-\boldsymbol{W}_{12}\times\boldsymbol{I}'' \tag{7-14}$$

式(7-14)是通过网络中已知的节点谐波电压计算嫌疑节点的谐波注入电流。矩阵$\boldsymbol{W}_{11}$表征了已知谐波电压和未知谐波电流的关系，称为量测矩阵 $\boldsymbol{H}$。

非嫌疑节点的谐波注入电流一般较小，实际测量当中又不可避免会存在误差，可通过式(7-14)得到最小二乘意义上的谐波注入电流解：

$$\boldsymbol{I}'=(\boldsymbol{W}_{11}{}^{\mathrm{T}}\boldsymbol{W}_{11})^{-1}\boldsymbol{W}_{11}{}^{\mathrm{T}}\boldsymbol{V}^{k} \tag{7-15}$$

式(7-15)是基于最小二乘法谐波源估计的基本方程。根据前文的定义可知，其中$\boldsymbol{I}'$为 $p\times1$ 阶的复数向量，$\boldsymbol{W}_{11}$为 $m\times p$ 阶的复数矩阵，$\boldsymbol{V}^{k}$ 为$m\times1$ 阶的复数向量。当 $m>p$ 时，式(7-15)为超定方程组；当 $m=p$ 时，为正定方程组；当 $m<p$ 时，为欠定方程组。

7.4.2 闪变源的定位

闪变源定位的关键是找到闪变源和非闪变源的特征差别。从产生闪变的机理上分析，闪变产生的根本原因是波动性负荷产生了波动性电流，波动性电流流过系统阻抗时引起电压降，从而产生了特定频率范围内的电压波动。闪变和谐波的外在表现和内在机理存在很大差异，因此不能直接从谐波源定位类比得到闪变源定位方法。必须首先对闪变干扰源的负荷电压和电流进行分析，然后提取能有效辨识闪变源的特征量，定性分析负荷支路中是否含有闪变源，完成闪变源的定位。

本节主要介绍基于闪变功率的闪变源定位方法、基于负荷阻抗分析的闪变源定位方法和基于电压和电流相关度的闪变源定位方法。

1. 基于闪变功率的闪变源定位方法

1)闪变源特征分析

电压波动源于负荷电流波动。图 7-8 所示为一个简单的供电系统模型，包含电压源 U_S、电源阻抗 Z_S、线路阻抗 Z_T、闪变负荷 Z_1 和静态负荷 Z_2。闪变负荷 Z_1 的波动将引起支路电流 I_1 的波动，从而引起支路电压 U_1 的波动。

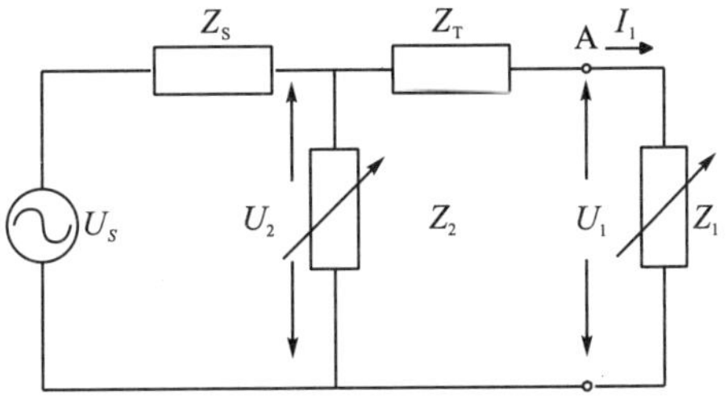

图 7-8　含闪变源简单电路模型

从监测点 A 可以得到电压 U_1 和电流 I_1 的波形数据。相对于监测点 A，闪变源 Z_1 位于线路的负荷侧，而闪变源 Z_2 位于线路的系统侧。可以从以下两种情况分析得出闪变源是位于公共连接点的系统侧还是负荷侧。

(1)闪变源位于负荷侧时，相对于监测点 A，如果闪变源位于负荷侧，当负荷电流 I_1 增加时，由于 Z_T 和 Z_S 产生电压降，负荷电压 U_1 将减小。

(2)闪变源位于系统侧时，相对于监测点 A，如果闪变源位于系统侧，当负荷电压 U_2 减小时，由于 Z_S 和 Z_2 电压分压作用，将引起负荷电流 I_1 和电压 U_1 减小。

从上述两种情况可知：对于监测点 A，闪变源位于负荷侧时，电压和电流信号的波动情况相反；当闪变源位于系统侧时，电压和电流信号的波动情况相同。这种电压和电流的参数反映了闪变发生时的负荷特征，可以以此为基础特征来研究闪变源识别定位的算法。

2)闪变功率分析

将闪变源两端的电压 $u_{AM}(t)$ 和流过闪变源的电流 $i_{AM}(t)$ 写成调幅波的形式：

$$u_{AM}(t) = [U_c + m_u(t)]\cos(\omega_c t + \beta) \tag{7-16}$$

$$i_{AM}(t) = [I_c + m_i(t)]\cos(\omega_c t + \alpha) \tag{7-17}$$

式中，$m_u(t)$和$m_i(t)$代表闪变源的低频波动分量，基频载波信号分别为$U_c\cos(\omega_c t+\beta)$和$I_c\cos(\omega_c t+\alpha)$。由此可知，人对闪变的敏感程度是关于调制频率和调制幅值的函数。所以低频信号$m_u(t)$和$m_i(t)$需要经过加权视感度滤波器得到滤除后的信号$m_{u\pi}(t)$和$m_{i\pi}(t)$。闪变功率定义为

$$\Pi(t)=\frac{1}{T}\int_t^{t+T} m_{u\pi}(\tau)m_{i\pi}(\tau)d\tau \tag{7-18}$$

式中，$m_{u\pi}(\tau)$和$m_{i\pi}(\tau)$分别为$m_u(t)$和$m_i(t)$经滤波器后的信号，T为积分时间。

闪变功率具有如下特性。

(1)闪变功率的幅值：闪变功率的幅值体现了$m_{u\pi}(\tau)$和$m_{i\pi}(\tau)$的相互关系。根据同一母线上各个支路的电压和电流数据同时计算闪变功率。闪变功率幅值较大的支路表示$m_{u\pi}(\tau)$和$m_{i\pi}(\tau)$相关程度较高，对闪变作用也较大；同样，闪变功率幅值较小的支路表示$m_{u\pi}(\tau)$和$m_{i\pi}(\tau)$相关程度较低，对闪变作用也较小。因此可得出结论：根据闪变功率的幅值可以得知对闪变危害最大的支路。

(2)闪变功率的流向：根据式(7-18)求出的闪变功率值的符号可知闪变功率的流向。正值表示闪变功率流向与基波功率流向一致，而负值则表示闪变功率流向与基波功率流向相反。因此从闪变功率值判断闪变源位于监测点的系统侧还是负荷侧。

该方法适用于任何低频信号。每个频率分量的加权值是由波形检测模块的低通滤波器和相乘以后的低通滤波器决定的。这些滤波器相当于 IEC 所推荐的用于检测闪变的滤波器。

2. 基于负荷阻抗分析的闪变源定位方法

实际上，负荷参数是联系负荷电压、电流的纽带，其波动是导致闪变的主要原因。因此，如果能够根据负荷电压、电流数据识别出波动负荷，就可以对闪变源进行定位。

1)负荷等效模型

分析电压和电流波形时，首先应通过求解微分方程得到负荷电流、电压的瞬时值，此时的负荷模型的参数不是以相量形式表征的均方根值，而是随时间变化的瞬时值。可将负荷等效为如图 7-9 所示的阻抗模型。

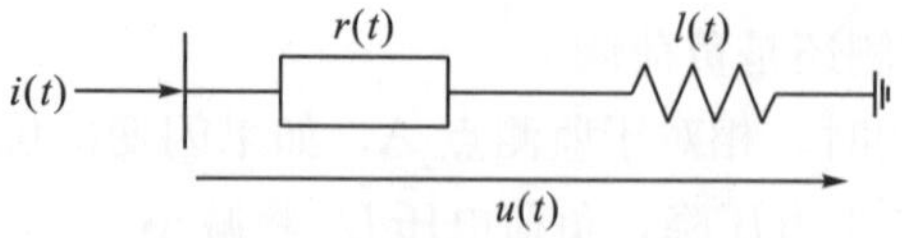

图 7-9 负荷阻抗等效模型

该模型中的电阻和电感都是时变非线性元件，满足欧姆定律：

$$u(t)=r(t)\cdot i(t)+l(t)\cdot i'(t) \tag{7-19}$$

负荷电压和电流录波数据分别为$\{u(k),\ k=1,\ 2,\ \cdots,\ N\}$，$\{i(k),\ k=1,\ 2,\ \cdots,\ N\}$，采样频率为$F_s$。负荷电流的一阶导数为

$$i'(k)=\frac{i(k+1)-i(k)}{\Delta t}=[i(k+1)-i(k)]\cdot F_s \tag{7-20}$$

将其离散化后，负荷电压、电流之间的关系为

$$u(k)=r(k)\cdot i(k)+l(k)\cdot[i(k+1)-i(k)]\cdot F_s \tag{7-21}$$

在每个采样点上 $u(k)$ 和 $i(k)$ 为已知量，$r(k)$ 和 $l(k)$ 为待求量。显然，由式(7-21)无法求出两个待求量。通常，系统中负荷参数的波动往往是低频的，其频率远远小于采样频率，所以可认为在连续两个采样点上 $r(k)$ 和 $l(k)$ 保持不变，则有：

$$\begin{cases} u(k) = r(k) \cdot i(k) + l(k) \cdot i'(k) \\ u(k+1) = r(k+1) \cdot i(k+1) + l(k+1) \cdot i'(k+1) \end{cases} \tag{7-22}$$

利用式(7-22)即可求解出两个待求量 $r(k)$ 和 $l(k)$。

2)闪变源定位

定位闪变源需要考虑两个问题：一是各支路负荷用户是否为闪变源；二是高电压等级系统是否向低电压等级系统传递了闪变分量。为了解决这两个问题，可采用如下闪变源定位算法。

(1)负荷闪变评估。

利用闪变时各负荷的录波数据辨识其阻抗参数，然后将各负荷分别接入如图 7-10 所示的系统进行仿真，即可判断各支路负荷是否引发了闪变。图中电源 $U_S(t)$ 为正弦交流电源，L_S 为供电系统的等效电感，$r(k)$、$l(k)$ 为阻抗负荷参数。

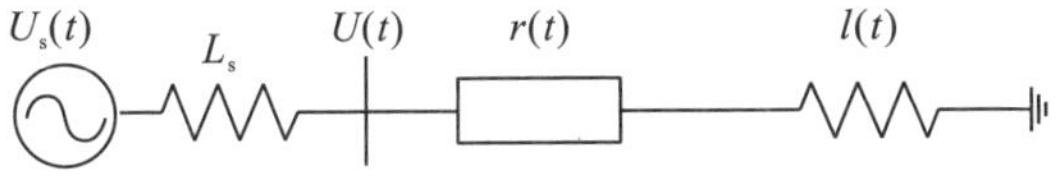

图 7-10　闪变识别系统

若某用户的负荷接入该评估系统后引起母线电压 $U(t)$ 发生闪变，则该用户为系统中的闪变源。为了提高准确性，各负荷的录波数据应为闪变发生时同步记录的录波数据。

(2)电源闪变评估。

配电网中，高电压等级侧的等效阻抗较小，其闪变分量大部分都能传递至供电系统。当供电系统的 PCC 出现闪变时，应判断高电压等级电网是否向 PCC 传递了闪变分量。

其基本思路是：首先将接在 PCC 上的所有负荷等效为一个负荷，其流过的电流 $i_{\sum}(t)$ 为每个分支负荷的电流数据之和；其次，利用如图 7-9 所示的负荷等效阻抗模型就可以知道此负荷的阻抗参数；最后，将等效负荷接入如图 7-10 所示的闪变识别系统中即可获得母线电压波形 $U(t)$。

比较电压 $U(t)$ 的闪变值和 PCC 处电压闪变值的差值即可判断系统电源是否为闪变源。若实际供电系统中高电压等级侧向 PCC 传递了闪变分量，那么所得的负荷电压 $U(t)$ 的闪变值应与供电系统中 PCC 电压的闪变值相差很大。

3. 基于电压和电流相关度的闪变源定位方法

1)闪变传递规律

当系统阻抗和负荷功率变大时，负荷波动引起的电压波动也随之变大。闪变在相邻电压等级间的传递规律可总结如下。

(1)闪变从高压侧往相邻低压侧传递时，因为高压侧的系统电抗小，在高压侧出现闪变时，从低压侧往高压侧看，高压侧的闪变等同于闪变源，并将大部分闪变传递给低压侧，闪变传递系数为 0.8～1。

(2)闪变从低压侧传递到相邻高压侧时，由于高压侧供电系统的短路容量大，当闪变传递至高压侧时，会出现较大衰减，此衰减系数值取决于高压侧的系统容量。

根据闪变在不同电压等级中的传递规律，可测量比较相邻电压等级中的电压波动百分比，据此判断闪变是出现在高压侧还是出现在低压侧。

(2)多支路负荷的闪变源定位

供电系统示意图如图 7-11 所示。

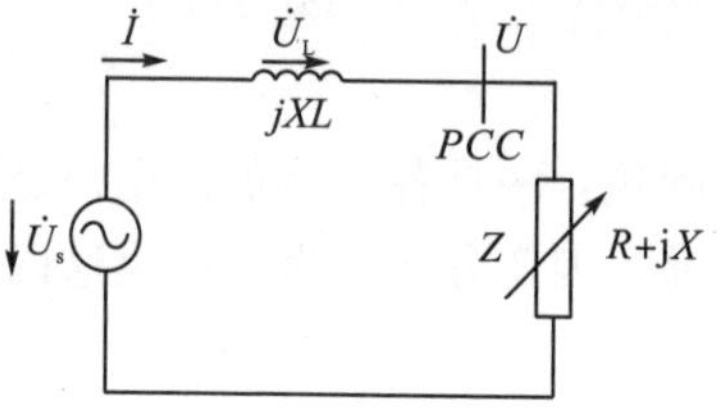

图 7-11　供电系统示意图

其中，$\dot{U}_s$ 为无限大电源母线电压相量；$\dot{U}$ 为 PCC 母线电压相量；$\dot{U}_L$ 为线路的电压降落；jX_L 为线路电抗。

假设负荷侧的阻抗为 $Z=R+jX$，流过负荷的电流值为 I，PCC 处的电压值为 U，有：

$$U = I|Z| \tag{7-23}$$

若电压源 U_s 变化，而负荷阻抗不变，因此有：

$$\Delta U = \Delta I|Z| \tag{7-24}$$

式中，ΔU 为 U 的变化量；ΔI 为 I 的变化量。

由式(7-24)与式(7-23)相比，可以得出：

$$\frac{\Delta I}{I} = \frac{\Delta U}{U} \tag{7-25}$$

式(7-25)表明当电源侧阻抗参数改变时，其引起的 PCC 处的电压变化值与负荷电流变化值相等。

当负荷侧的阻抗参数发生变化，U_s 和 X_L 保持不变，电流 $\dot{I}$ 发生变化时，可知 $\Delta U = X_L \Delta I$ 。由此可得：

$$\frac{\Delta U}{U} = \frac{X_L \Delta I}{|Z|I} \tag{7-26}$$

为达到配电网功率传输效率的要求，有 $|Z| \gg X_L$ ，结合式(7-32)可知，电源侧阻抗参数改变所引起的电流变化远小于负荷侧参数改变引起的电流变化。

综上分析可知，闪变源所在的负荷支路引起与之相连的母线上发生电压闪变。由于闪变源负荷特性，该条支路电流将发生畸变，负荷电流与母线电压变化相关性较低；而其他支路负荷阻抗参数不变，负荷电流与母线电压变化趋势一致。电压波形与电流波形的相关系数值能反映二者的线性相关程度。闪变源所在支路负荷的电流受闪变源本身特性影响较大，与母线电压的关系不大。而非闪变源负荷的电流则主要受与之相连的母线电压影响，负荷电流与供电电压的关系是非线性的，电流波形与电压波形的相似度低，这种相似程度可以用式(7-27)所示的相关系数来刻画，闪变源支路电流与母线电压的相关度系数将明显低于非闪变源负荷与母线电压的相关系数。

$$\rho_{XY} = \frac{\mathrm{Cov}(X,Y)}{\sqrt{D(X)}\sqrt{D(Y)}} \tag{7-27}$$

式中，X、Y 分别表示电压和电流；ρ_{XY} 为随机变量 X、Y 的相关系数；$\mathrm{Cov}(X, Y)$为 X、Y 的协方差；$\sqrt{D(X)}$ 为 X 的标准差；$\sqrt{D(Y)}$ 为 Y 的标准差。

通过该式计算得到的相关系数指标表示电压波形与电流波形的近似程度，该指标可用于判定指定支路负荷是否含闪变源。

7.4.3　电压暂降源的定位

电压暂降源方位的确定对事故诊断、补偿和责任认定十分必要。电压暂降源的定位，就是确定引起电压暂降的干扰源位于监测装置的哪一侧，从而界定供用电双方的责任。如图 7-12 所示，参照有功潮流的方向，如果故障发生在监测装置 M 的左边，称暂降源位于监测装置 M 的后方，或称上游方向；如果故障发生在 M 的右边，则称暂降源位于监测装置 M 的前方，或称下游方向。本节主要介绍以下几种电压暂降源定位方法。

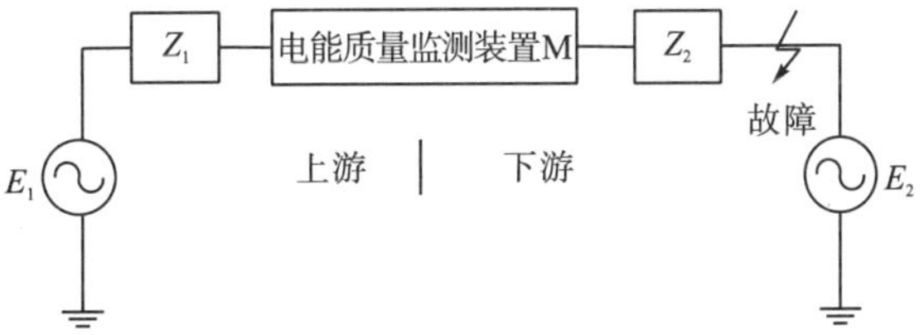

图 7-12　电压暂降源定位示意图

1. 基于扰动功率和扰动能量的定位法

基于扰动功率和扰动能量的电压暂降源定位法，是使用暂降过程中的扰动能量和扰动功率来确定电压暂降源来自监测设备的哪一侧。因扰动造成瞬时功率的变化，即扰动功率定义为

$$DP = P_{\mathrm{f}} - P_{\mathrm{ss}} \tag{7-28}$$

流过测量装置的扰动能量定义为

$$DE(t) = \int_0^t \mathrm{DP}(u)\mathrm{d}u \tag{7-29}$$

式中，P_{f} 和 P_{ss}分别为扰动期间的有功功率和扰动发生之前的稳态有功功率。

判断扰动能量的正负即可对电压暂降源进行定位。如果扰动能量 DE 是正数，表明暂降源来自监测装置的下游区；如果 DE 是负数，则说明暂降源来自监测点的上游区。该方法依赖于扰动能量和扰动功率的吻合度，若二者得到的结果不匹配，则定位结果非常容易出错。因此，可将扰动无功功率和无功能量引入暂降源定位中，扩展暂降源定位方法，主要是利用希尔伯特变换提取出暂降期间的瞬时有功功率和瞬时无功功率的变化量 $\Delta p(t)$、$\Delta q(t)$，对其积分得到扰动有功能量 $\Delta E_p(t)$和无功能量 $\Delta E_q(t)$，再通过二者的比较，完成暂降源的定位。有功能量 $\Delta E_p(t)$和无功能量 $\Delta E_q(t)$的表达式为

$$\Delta E_p(t) = \int_0^t \Delta p(t)\mathrm{d}t \tag{7-30}$$

$$\Delta E_q(t) = \int_0^t \Delta q(t)\mathrm{d}t \tag{7-31}$$

如果 $\Delta E_p(t)$、$\Delta E_q(t)$都是正数，则表明暂降源来自下游；如果 $\Delta E_p(t)$、$\Delta E_q(t)$都是负数，则说明暂降源位于上游。

2. 基于等效阻抗实部的定位法

电压暂降的发生大多情况下都与故障有关，有文献从现有的配电网保护和故障定位的方法中受到启发，提出基于监测点等效阻抗实部极性的暂降源定位法。其主要思路是：先假定在监测装置发生电压暂降的另一侧参数不发生变化，然后根据测得的因电压暂降而产生的基频正序电压、电流变化量的比值，获得所定义的等效阻抗：

$$Z_e = \frac{\Delta U}{\Delta I} = \frac{U_{sag} - U_{pre}}{I_{sag} - I_{pre}} \tag{7-32}$$

式中，U_{sag}、I_{sag}分别为电压暂降过程中的基波电压和电流；U_{pre}、I_{pre}分别为电压暂降扰动前的基波电压和电流。

根据该等效阻抗实部的极性，来确定电压暂降源的位置。若等效阻抗实部为正，则暂降源位于上游方向，否则暂降源位于下游方向。该方法具有一定的通用性。

3. 基于系统参量斜率的定位法

该方法可认为是基于等效阻抗实部极性的定位法的一种变形。当电压暂降发生时，对于不同的故障发生点，基波电压幅值与功率因数的乘积相对于基波电流幅值之间的关系是不同的。应用最小二乘法将监测点的基波电压幅值与功率因数的乘积($|V\cos\theta|$)和电流幅值 I 拟合成一条直线，利用拟合线斜率来实现电压暂降源定位。如果连接各点坐标(I，$|V\cos\theta|$)的直线斜率为正，则表明暂降源位于监测点的上游方向；反之，则位于下游方向。同时，如果暂降过程中，有功潮流的方向改变，则暂降源位于上游方向。该方法只需要知道直线的斜率，不需要计算其他的参数或是设定限值，简单易于实现，采用了大量(I，$|V\cos\theta|$)拟合的数据点，也会提高它的可信度。但是如果三相的直线斜率符号不一致，则不能进行暂降源位置的判断。

4. 基于实部电流分量极性的定位法

在电压暂降开始时，以电压方向为参考，获得电流幅值和功率因数的乘积 $I\cos\theta$，通过该乘积值在故障发生前后的关系不同的特点，描绘该乘积值与故障前后时间 t 的关系曲线来进行电压暂降源定位。

结合图 7-12，如果监测点上游发生故障，电流经过故障点流向大地，电流方向从 E_2 流向故障处，$I\cos\theta<0$，则认为暂降源来自上游方向；如果监测点下游发生故障，监测点 M 处电流由 E_1 流向故障处，$I\cos\theta>0$，则认为暂降源来自下游方向。

该方法进行判断采用的是电流的变化量，采用的是暂降开始的时刻。本质上，该方法是考查暂降开始时的功率因数，所以功率因数会影响判断结果。

5. 基于距离阻抗继电器的定位法

大多数输电线路出于保护需要都会安装距离保护继电器，因此可以从该继电器处获得信息，利用暂降前后阻抗的幅值和相角信息来确定暂降源方位。如果 $|Z_{sag}|<|Z_{pre}|$ 且 angle(Z_{sag})>0，则表明暂降源来自下游区；反之，来自上游区。

其中，$|Z_{sag}|$为暂降期间距离阻抗的幅值，$|Z_{pre}|$为暂降发生前距离阻抗的幅值，angle(Z_{sag})为暂降期间距离阻抗的相角。

但是该方法还存在一些局限：①若故障发生在电源和距离阻抗继电器之间，阻抗不会发生变化；②如果发生非永久性故障，可能无法从距离阻抗继电器处得出正确结论。针对这些局限性，也有学者提出了改进的距离阻抗继电器的定位法，感兴趣的读者可课后自行学习。

除此之外，还有基于电压量的定位法、基于支路电流变化量的定位法、基于等效注入电流状态估计的定位法等，在此不进行具体介绍。

7.5　配电网电能质量治理

本节主要围绕配电网中的谐波、闪变和电压暂降三个突出问题，介绍相应的治理技术。

7.5.1　谐波的治理技术

电力谐波的治理通常可以以两个方面为出发点。一是使谐波源不产生谐波或降低谐波源产生的谐波，包括：①供电设备(如电容器、变压器等)在设计、制造、配置等方面采取减少谐波的措施；②通过增加整流器的脉动数或采用可控整流来限制电力谐波的主要来源。二是通过安装电能质量治理装置来抑制谐波对电网的危害。目前常用的电能质量治理装置有有源电力滤波器无源电力滤波器，还有由有源电力滤波器发展而出现的混合型有源电力滤波器和统一电能质量调节器。下面分别从这些方面对电力谐波的治理技术进行介绍。

1. 变压器与谐波治理

电力变压器通过其绕组的巧妙连接，可有效减少谐波。高次谐波对工频电力变压器有极大的危害，而加大中性线的尺寸和降低变压器的容量的应急措施并非是经济、长期的解决办法，有效的措施是采用K-标准变压器。

K-标准变压器专门为在谐波环境中应用而设计，具有下述特点：磁密较低，以防止谐波造成的过电压；一次侧绕组与二次侧绕组间增加了屏蔽层，以减缓高频谐波的传递；中性线导体的尺寸是每相导体的2倍，以承载3次及其倍数的谐波电流；导体采用多股，以减少电流集肤效应的影响。

K-因素可以用来有效地描述变压器给非线性负荷供电时所出现的额外发热。

K-因素定义为

$$K = \sum_{h=1}\left(h\frac{I_h}{I_1}\right)^2 \tag{7-33}$$

式中，h 为谐波电流次数

K-标准变压器通常在铭牌上注明“用于非正弦电流负荷，K-因素不超过……”，K-因素的标准值通常取 4、8、13、20、30、40、50。

2. PWM 整流器与谐波治理

PWM 技术使整流器产生的谐波大大降低，其基本原理为：整流装置产生的特征谐波电流与脉动数 p 的关系式为 $h=kp\pm1$ （$k=1$，2，3，…）。当脉动数增多时，整流器产生的谐波次数也增大。而谐波电流近似与谐波次数成反比。因此，一系列次数较低、幅度较大的谐波得到消除，谐波源产生的谐波电流将减小。PWM 整流器的优点在于能够降低整流负载注入电网谐波和提高网侧功率因数。

3. 无源滤波器(Passive Power Filter，PPF)与谐波治理

无源滤波器，是传统的谐波补偿装置，由谐波电容器和电抗器组合而成，与谐波源并联。能够有效滤除某次或某些次的谐波。理论上讲，当某次谐波滤波器调谐到该频率时，滤波器所呈现的阻抗为零，因而能够全部吸收该次谐波。

其进行谐波治理的基本思路为：首先，进行滤波装置的方案确定。根据谐波源的特点，确定采用几组单调谐滤波器或双调谐滤波器。选取高通谐波器的型式和截止频率，并决定用什么方式满足无功功率补偿的要求。其次，进行参数选择。根据滤波器应提供的无功功率补偿的需求，采用不同的原则进行各滤波器无功功率的初步分配，进而由滤波器参数间的关系初步确定滤波电容器、电抗器与电阻器的参数值。然后，在滤波器参数初步确定后，结合滤波效果与无功功率补偿的要求等进行修正后最终确定滤波器。最后，滤波器参数确定后，进行滤波电容器过电压、过电流与过负荷校验及滤波器与系统之间和滤波器组内谐振的校验。

4. 有源电力滤波器(Active Power Filter，ADF)

有源电力滤波器实质上是一个与负荷谐波电流及基波无功电流反相位的特殊补偿电流源。其主要由 4 个部分组成：谐波成分检测部分、控制系统、逆变电源和输出部分。有源电力滤波器可以有效地起到补偿或隔离谐波的作用，并联型有源电力滤波器还可以进行无功补偿。

与无源电力滤波器相比，有源电力滤波器具有明显的优点，主要表现在：滤波性能不受系统参数的影响；不会与系统阻抗发生串联或并联谐振，系统结构的变化不会影响谐波治理效果；采用高频脉宽调制及快速补偿技术，可对无功功率和负序进行补偿；动态特性好、占地小等。目前有源电力滤波器已成为抑制配电网谐波极具发展前景的措施。

此外，混合型有源电力滤波器和统一电能质量调节器都属于有源电力滤波器的分支和发展。其中混合型有源电力滤波器兼具了 PPF 成本低廉和 APF 性能优越的优点，适合工程应用。统一电能质量调节器是由串联型 APF 和并联型 APF 组合而成的，可同时向电网输出滞后的或超前的无功功率，还可以输出谐波补偿电流。

7.5.2 闪变的治理技术

电压闪变通常由具有一定统计特征的波动性或冲击性负荷造成。其程度与供电系统短

路容量的大小、供电网络的结构以及负荷的用电特性有关。因而，对其的治理技术要从用电设备特性的改善和供电能力的提高出发。

1. 用电设备特性的改善

电压闪变主要是由周期性或近似周期性的负荷(频繁起停的大型电动机、功率冲击性电弧炉等用电设备)突变造成的。因此，治理闪变最有效的方法就是改善这类用电设备的特性。以异步电动机启动方式的改善及电弧炉阻抗特性的改善两方面为例进行介绍。

1)异步电动机启动方式的改善

电动机在启动瞬间，由于转速 $n=0$ 且滑差 $s=1$，转子电流比正常运行时要大许多倍，反映到定子侧，一次侧电流 I_1 一般为额定电流的 4~10 倍。因而，功率较大(大于 7.5 kW)且频繁启动的电动机必然给系统造成很大冲击，从而引起电压波动与闪变。一般可以通过降压、串联电阻等方式实现电动机启动特性的改善。

目前，变频调速技术越来越广泛地用于电动机特别是大型电动机的驱动。由于变频调速采用电压与频率协调控制及转矩提升的方式，所以能够在减少启动电流冲击的同时，保证足够的启动转矩。因此，变频调整能够使启动特性变好。

2)电弧炉特性的改善

在冶炼过程的起弧和穿井两个阶段，电弧是在电极与炉料之间燃烧的。一方面，冷料不易起弧；另一方面，炉料间存在间隙，不同炉料的导电率不同，这就使电弧的位置、强度都很不稳定，会对供电系统造成剧烈的功率冲击。因此，通常在供电主回路中装设电抗器来对冲击电流进行控制。

2. 供电能力的提高

通过供电方式的改进，如架设专用线路等，可以有效降低电压波动与闪变问题的严重程度。然而，这种方法的高代价付出需要经过全面衡量投资与效益的关系来决定是否采用。通过提高供电能力来缓解电压波动和闪变主要有如下措施。

(1)为大容量波动性负载架设专用线路。通常，得到最好缓解效果的方案是将大容量波动性负荷用户接到较高电压等级的供电系统，通过分别由两个独立电源向波动性负载和普通负载供电。

(2)采用母线分段或多设配电站的方法将波动性负荷与一般负荷适度隔离，限制同一回供电回路的馈线数。

(3)对于易受扰动的灵敏负荷，在其附近安装一台电源设备。该电源设备能够保证在一定电气距离之内的负荷发生波动时维持所需的电压水平。

波动性负载的容量与供电系统的容量是否匹配可通过下式校验：

$$\frac{I_{\max}}{I_N} \leqslant 0.75 + \frac{S_t}{4S_N} \tag{7-34}$$

式中，$I_{\max}$为波动性负荷的最大工作电流，单位为 kA；I_N 为负载的额定电流，单位为 kA；S_t 为供电变压器的容量，单位为 kV・A 或 MV・A；S_N 为波动性负荷的额定容量，单位为 kV・A 或 MV・A。

当式(7-34)不满足时，需要考虑采取提高供电能力的措施。可以采用静止无功补偿器和静止无功发生器来实现无功补偿的双向、动态调节。

7.5.3 电压暂降的治理技术

电压暂降又称为骤降或凹陷，是最普遍、危害最大的一类动态电压质量问题。配电网短路故障是造成电压暂降和短时间中断的主要原因。其主要特征包括：在故障点，电压幅值降到很低的水平，造成一定区域内的用户发生电压暂降；如果故障发生在系统的辐射方式配电区域，保护动作将导致供电中断；如果设备与故障发生地点距离较远，则短路故障可能只造成电压暂降；如果故障严重到一定程度，用电设备将会跳闸，后果严重。电压暂降的治理措施包括以下几个方面。

1)减少故障数目，缩短故障切除时间

减少短路故障数目不仅可以减少电压暂降的发生，还可以减少供电中断事故。因此，减少短路故障数目是提高供电质量最显而易见的方法。而事实上，短路故障不仅会造成用户的电能质量出现问题，也会造成电力设备的损坏。因此，许多电力部门都已尽最大的努力来减少故障发生的频度。当然，就个别情形而言，仍有改进的余地。例如，①架空线入地；②架空线加外绝缘；③对剪树作业严加管理；④架设附加的屏蔽导线；⑤增加绝缘水平；⑥增加维护和巡视的频度。这些措施的实施可能代价很高。因此，应当通过全面衡量用电设备跳闸与各种提高供电质量措施之间的经济利益关系，进而确定合理的方案。

缩短故障消除时间虽然不能减少电压暂降发生的次数，但却能明显地减少电压暂降的深度及持续时间。缩短故障消除时间最有效的措施是，采用有限流作用的熔断器，这种熔断器能够在半个周期内消除故障，使电压暂降的持续时间不超过 1 个周波。由于保险丝极少误动作，因此能够有效地缩短故障消除时间。另外，采用快速故障限流器也能在一两个周期内大大减小故障电流的幅值，缓解电压跌落的持续时间。

2)改变系统设计，使短路故障发生时用户设备处的电压扰动最小

通过供电方式的改变，可以有效降低电压暂降，但是这类方法通常需要很高的代价。主要有以下几种通过改变供电方式缓解电压暂降的具体措施。

(1)在灵敏负荷附近装设 1 台电源。该电源将在远距离故障引起的电压暂降期间保持电压水平。故障情况下，电源向负荷提供电流，其百分数等于由电压减少的百分数。随着分散发电技术的发展以及燃料电池技术、小型透平热电联产技术等的实用化，灵敏负荷附近装设电源设备成为一种可行的方案。

(2)采用母线分段或多设配电站的方法来限制同一回供电母线上的馈线数。

(3)在系统中的关键位置安装限流线圈，以增加与故障点间的电气距离。不过，这样也可能使某些用户的电压暂降更加严重。

(4)对于高敏感负荷，可以考虑由两个或更多的电源供电。

总之，采用这类方法时，电压质量的改善是通过增加更多的线路和配电设备达到的，因而，一般都需要经过投资与效益的权衡。这种方法通常仅适用于对供电质量要求高的工业和商业用户。

3)在供电网络与用户设备间加装缓解设备

最普遍的缓解电压瞬变的方法是在供电系统与用电设备的接口处安装附加设备。用户

通常很难对配电网络或用电设备本身有所作为。他们所能开展的工作只能是在供电系统与用电设备的交界处安装缓解设备。对这类设备的普遍关注及它们的广泛应用就说明了这一点。安装缓解设备的方法主要有：①采用不间断电源是解决供电中断的有效方法，同时也能抑制电压暂降；②应用动态电压调节器。

4)提高用电设备对电压暂降的抵御能力

提高用电设备的抗扰能力，是解决由于电压暂降引起设备跳闸的最有效的方法，但是作为快速解决问题的方案却常常不合适。因为，用户通常是在设备安装后才发现设备对电压质量问题的抵御能力不够，而要求设备制造厂家重新设计、制造。然而，重新设计和制造满足要求的设备需要很长的周期，甚至不可能实现。事实上，就连大部分通用变频调速装置也已成为用户无法定制的成品设备。只对于部分大型设备，用户才有可能依据现场电能质量的水平，提出电能质量扰动抵御能力的要求，提高用电设备对电压暂降抵御能力主要有如下方法。

(1)给消费类电子设备、计算机、控制设备等单相、低功率设备内部的直流母线装设更多的内容，将有效延长设备所能承受的最长电压暂降的时间，使设备对电压质量问题的抵御能力得到很大提高。

(2)采用宽范围 DC-DC 变换器。

总之，就目前的状况和技术水平看，提高设备的电压暂降抵御能力还有一定的局限性。因此，只要电压波动不会引起重大损失或导致危险情况发生就判定已满足基本要求。

7.6　小　结

本章从配电网电能质量概述、监测、定位和治理等方面对配电网电能质量分析进行了介绍。首先给出了电能质量的定义、标准和电能质量指标的概念；其次在介绍电能质量监测的作用和方式以及电能质量监测测量的基础上，阐述了电能质量在线监测系统的构建；然后对谐波源定位、闪变源定位和电压暂降源的定位进行了详细分析；最后对谐波、闪变和电压暂降的治理技术进行了讨论。通过本章的学习，可对谐波、电压波动与闪变、电压暂降这三个突出的电能质量问题有全面的了解。

7.7　习　题

习题 1. 简述电能质量的分类方法、电能质量的种类和特征。

习题 2. 给出电能质量不同类型问题的测量对策，如谐波、电压波动等。

习题 3. 简要讲述谐波源定位和电压暂降源定位的方法。

习题 4. 给出电压波动与闪变的 3 种定位方法。

习题 5. 总结谐波治理和电压暂降缓解的措施。

主要参考文献

陈建业. 2007. 工业企业电能质量控制［M]. 北京：机械工业出版社.

程浩忠. 2006. 电能质量［M]. 北京：清华大学出版社.

吕干云，孙维蒙，汪晓东. 2010. 电力系统电压暂降源定位方法综述［J]. 电力系统保护与控制，38(23)：241-245.

刘心旸. 2012. 配电网中谐波源的定位检测与综合治理研究［D]. 上海：上海交通大学.

齐勇. 2011. 闪变检测及闪变源定位方法的研究［D]. 长沙：湖南大学.

邵振国，吴丹岳，薛禹胜. 2009. 闪变干扰源定位研究中的若干问题［J]. 高电压技术，35(7)：1595-1599.

吴竞昌. 1998. 供电系统谐波［M]. 北京：中国电力出版社.

王丽霞，何正友，赵静. 2011. 一种基于线性时频分布和二进制阈值特征矩阵的电能质量分类方法［J]. 电工技术学报，26(4)：185-191.

肖湘宁. 2004. 电能质量分析与控制［M]. 北京：中国电力出版社.

杨源，等. 2012. 基于改进稀疏表示法的谐波源定位［J]. 电网技术，37(5)：1279-1284.

赵静，何正友，钱清泉. 2009. 利用广义形态滤波与差分熵的电能质量扰动检测［J]. 中国电机工程学报，29(7)：121-127.

周林，张凤，栗秋华. 2007. 配电网中谐波源定位方法综述［J]. 高电压技术，33(5)：103-108.

赵凤展，杨仁刚. 2007. 基于短时傅里叶变换的电压暂降扰动检测［J]. 中国电机工程学报，27(10)：28-35.

Baggini A. 2010. 电能质量手册［M]. 肖湘宁，陶顺，徐永海，译. 北京：中国电力出版社.

Haque M H. 2001. Voltage sag correction by dynamic voltage restorer with minimum power injection [J]. IEEE Power Engineering Review，(5)：56-58.

Heydt G T，et al. 1994. The impact of energy saving technologies on electric distribution system power quality [C]. IEEE International Symposium on Industrial Electronics：176-181.

Renz B A，et al. 1999. AEP unified power flow controller performance [J]. IEEE Transactions on Power Delivery，14(4)：1374-1381.

第 8 章　小电流接地系统故障选线

8.1　概　　述

配电网的故障类型主要有单相接地、母线单相接地等。上述故障可能引起单相接地、两相短路或三相短路、缺相等，这些故障将造成电气设备的损坏和停电事故的发生。在线路故障中单相接地是电气故障中出现机率最多的故障，并可能导致非故障相绝缘的破坏；两相短路使通过导线的电流比正常时增大许多倍，并在放电处形成强烈的电弧，烧坏导线，造成供电中断；三相短路是最严重的电气故障，但其发生的机会极少；缺相使受电端一相或两相无电压，三相电机无法运转。据不完全统计，在配电网中 80%以上的短路故障是单相接地故障。而小电流接地系统单相接地故障后，电力系统安全运行规程规定可继续运行 1~2 小时，从而获得了排除故障的时间。本章就对配电网中最主要的单相短路故障特征进行分析，并且介绍基于故障特征的小电流接地系统选线方法。

8.2　配电网单相短路故障分析

8.2.1　配电网单相短路故障稳态分析

所谓单相接地短路故障是指三相输电导线中的某一相导线因为某种原因直接接地或通过电弧、有限电阻的非金属接地。对于小电流接地系统，由于中性点非有效接地，当系统发生单相接地故障时，故障点不会产生大的短路电流，但各线路电容电流的分布具有一定的规律性，这种可循的规律性就可作为故障诊断的依据。

1. 中性点不接地系统单相接地故障分析

电源和负荷的中性点均不接地系统的最简单网络接线如图 8-1 所示。在正常运行情况下，三相对地有相同的电容 C_0，在相电压的作用下，每相都有一超前于相电压 90°的电容电流流入地中，而三相电容电流之和等于零。假设 A 相发生单相接地短路，在接地点处，A 相对地电压为零，对地电容被短接，电容电流为零，而其他两相的对地电压升高至$\sqrt{3}$倍，对地电容电流也相应地增大至$\sqrt{3}$倍，相位关系如 8-2 所示，其电容电流分布如图 8-3 所示。

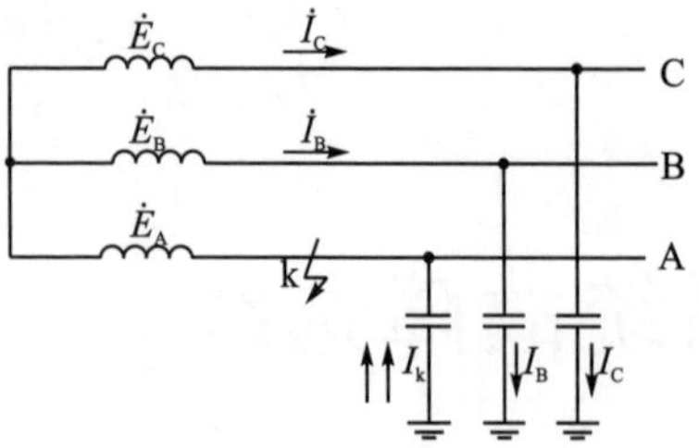

图 8-1 简单网络接线示意图

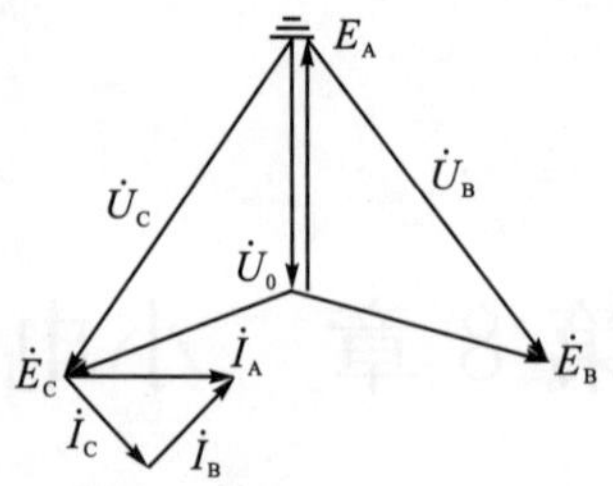

图 8-2 不接地系统发生单相(A 相)接地故障时三相电压、电流相位关系

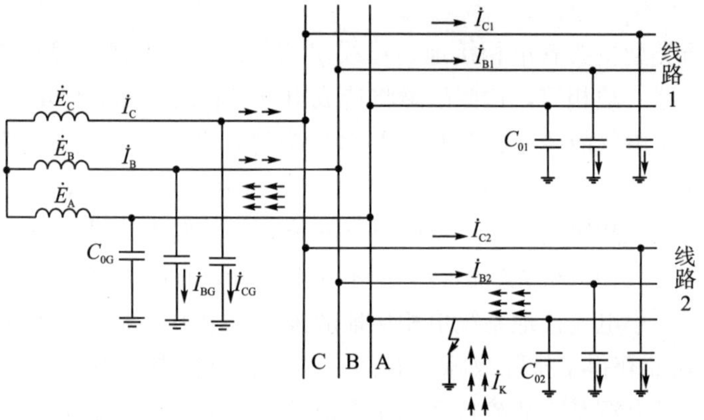

图 8-3 不接地系统发生单相(A 相)接地故障电容电流

由图示分析可得出下列结论：

(1)中性点不接地电网中发生单相金属性接地后，忽略负荷电流和电容电流在线路阻抗上产生的电压降，中性点电压 U_N 上升为相电压，A、B、C 三相对地电压分别为

$$\dot{U}_{\mathrm{A}} = 0 \tag{8-1}$$

$$\dot{U}_{\mathrm{B}} = \dot{E}_{\mathrm{B}} - \dot{E}_{\mathrm{A}} = \sqrt{3}\dot{E}_{\mathrm{A}}\mathrm{e}^{-\mathrm{j}150^\circ} \tag{8-2}$$

$$\dot{U}_{\mathrm{C}} = \dot{E}_{\mathrm{C}} - \dot{E}_{\mathrm{B}} = \sqrt{3}\dot{E}_{\mathrm{A}}\mathrm{e}^{\mathrm{j}150^\circ} \tag{8-3}$$

故障相(A 相)对地电压为零；非故障相(B、C 相)对地电压较正常相电压高至$\sqrt{3}$倍(即电网线电压)。但线电压仍然保持对称。

(2)根据对称分量法分析，电网出现零序电压：

$$\dot{U}_0 = (1/3)(\dot{U}_{\mathrm{A}} + \dot{U}_{\mathrm{B}} + \dot{U}_{\mathrm{C}}) = -\dot{E}_{\mathrm{A}} \tag{8-4}$$

即大小等于电网正常工作时的相电压。

(3)非故障线路零序电流超前零序电压 90°；故障线路零序电流滞后零序电压 90°，即故障线路与非故障线路零序电流相位相差 180°。

2. 中性点经消弧线圈接地系统单相接地故障分析

中性点经消弧线圈接地系统在正常运行时的状态与中性点不接地系统在正常运行时的状态完全相同，各相对地电压是对称的，中性点对地电压为零，电网中无零序电压。当中性点经消弧线圈接地系统出现单相接地故障时，设 A 相发生接地故障，各相电压、电流相位关系见图 8-4，电容电流分布见图 8-5。从图中可以看出，电压分析及各线路的电容电流分析基本与不接地系统相同，具体的配电网电容电流在网络中的分布情况与没有加电感时一样，仅在短路点有电感电流流入，且此电流与系统电容电流方向相反，即

$$\dot{I}_{\mathrm{d}} = \dot{I}_L + \dot{I}_{\sum C} \tag{8-5}$$

式中，$\dot{I}_L$ 为电感支路电流；$\dot{I}_{\sum C}$ 为系统总电容电流。因 I_L 与 $I_{\sum C}$ 在相位上相差 180°，叠加后，I_{d} 在数值上就比 $I_{\sum C}$ 小些，有利地减小了接地点的电流，消除接地故障。

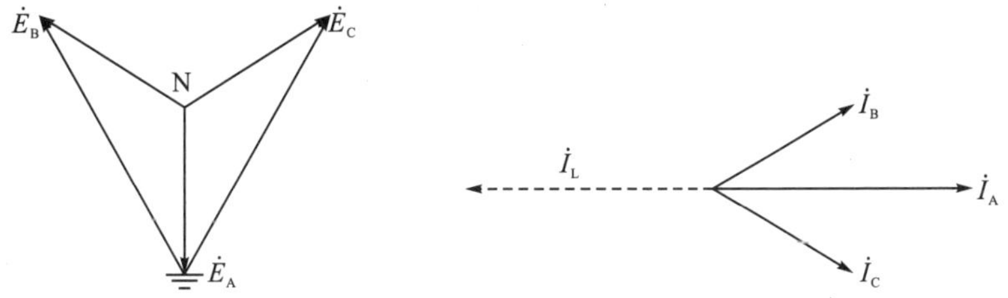

图 8-4　消弧线圈接地系统单相(A 相)接地故障各相电压、电流相位关系

(1)有消弧线圈系统发生单相接地故障时，消弧线圈的两端电压为零序电压；消弧线圈的电流通过故障点和故障线路，不通过非故障线路。

(2)故障线路及非故障线路均通过零序电流。非故障线路总电流等于线路接地电容电流，不受消弧线圈的影响；故障线路零序电流的大小受消弧线圈的影响，等于所有非故障线路电流之和与消弧线圈补偿电流的差。

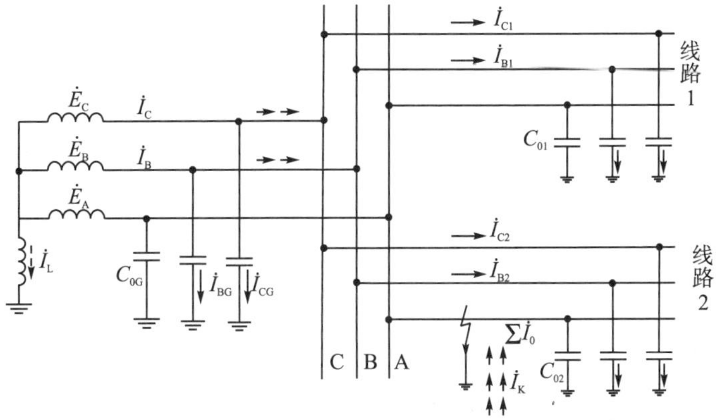

图 8-5　经消弧线圈接地系统单相(A 相)接地故障电容电流分布

(3)非故障线路零序电流超前零序电压 90°，不受消弧线圈的影响；故障线路零序电流与零序电压的相位关系受消弧线圈的影响，当系统采用过补偿方法时，故障线路零序电流超前零序电压 90°，即故障线路与非故障线路零序电流方向相同。

当消弧线圈接地系统发生经过渡电阻单相接地故障时，等值电路见图 8-6，其中 C_1，C_2，$\cdots C_n$ 为各线路单相对地等值电容，L 是消弧线圈电感，R_{f}是接地过渡电阻。与不接地系统的分析相同，零序电压和零序电流大小均受过渡电阻的影响。当 $R_{\mathrm{f}}=0$ 时，零序电压最大，等于电网正常工作时的相电压。但故障线路与非故障线路零序电压与零序电流相位关系仍与过渡电阻无关。

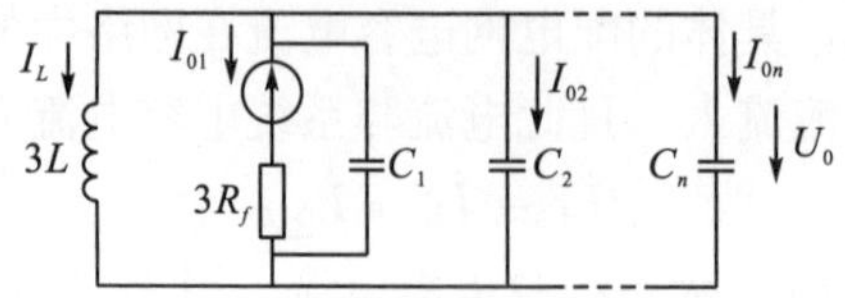

图 8-6 消弧线圈接地系统发生经过渡电阻单相接地故障时零序等值电路

8.2.2 配电网单相短路故障暂态分析

小电流接地系统单相接地稳态故障电流值很小，有些情况下几乎和正常负荷电流没有区别，故对其检测比较困难，但其瞬时电流值可以达到稳态值的几倍甚至几十倍。本节以带消弧线圈系统为例，阐述小电流接地系统单相接地的瞬时过程。

运行中的补偿电网在发生单相接地故障的瞬间，消弧线圈的电感电流在对电网接地电容电流进行补偿的过程中，故障点的接地电流中既存在工频分量，也存在高频振荡等分量。为讨论这一瞬时过程，首先应掌握接地电容电流、补偿电流和接地故障电流的瞬时特性。当补偿电网发生单相接地故障的瞬间，流过故障点的瞬时接地电流由瞬时电容电流和瞬时电感电流两部分组成。由于两者的频率和幅值显著不同，在瞬时过程中就不能相互补偿。此时，在工频电压条件下导出的残余电流、失谐度和谐波等的概念不再适用。

1. 等值回路

当补偿电网中发生单相接地故障的瞬间，可以利用如图 8-7 所示的等值电路，分析流过故障点的瞬时电容电流、瞬时电感电流和瞬时接地电流。

图 8-7 中的等值回路适用于分析补偿电网中各种单相接地故障瞬间的瞬时过程。当发生单相金属性接地时，图中的 R_0 和 L_0 可根据三相线路和电力变压器的参数进行计算，同时瞬时接地电流最大，情况最为严重。

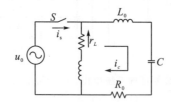

图 8-7 单相接地瞬时电流的等值回路

2. 瞬时电容电流

在分析电容电流的瞬时特性时，因其自由振荡频率一般较高，考虑到消弧线圈的电感 $L \gg L_0$，故图 8-7 中的 r_L 与 L 可以不予考虑。这样，利用 L_0、C、R_0 组成的串联回路和作用于其上的零序正弦电源电压 u_0，便可以确定瞬时电容电流 i_C。根据图 8-7 不难写出下面的微分方程式：

$$R_0 i_C + L_0 \frac{\mathrm{d}i_C}{\mathrm{d}t} + \frac{1}{C}\int_0^t i_C \mathrm{d}t = U_{\varphi m}\sin(\omega t + \varphi) \tag{8-6}$$

当 $R_0 < 2\sqrt{\frac{L_0}{C}}$ 时，回路电流的瞬时过程具有周期性的振荡及衰减特性；当 $R_0 > 2$

$\sqrt{\frac{L_0}{C}}$时，回路电流则具有非周期性的振荡衰减特性，并逐渐趋于稳定状态。因为通常架空线路的波阻抗为 250 Ω～500 Ω，同时，故障点的接地电阻一般较小，弧光电阻一般又可以忽略不计，一般都满足$R_0 < 2\sqrt{\frac{L_0}{C}}$的条件，所以电容电流具有周期性的衰减振荡特性，其自由振荡频率一般为 300 Hz～1500 Hz。电缆线路的电感较架空线小，而对地电容却较后者大许多倍，故电容电流瞬时过程的振荡频率很高，持续时间很短，其自由振荡频率一般为 1500 Hz～3000 Hz。

因为瞬时电容电流 i_C 是由瞬时自由振荡分量 $i_{C.\mathrm{os}}$和稳态工频分量 $i_{C.\mathrm{st}}$两部分组成的，利用 $t=0$ 时 $i_{C.\mathrm{os}}+i_{C.\mathrm{st}}=0$ 这一初始条件和 $I_{Cm}=U_{\varphi m}\omega C$ 的关系，经过拉氏变换等运算可得：

$$i_C = i_{C.\mathrm{os}} + i_{C.\mathrm{st}} = I_{Cm}\left[\left(\frac{\omega_f}{\omega}\sin\varphi\cos\omega t - \cos\varphi\cos\omega_f t\right)\mathrm{e}^{-\delta t} + \cos(\omega t+\varphi)\right] \quad (8\text{-}7)$$

式中，i_{Cm} 为电容电流的幅值；ω_{f}为瞬时自由振荡分量的角频率；$\delta=\frac{1}{\tau_c}=\frac{R_0}{2L_0}$为自由振荡分量的衰减系数，其中的 τ_C 为回路的时间常数。若系统的运行方式不变，则 τ_C 为一时间常数。当 τ_C 较大时，自由振荡衰减较慢；反之，则衰减较快。因为式(8-7)中的自由振荡分量 $i_{C.\mathrm{os}}$中含有 $\sin\varphi$ 和 $\cos\varphi$ 两个因子，故从理论上讲，在相角为任意 φ 值发生接地故障时，均会产生自由振荡分量。当 $\varphi=0$ 时，其值最小；当 $\varphi=\pi/2$ 时，其值最大。此时，当故障相在电压峰值，即 $\varphi=\pi/2$ 接地时，电容电流的自由振荡分量的振幅出现最大值 $i_{C.\mathrm{os\,max}}$，时间为 $t=T_{\mathrm{f}}/4$，其值为：

$$i_{C.\mathrm{os\,max}} = I_{Cm}\frac{\omega_{\mathrm{f}}}{\omega}\mathrm{e}^{\frac{T_{\mathrm{f}}}{4\tau_C}} \quad (8\text{-}8)$$

或比值为

$$r_{C\max} = \frac{\omega_{\mathrm{f}}}{\omega}\mathrm{e}^{\frac{T_{\mathrm{f}}}{4\tau_C}} \quad (8\text{-}9)$$

由式(8−9)可知，瞬时自由振荡电流分量的最大幅值 $i_{C.\mathrm{osmax}}$与 ω_f/ω(自由振荡角频率 ω_f 和工频角频率 ω 之比)成正比，比值越大 $r_{C\max}$越高。当故障相电压在零值接地时，瞬时自由振荡电流的幅值最小，并在 $t=T_f/2$ 时出现，该自由振荡电流分量的最小值为

$$i_{C.\mathrm{osmin}} = I_{Cm}\mathrm{e}^{\frac{T_{\mathrm{f}}}{2\tau_C}} \quad (8\text{-}10)$$

或比值为

$$r_{C\max} = \mathrm{e}^{\frac{T_{\mathrm{f}}}{2\tau_C}} \quad (8\text{-}11)$$

由式(8-11)可知，此时瞬时电容电流的自由振荡分量，恰好与工频电容电流的幅值相等。因此，当 $\varphi=0$ 时发生单相接地，就不会产生瞬时电容电流分量。

配电网的结构、大小和运行方式不同时，会引起瞬时过程的改变。中压电网的自由振荡频率的变化范围一般为 300 Hz～3000 Hz。线路越长时，自由振荡频率越低，瞬时电容电流的自由振荡分量的幅值也会降低，同时自由振荡的持续时间一般也会减少到半个工频周波左右。

3. 瞬时电感电流

根据非线性电路的基本理论，瞬时过程中的铁芯磁通与铁芯不饱和时的方程式相同，因此，只要求出瞬时过程中消弧线圈的铁芯磁通表达式，消弧线圈中的电感电流便可得出。

根据等值回路，不难写出下列微分方程式：

$$U_{\varphi m}\sin(\omega t+\varphi)=r_L i_L+W\frac{\mathrm{d}\psi_L}{\mathrm{d}t} \tag{8-12}$$

式中，W 为消弧线圈相应分接头的线圈匝数；ψ_L 为消弧线圈铁芯中的磁通。

因为在补偿电流的工作范围内，消弧线圈的磁化特性应保持线性关系，即 $i_L=\frac{W}{L}\psi_L$。假定三相对地电容彼此相等，故在接地故障开始前，消弧线圈中没有电流通过，即 ψ_L 为零。利用这一初始条件，同时将 i_L 值代入式(8-12)，便可求出磁通 ψ_L 的方程：

$$\psi_L=\psi_{\mathrm{st}}\frac{\omega L}{Z}[\cos(\varphi+\xi)\mathrm{e}\sqrt{\frac{t}{\tau_L}}-\cos(\omega t+\varphi+\xi)] \tag{8-13}$$

式中，$\psi_{\mathrm{st}}=\frac{U_{\varphi m}}{\omega W}$为稳态状态时的磁通；$\xi=\mathrm{tg}^{-1}\frac{r_L}{\omega L}$为补偿电流的相角；$Z=\sqrt{r_L^2+(\omega L)^2}$为消弧线圈的阻抗；$\tau_L$ 为电感电路的时间常数。

因 $r_L\ll\omega L$，故可取 $Z\approx\omega L$，$\xi=0$。考虑到 $\psi_L=\psi_{\mathrm{os}}+\psi_{\mathrm{st}}$，这样代入式(8-13)并化简后可得

$$\psi_L=\psi[\cos\varphi\mathrm{e}^{\frac{1}{\tau_L}}-\cos(\omega t+\varphi)] \tag{8-14}$$

根据式(8-14)，考虑到 $i_L=i_{L.\mathrm{dc}}+i_{L.\mathrm{st}}$和 $I_{Lm}=\frac{U_{\varphi m}}{\omega L}$，便可写出瞬时电感电流 i_L 的表达式：

$$i_L=I_{Lm}[\cos\varphi\mathrm{e}^{\frac{1}{\tau_L}}-\cos(\omega t+\varphi)] \tag{8-15}$$

消弧线圈的磁通 ψ_L 和电感电流 i_L 均是由瞬时的直流分量和稳态的交流分量组成的，而瞬时过程的振荡角频率与电源的角频率相等，且其幅值与接地瞬间电源电压的相角 φ 有关。当 $\varphi=0$ 时，其值最大；当 $\varphi=\pi/2$ 时，其值最小。若在 $\varphi=0$ 时发生接地故障，经过半个工频周波，ψ_L 和 i_L 均达到最大值，两者分别为：

$$\psi_{L.\max}=\psi_{L.\mathrm{st}}(1+\mathrm{e}^{-\frac{r_L}{\omega L}}) \tag{8-16}$$

$$i_{L.\max}=I_{L.\mathrm{st}}(1+\mathrm{e}^{-\frac{r_L}{\omega L}\pi}) \tag{8-17}$$

考虑到 $\sigma_L=\psi_{L\max}/\psi_L$ 和 $r_L=i_{L\max}/I_{Lm}$，可得两者的最大幅值与稳定幅值之比，即

$$\sigma_L=\gamma_L=(1+\mathrm{e}^{-\frac{r_L}{\omega L}\pi}) \tag{8-18}$$

因消弧线圈的有功损耗约为其补偿容量的 1.5%～2.0%，即 $r_L/(\omega L)=1.5\%\sim2.0\%$，故 $\sigma_L=r_L\approx1.95$。但实际上，消弧线圈的铁芯可能饱和，首半波的最小瞬时自感系数 $L_{\min}$与稳态自感系数 L 之比应取为

$$\frac{L_{\min}}{L}=\frac{\psi_{L\max}}{\psi_{L.\mathrm{st}}}\times\frac{i_L}{i_{L\max}}=\frac{\sigma_L}{r_L} \tag{8-19}$$

此时 $r_L>\sigma_L$。关于 r_L 的具体数值，可根据所用消弧线圈的磁化曲线确定。根据实测

结果 $r_L=2.5\sim4$，所以，首半波的最小自感系数 $L_{\min}$ 为

$$L_{\min}=L\frac{\sigma_L}{\gamma_L}=(0.8\sim0.5)L \tag{8-20}$$

消弧线圈的铁芯在饱和状态下，其电感电流中便会有瞬时直流分量，进而加剧了饱和程度，使电感量进一步下降，因而时间常数也随之减小，如此便加速了直流分量的衰减。利用由式(8-13)求出磁通随时间的变化曲线，再从磁化特性曲线上查出与该磁通对应的电流值，便可求出电感电流的变化过程。

运行中的补偿电网，在正常情况下存在一定的位移度($u_0<15\%$)，即 $\psi_L(0)\neq0$，当 $\psi_L(0)$的方向与瞬时过程的 ψ_L 同相时，会使 σ_L 和 γ_L 同时增大。假定 $u_0=10\%$，则 $\sigma_L=2.05$，$\gamma_L=5\sim6$；若 u_0 大于上述数值，则 γ_L 的数值还会有所增大。此外，由于消弧线圈铁芯的饱和，电感电流中不可避免地会有一定的高次谐波分量，其值随铁芯饱和程度而定。若其伏安特性曲线在 $1.15U_\varphi$ 以下保持线性关系，则补偿电流中的高次谐波分量可以忽略不计。理论分析和实验结果表明，电感电流瞬时过程的长短与接地瞬间的电压相角有关。若 $\varphi=0$，则电感电流的直流分量较大，时间常数较小，大约在一个工频周期内即可衰减完毕。若 $\varphi\approx\pi/2$，则瞬时直流分量较小，时间常数增大，一般为 2～3 个周波，而且其频率和工频相同。

4. 瞬时接地电流

瞬时接地电流由瞬时电容电流和瞬时电感电流叠加而成，其特性随两者具体情况而定。从上述分析可知，虽然两者的 γ_C 与 γ_L 相差不大，但频率却相差悬殊，故两者不可能相互补偿。在瞬时过程的初始阶段，瞬时接地电流的特性主要由瞬时电容电流的特性确定。为了平衡瞬时电感电流的直流分量，于是在瞬时接地电流中便产生了与之大小相等、方向相反的直流分量，它虽不会改变接地电流首半波的极性，但却能给幅值带来明显的影响。

关于瞬时接地电流 i_{d} 的数学表达式，可由前述导出，表达式为

$$\begin{aligned}i_{\mathrm{d}}&=i_C+i_L\\&=(I_{Cm}-I_{Lm})\cos(\omega t+\varphi)+I_{Cm}\left(\frac{\omega_f}{\omega}\sin\varphi\sin\omega t-\cos\varphi\cos\omega_f t\right)\mathrm{e}^{-\frac{t}{\tau_c}}\\&\quad+I_{Lm}\cos\varphi\mathrm{e}^{-\frac{t}{\tau_L}}\end{aligned} \tag{8-21}$$

式中，第一项为接地电流稳态分量，等于稳态电容电流和稳态电感电流的幅值之差；其余为接地电流的瞬时分量，其值等于电容电流的瞬时自由振荡分量与电感电流的瞬时直流分量之和。后者即

$$i_{\mathrm{d.os}}=i_{C.\mathrm{os}}+i_{L.\mathrm{dc}}=I_{Cm}\frac{\omega_0}{\omega}\sin(\omega_0 t+\varphi)\mathrm{e}^{-\frac{t}{\tau_c}}+I_{Cm}\cos\varphi\mathrm{e}^{-\frac{t}{\tau_L}} \tag{8-22}$$

式(8-22)说明，两者的幅值不仅不能相互抵消，甚至还可能彼此叠加，使瞬时接地电流的幅值明显增大。

综上可知，当配电网发生单相接地故障时，在故障点便有衰减很快的瞬时电容电流和衰减较慢的瞬时电感电流流过。无论电网的中性点为经消弧线圈接地还是不接地方式，瞬时接地电流的幅值和频率均主要由瞬时电容电流确定，其幅值同时和初始相角有关。利用其首半波的极性与零序电压首半波的极性之间的固定关系，可以选出故障线路。瞬时接地

电流的幅值虽然很大，但是持续时间很短，约为0.5～1个工频周波。至于瞬时过程中的电感电流，其直流分量的初始值与初始相角、铁芯的饱和程度同时有关。瞬时电感电流的频率与工频相同，持续时间一般可达2～3个工频周波。为平衡该直流分量，接地电流中也伴随着大小相等、方向相反的直流分量，它只增大瞬时接地电流的幅值。

8.3 小电流接地系统故障选线

在配电网单相短路故障特征的基础上，本节主要介绍基于稳态量的故障选线方法、基于暂态量的故障选线方法和基于融合量的故障选线方法。

8.3.1 基于稳态量的故障选线方法

1. 零序电流比幅法

零序电流比幅法基于早期的继电保护原理，适用于中性点不接地系统。在中性点不接地系统发生单相接地故障时，流过故障元件的零序电流在数值上等于所有非故障元件对地电容电流之和，即故障线路工频零序电流幅值比健全线路大，选择工频零序电流幅值最大的线路为故障线路。但这种方法在理论上是不完备的，不能排除电流互感器不平衡的影响，它受系统运行方式、线路长短、过渡电阻大小等许多情况的影响，从而导致误选、多选或漏选。因此，零序电流比幅法有两种变形，在实际当中都有使用，但都是在特定条件下才能成立。

变形方法一为分别以单条线路上的零序电流幅值与其他线路上的零序电流幅值之和进行比较，与幅值和相等的那条线路便是故障线路。由此可得出如下选线判据：

$$|\dot{I}_{0j}| = \sum_{i=1,i\neq j}^{n} |\dot{I}_{0i}| \quad (i=1,2,\cdots,n;j=1,2,\cdots,n) \tag{8-23}$$

能够使式(8-23)成立的线路j为故障线路；如果对所有线路式(8-23)均不成立，则为母线故障。

变形方法二为用式(8-24)分别计算出每条线路零序电流的大小。当系统发生单相接地故障时，比较测得的零序电流幅值是否与本线路的对地电流电容大小相等，不相等的即为故障线路，若都相等则为母线故障。

$$|\dot{I}_{oj}| = 3\omega C_{0i}U_0 \quad (i=1,2,\cdots,n;j=1,2,\cdots,n \text{ 且 } i\neq j) \tag{8-24}$$

式中，U_0为中性点位移电压；j表示故障线路；i表示正常线路。

2. 零序电流比相法

在中性点不接地系统中，故障线路上的零序电流方向从线路流向母线，而健全线路上的零序电流方向则是从母线流向线路。利用故障线路工频零序电流方向与健全线路相反的特点，选择与其他线路电流相位相反的线路为故障线路。但是当线路较短、零序电流较小时，该方法容易产生“时针效应”造成误判，且易受过渡电阻、不平衡电流的影响。

3. 零序电流群体比幅比相法

为了克服小电流接地系统单相接地电容电流的随机性，避免接地电阻、运行方式、电压水平和负荷的影响，使动作值具有随动系统的特点，提取了群体比幅比相的选线原理。通过比较前 3 个最大电流的相位，来确定故障线路(和其他两条线路相反)，或母线接地(3 个电流同相)，简称 3 C 方案。

群体比幅比相法的原理是，首先进行零序电流幅值比较，选出 3 个幅值较大的作为候选。3 个幅值较大的零序电流按幅值从大到小的顺序分别记为：$\dot{I}_1$、$\dot{I}_2$、$\dot{I}_3$。希望通过选大来避免“时针效应”，但实际上不能完全避免。然后在此基础上进行相位比较，选出方向与其他不同的，该零序电流所在线路即为故障线路。该方法在一定程度上解决了前两种方法存在的问题，但同样不能排除电流互感器不平衡电流及过渡电阻大小的影响，“时针效应”仍可能存在。

考虑到单一群体比较方案存在死区，故还需要提出几个互补方案来解决。3 C 方案在第 3 个零序电流 $\dot{I}_3$(按幅值大小排序)较小时，会发生其相应相位误差很大而误动的情况。于是，增加了 2 C1U、2 C、1 C1U、1 C 方案。“C”和“U”分别指电流和电压。

1)两个电流一个电压方案(简称 2 C1U 方案)

在第 3 个零序电流 $\dot{I}_3$ 幅值较小而被忽略的情况下，可以引入零序电压 $\dot{U}_0$，其相位关系如图 8-8 所示。若 $\dot{I}_1$ 或 $\dot{I}_2$ 滞后于 $\dot{U}_0$，则 $\dot{I}_1$ 或 $\dot{I}_2$ 所对应的线路接地；若 $\dot{I}_1$ 和 $\dot{I}_2$ 超前于 $\dot{U}_0$，则为母线接地。图中，虚线 n、m 与零序电压相量的夹角均为 45°。

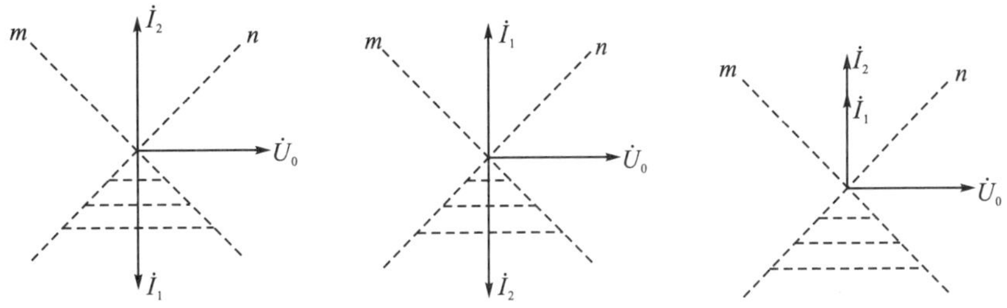

图 8-8　2 C1U 方案的相量图

2)两个电流方案(简称 2 C 方案)

根据前两个较大零序电流 $\dot{I}_1$ 和 $\dot{I}_2$ 的相位进行判断，如果 $\dot{I}_1$ 和 $\dot{I}_2$ 反相，则判断 $\dot{I}_1$ 对应的线路故障。如果 $\dot{I}_1$ 和 $\dot{I}_2$ 同相，则认为是母线接地。

3)一个电流和一个电压方案(简称 1 C1U)

它是按照最大零序电流 $\dot{I}_1$ 和 $\dot{U}_0$ 的相位判断故障线路的，当 $\dot{I}_1$ 滞后于 $\dot{U}_0$ 时，则判 $\dot{I}_1$ 对应的线路为故障线路；反之，则判为母线接地。该方案和无功方向继电器原理不同，这里，已经过了群体比幅，不是每一个电流都与电压进行比相。

4)一个电流方案(简称 1 C 方案)

该方案也称为最大电流方案，不带极性，即使发生母线接地故障，也认为是 $\dot{I}_1$ 对应的线路故障。但是，实践中它又是需要的，尤其是老站，因装电流互感器多年，极性已不清楚，则可先用该无极性方案。当发生几次接地后，根据装置打印的电流互感器极性，校核后再投入有极性方案。

群体比幅比相法虽然有 4 种选线方案，但是每次只按一种方案进行判断。

4. 谐波分量法

在中性点经消弧线圈接地的系统中，由于消弧线圈感性电流的补偿作用，线路零序基波电流的大小和方向都发生了很大改变，故障线路零序基波电流大小不再等于各健全线路基波电流之和，方向也不一定相反。因此，利用基波分量的选线方法对于中性点经消弧线圈接地系统可靠性不高，可转向利用谐波分量的选线。

谐波源之所以可以利用，主要在于消弧线圈的补偿仅仅是针对零序基波电流的，其总容量主要依据电网的总电容电流确定，因此消弧线圈的电抗值 L 满足：

$$X_L = \omega_0 L = \eta \frac{1}{\omega_0 \sum C_{0i}} = \eta X_C \tag{8-25}$$

式中，C_{0i} 为各条线路的零序对地电容；η 为消弧线圈的补偿系数。

对于 n 次谐波，在一定的中性点谐波电压作用下，电容的容抗将减小至基波情况的 n 分之一，而消弧线圈的电抗则要增加为基波情况的 n 倍。可见对于谐波电流，消弧线圈的阻抗要比全部分布电容的阻抗大得多，从而消弧线圈的补偿作用不会对零序谐波电流的大小和方向产生太大的影响。

谐波电流可以用来作为选线判据的另一个原因，在于它在故障电流中所占的比例很高。电力系统谐波主要来自变压器、发电机等电磁感应设备和各种负荷的非线性特性。在系统正常运行状态下，各相电压中总含有或多或少的谐波分量，但是由于负荷性质一般为感性，其阻抗随着频率的增加而变大，所以在负荷电流中谐波含量很小。当系统发生单相接地故障时，情况就不同了。这时故障电流主要是相电压对线路与大地之间分布电容的放电电流，而电容的容抗会随频率的增加而减小。因此，谐波电流在故障电流中的含量就很乐观。

针对基波比幅法中故障线路上的零序电流幅值不一定最大和比相法对中性点经消弧线圈接地系统失效的问题，提出了谐波电流防线原理。中性点经消弧线圈接地系统发生单相接地时，临界谐振状态有

$$\dot{I}_{of}^{k} + \sum_{i,i\neq f}^{n} \dot{I}_{oi}^{k} + \dot{I}_{oL}^{k} = 0 \tag{8-26}$$

即

$$\dot{I}_{of}^{k} = -\left(\sum_{i,i\neq f}^{n} \dot{I}_{oi}^{k} + \dot{I}_{oL}^{k}\right) \tag{8-27}$$

式中，$\dot{I}_{oi}^{k}$ 是第 i 条线路的 k 次零序谐波电流；$\dot{I}_{oL}^{k}$ 为流经母线消弧线圈的 k 次零序谐波电流；$\dot{I}_{of}^{k}$ 是故障线路的 k 次零序谐波电流；$i=1,2,\cdots,n$；$f=1,2,\cdots,n$.

随着谐波次数的增加，消弧线圈的感抗增大而线路对地电容抗减小，总能找到一个 k 使得健全线路对 k 次谐波电流呈容性，从而故障线路与健全线路的 k 次谐波电流方向相反，即式(8−26)右边为负，同时所有大于 k 次谐波的电流均满足这一关系。这种方法受电流互感器不平衡电流或负荷中 k 次谐波分量的影响，且谐波次数越高其相对误差越大，选线精度与可靠性越低。

根据谐波电流方向原理所使用的高次谐波分量较小，易受干扰，实际运行中多使用 5

次谐波分量法。从过渡电阻的非线性可知，故障点本身就是一个谐波源(金属性接地是经电阻接地发展而来的)，并且以基波和奇次谐波为主，根据谐波在整个系统内的分布和保护的要求，使用 5 次谐波分量为宜。中性点经消弧线圈接地系统中，消弧线圈是按照基波整定的，即有 $\omega L\approx 1/\omega C$ 和 $5\omega L\gg 1/5\omega C$，可忽略消弧线圈对 5 次谐波的补偿效果。对小电流接地系统进行故障分析时可以发现，零序电流 5 次谐波分量在中性点经消弧线圈接地系统中有着与中性点不接地系统中零序电流基波相同的特点。采用零序电流 5 次谐波分量，再利用前述原理，如群体比幅、比相法等，即可解决中性点经消弧线圈接地系统的选线问题。但负荷中的 5 次谐波源、电流互感器不平衡电流和过渡电阻的大小，均会影响选线精度。

5. 有功分量法

自动跟踪消弧电抗器的中性点经消弧线圈接地系统如图 8-9 所示。

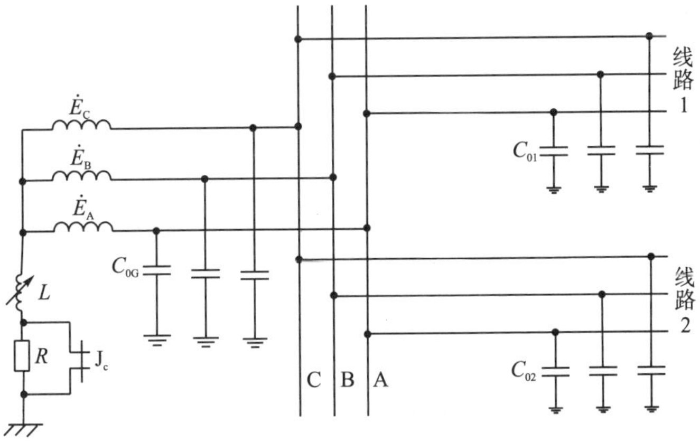

图 8-9　自动跟踪消弧电抗器的中性点经消弧线圈接地系统

图 8-9 中，R 是自动补偿消弧线圈装置的限压电阻，它的作用是防止接地瞬间有可能发生的谐振现象，J_c 为一自动补偿消弧装置由微机控制的接触器接点，当发生单相接地时，J_c 延时闭合短接电阻 R，而变为消弧线圈直接接地完全补偿方式。

1)R 被短接前的零序电流特征

接地线路的零序电流 I_{of} 为接地线路的零序电流 I_{oc} 接地时流过消弧线圈的补偿电流 I_{oL} 的矢量和，由于此时电路中含有电阻 R，因此 I_{of} 中含有流过电阻 R 的有功电流分量，而非故障线路则为其本身的接地电容电流，不含有功电流分量。

2)R 被短接后的零序电流特征

故障线路的零序电流 I_{of} 为接地线路的零序电流 I_{oc} 接地时流过消弧线圈的补偿电流 I_{oL} 的矢量和，此时电路中不含有电阻 R，因此，I_{of} 中基本不含有有功电流分量。

基于以上分析，在电阻 R 被短接前，故障线路零序电流中含有有功电流分量，而非故障线路零序电流中则没有有功电流分量。为此可以巧妙利用电阻 R 短接前的很短一段时间内，检测各条出线线路零序电流中的有功电流分量的大小，并以此来判别接地故障线路。

6. 负序电流法

设配电网含有 n 条出线，三相负荷对称，系统参数对称。设线路 k 的 A 相发生单相接地故障，有负序电流产生。负序电流由故障点流向电源及健全线路，故障点负序电流大小等于流向电源的负序电流与流向线路的负序电流之和。假设 k 的 A 相发生单相接地故障，用对称分量法分析，通过故障点的正序、负序、零序电流为

$$\dot{I}_1 = \dot{I}_2 = \dot{I}_0 = \frac{1}{3}\dot{I}_{\mathrm{f}} = \frac{\dot{E}_{\mathrm{A}}}{3R_{\mathrm{f}} + Z_0 + Z_1 + Z_2} \tag{8-28}$$

$$Z_2^{-1} = \sum_{i=1}^{n} Z_{2i}^{-1} + Z_{2s}^{-1} \tag{8-29}$$

式(8-28)和式(8-29)中，$\dot{E}_{\mathrm{A}}$ 为故障前故障点对地电压；Z_1、Z_2、Z_0 分别为从故障点看整个配电网的正序、负序、零序阻抗；R_{f} 为故障点接地电阻；Z_{2i} 为第 i 条出线的负序阻抗（主要包括负载的负序阻抗）；$Z_{2\mathrm{s}}$ 为电源（系统）的负荷阻抗。

小电流接地系统中，$Z_0 \gg Z_1$，$Z_0 \gg Z_2$，故式(8-28)可改写为

$$\dot{I}_1 = \dot{I}_2 = \dot{I}_0 = \frac{1}{3}\dot{I}_{\mathrm{f}} \approx \frac{\dot{E}_{\mathrm{A}}}{3R_{\mathrm{f}} + Z_0} \tag{8-30}$$

在配电网中，系统高压侧阻抗折算到低压侧，阻抗值变小。随着电网的增大，系统的负序阻抗变小。而配电网绝大部分为辐射网络，每条线路的负荷不大，负荷阻抗较大。一般线路的负序阻抗（主要指负荷的负序阻抗）是系统负序阻抗的上百倍。因此，故障点负序电流主要流向系统（电源）。定义负序电流的正方向由母线流向线路，则故障线路 k 的负序电流为

$$\dot{I}'_{2k} \approx \dot{I}_2 \tag{8-31}$$

母线负序电压为

$$\dot{U}_2 = \dot{I}_{2\mathrm{s}} Z_{2\mathrm{s}} \approx -\dot{I}_2 Z_{2\mathrm{s}} = \frac{-\dot{E}_{\mathrm{A}} Z_{2\mathrm{s}}}{3R_{\mathrm{f}} + Z_0} \tag{8-32}$$

则健全线路 i 上的负序电流为

$$\dot{I}_{2i} = \frac{\dot{U}_2}{Z_{2i}} = -\frac{\dot{I}_2 Z_{2\mathrm{s}}}{Z_{2i}} \tag{8-33}$$

同理，其他线路（如线路 i）发生单相接地故障时，流向线路 k 的负序电流为

$$\dot{I}_{2k} = -\frac{\dot{I}_2 Z_{2\mathrm{s}}}{Z_{2k}} \tag{8-34}$$

基于上述分析，通过比较各线路的负序电流的大小和方向，选择负序电流最大者且方向相反的线路为故障线路。基于负序电流的选线方法不受弧光接地的影响，且抗过渡电阻能力强，但受系统不对称度和负荷的影响较大。

综上所述，基于稳态信息选线方法的优点是稳态信号持续时间长，可以连续多次运用稳态信息选线并综合判断来保证选线的准确率。同时，其缺点也非常明显：部分选线方法的应用受到中性点接地方式、线路长度、过渡电阻大小的影响，且稳态信号的幅值较小，易受互感器测量误差和噪声的影响，影响选线精度；另外，在出现故障点电弧不稳定，间歇性接地故障等情况时，选线的准确性会严重下降。

8.3.2 基于暂态量的故障选线方法

单相接地故障产生的暂态电流是稳态电流的几倍到几十倍，利用暂态电流信号的选线方法灵敏度较高且不受消弧线圈的影响。中性点经消弧线圈接地系统发生单相接地故障将经历一个复杂的暂态过程，其暂态特征蕴涵了丰富的故障信息。因此，对暂态信号的识别、处理和利用是实现暂态原理选线，克服稳态选线方法不足的关键所在。

1. 首半波法

首半波原理是基于接地故障发生在相电压接近最大值瞬间这一假设。此时故障相电容电荷通过故障相线路向故障点放电，故障线路分布电容和分布电感具有衰减振荡特性，该电流不经过消弧线圈，所以暂态电感电流的最大值出现在接地故障发生在相电压经过零瞬间，而故障发生在相电压接近于最大值的瞬间时，暂态电感电流为零。此时的暂态电容电流比暂态电感电流大得多。无论中性点不接地系统还是中性点经消弧线圈接地系统，故障发生瞬间的暂态过程近似相同。利用故障线路暂态零序电流和电压首半波的幅值和方向均与正常情况不同的特点，即可实现选线。该方法可检测不稳定接地故障，但极性关系成立的时间很短，要求检测装置的数据同步采样速度快，且易受线路参数、故障初相角等因素的影响。

2. 基于暂态零序电流比较法

基于零序电压电流工频分量的方法检测灵敏度较低且受消弧线圈影响较大。由于暂态特性幅值大且受消弧线圈影响小的原因，考虑基于暂态零序电流的选线方法。

1)零序电流的预处理

在线路特征频带 ω' 内，每条健全线路的阻抗均为容性。为了满足选线特征，必须对所有线路的零序电流进行滤波处理以提取其中的特征频率分量。对于中性点不接地系统，特征频带可以选为 $0\sim\omega'$（ω' 为所有健全线路自身串联谐振频率的最小值）；而对于消弧线圈接地系统，为了同时适用两种接地系统，特别是需要经常改变接地方式的系统，特征频率必须选为 $\omega_L{}'\sim\omega'$ 的频带。

$$\omega_L' = \frac{\omega_0}{\sqrt{\rho}} \tag{8-35}$$

式中，ω_0 为工频角频率；ρ 为健全线路零序电容和整个系统零序电容之比。

2)幅值比较法

当选定特征频带后，可通过比较零序电流特征频带分量的幅值大小确定故障线路。有多种方法可用来计算暂态零序电流幅值。从保证检测灵敏度及易于实现的角度出发，可以计算暂态零序电流幅值的真有效值。以 j 条线路为例，其暂态零序电流幅值 I_{0j} 的计算公式为

$$I_{0j} = \sqrt{\frac{1}{N}\sum_{k=1}^{N} i_{0jk}^2} \tag{8-36}$$

式中，i_{0jk} 为第 j 条线路零序电流特征频带分量从故障起始的第 k 个数据；N 为用于计算

的数据个数，其大小根据暂态过程的持续时间而定。选择零序电流特征频带分量 I_{0j} 幅值最大的线路作为故障线路。

3)极性比较法

故障线路零序电流的特征频带分量与所有健全线路极性都相反，可以此作为选线依据。选用某一(设第 m)条出线作为参考线路。其他所有线路和参考线路依次进行暂态零序电流特征频带分量的内积运算：

$$P_{jm}=\frac{1}{N}\sum_{k=1}^{N}i_{0jk}\times i_{0mk} \tag{8-37}$$

$P_{jm}>0$，表明第 j 条出线和参考线路同极性；$P_{jm}<0$，表明反极性。如果参考线路只与某一条出线反极性，则该出线为故障线路；如果与其他所有出线都反极性，则参考线路为故障线路；如果与其他所有出线都同极性，则为母线接地故障。

4)幅值和极性综合比较法

由于幅值比较法不能检测母线接地故障，而相位比较法当某些健全线路暂态电流过小时，易受噪声干扰发生误判。将幅值和极性特性结合起来选线可以克服各自缺点，即选择幅值最大的若干条(不小于 3 条)线路再参与极性比较。

3. 基于小波变换的暂态零序电流比较法

小波分析在时域、频域同时具有良好的局部化性质，使它比傅里叶分析和短时傅里叶分析更为精确可靠，对具有奇异性、瞬时性的故障信号检测也更加准确。利用小波变换对信号进行精确分析，能可靠地提取出暂态突变信号和微弱信号的故障特征。基于小波变换的暂态零序电流比较法是把一个信号分解成不同尺度和位置的小波之和，选用合适的小波和小波基对暂态零序电流进行小波变换，利用一定的后处理方法提取故障暂态过程中包含的特征信息(幅值、相位)，根据故障线路的暂态特征分量的幅值包络线高于健全线路，且二者极性相反的关系选择故障线路。该方法不会出现因干扰和测量误差而导致故障特征被湮没的情况，可以提高故障选线的灵敏性和可靠性。但由于暂态过程的持续时间短且暂态信号受故障时刻等多种因素影响，呈现出随机性、局部性和非平稳性等特点，使暂态信号记录和分析手段受到了一定的限制。

4. 能量法

由于故障分量系统是一个单激励网络，故障前各个元件的电压电流初始值为零，且为无源网络。发生单相接地故障时，相当于在 $t=0$ 时刻故障分量系统加了一个电压源，所以故障分量系统中所有元件吸收和消耗的能量均由此电源提供。

定义线路的零序电压与零序电流乘积的积分为零序能量函数：

$$S_{0j}(t)=\int_{0}^{t}u_0(\tau)i_0(\tau)\mathrm{d}\tau \qquad (j=1,2,\cdots,n) \tag{8-38}$$

对于消弧线圈，有

$$S_{0L}(t)=\int_{0}^{t}u_0(\tau)i_{0L}(\tau)\mathrm{d}\tau \tag{8-39}$$

显然，$S_{0j}(t)$，$j=1$，2，…，n，是故障后第 j 条线路上传输的能量。由于故障分量网络是无源网络，所以只能从等效电源吸收能量。考虑到电流的参考方向，非故障线路的能量函数总是大于零。消弧线圈的能量函数与非故障线路极性相同。网络上的能量都是通过故障线路传送给非故障线路的，因此，故障线路的能量函数总是小于零，并且其绝对值等于其他线路(包括消弧线圈)能量函数的总和。根据能量函数的上述特性，可以构成两种接地选线方法。

(1)方向判别。

若第 j 条线路的能量函数 $S_{0j}(t)<0$，$j=1,2,\cdots,n$，则判定第 j 条线路为故障线路；若所有线路(包括消弧线圈)的能量函数均大于零，即 $S_{0j}(t)>0$，$j=1,2,\cdots,n$，则判定为母线故障。

(2)大小判别。

为了能够判别母线故障，再构成一个能量函数：

$$S_{0\text{bus}}(t)=\int_0^t\left[i_{01}(\tau)+i_{02}(\tau)+\cdots+i_{0n}(\tau)+i_{0L}(\tau)\right]u_0(\tau)\mathrm{d}\tau \tag{8-40}$$

显然，在母线接地时，$S_{0\text{bus}}(t)$等于所有线路(包括消弧线圈)能量函数的总和，而在线路故障时，$S_{0\text{bus}}(t)$为 0。对式(8-38)、式(8-39)和式(8-40)进行积分，得

$$M_j(t)=\left|\int_0^t u_0 S_{0j}(t)\mathrm{d}t\right| \qquad (j=1,2,\cdots,\text{bus}) \tag{8-41}$$

大小判别的方法为比较所有 $M_j(t)$的大小，最大值相应的线路为故障线路(包括母线)。与方向判别方法相比较，大小判别方法的优点为在实际线路零序 CT 极性接反时仍能正确选线；缺点为由于 $S_{0\text{bus}}(t)$是所有线路能量函数的累加，噪声的影响变大，影响接地选线的灵敏度。

综上所述，基于故障暂态信息的选线方法的主要优点是：故障发生时的暂态信号往往强于稳态信号，特征量明显，灵敏度高，并且基本不受中性点接地方式的影响。其缺点是：暂态信号的持续时间短，对有效提取故障发生时的特征信息并迅速地判别故障提出了很高的要求，使其应用受到了很大的限制。

8.3.3　基于融合量的故障选线方法

配电网发生单相接地故障时，一方面，故障稳态信息持续时间长，可以连续多次运用稳态信息进行选线并通过综合判断来保证选线的准确率，但稳态故障特征量的应用受中性点接地方式、线路长度、过渡电阻的影响较大，且稳态信号的幅值较小，易受互感器测量误差和噪声的影响，影响选线精度；另一方面，在故障过程中，暂态信号往往强于稳态信号，特征明显，灵敏度高，并且基本不受中性点接地方式的影响，但暂态信号的持续时间短，对于有效提取故障发生时的信息并迅速判别故障提出了很高的要求，使其应用受到了一定的限制。因此，任何单一利用暂态量或者稳态量的选线方法都很难完全适应各种电网结构与复杂故障工况的要求，成为了现有选线技术发展的瓶颈。

为解决选线难题，综合利用故障稳态、暂态信息，结合多种故障特征量，将多种选线方法融合进行综合选线方法是一种新的研究思路。

1. 神经网络选线法

神经网络是由大量处理单元互联组成的非线性、自适应信息处理系统，可用于解决建

模困难的问题，具有自学习、联想存储和高速寻优能力。在配电网单相接地故障选线中，提取的故障特征和故障选线结果之间具有复杂的非线性关系，很难建立精确的数学模型，因此，可以采用神经网络来描述故障选线模型。

基于神经网络的融合选线流程如图 8-10 所示。

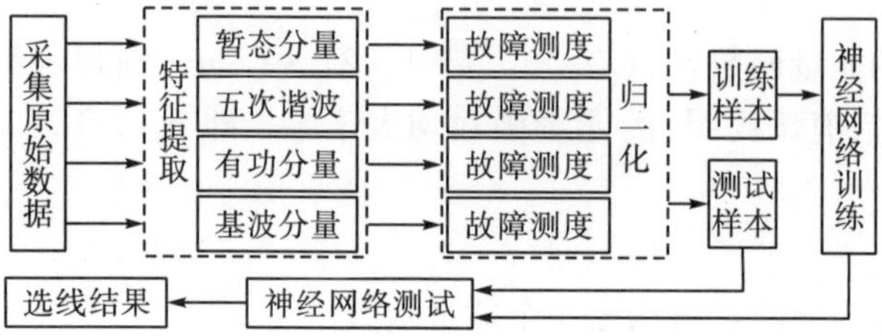

图 8-10 神经网络融合选线流程示意图

(1)采集原始故障数据。故障原始数据应该包括各条馈线零序电流故障时刻前两个工频周波的数据和故障时刻后至少两个工频周波的数据。

(2)特征提取。利用各种信号处理方法(小波变换、傅里叶变换等)从零序电流信号中提取零序电流的多种(暂态分量、5 次谐波、有功分量和基波分量等)故障暂态特征分量和稳态特征分量。

(3)归一化。分别将所提取的故障特征进行归一化处理，形成原始数据。

(4)训练样本和测试样本的形成。从原始数据中提取一部分作为训练样本，另一部分作为测试样本。

(5)神经网络训练。利用特定训练算法对神经网络进行训练，训练完成后得到故障选线模型。

(6)神经网络测试。利用测试样本对神经网络选线模型进行验证，得到选线结果。

2. 粗糙集选线法

粗糙集理论是一种处理不确定和不精确问题的新型数学工具。其最大特点是不需要提供问题所需要处理的数据集合之外的任何先验信息。粗糙集选线方法从实际发生的故障原始数据出发，通过收集故障数据，对数据进行归纳、整理，从数据中提取有用信息，对有用信息进行挖掘处理，从而有机融合多种选线判据，揭示故障规律。

基于粗糙集的融合选线流程如图 8-11 所示。

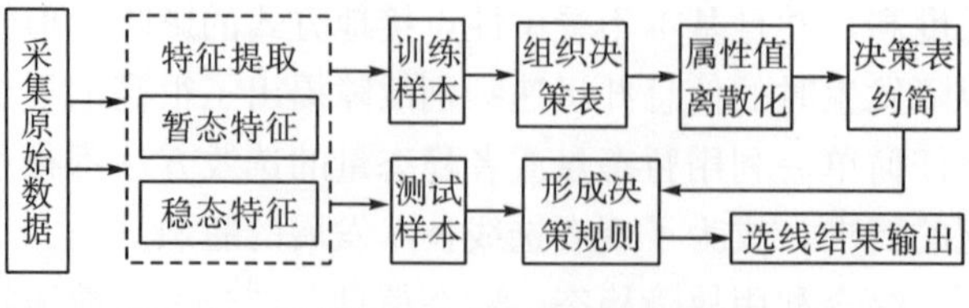

图 8-11 基于粗糙集的融合选线流程示意图

(1)采集原始故障数据。故障原始数据应该包括各条馈线零序电流故障时刻前两个工频周波的数据和故障时刻后至少两个工频周波的数据。

(2)特征提取。利用各种信号处理方法提取零序电流的多种故障特征分量。

(3)训练样本和测试样本的形成。从原始数据中提取一部分作为训练样本，另一部分作为测试样本。

(4)属性值离散化。因为粗糙集理论研究的对象只能是离散值对象，所以需要对已提取出的故障特征值进行离散化处理。

(5)决策表约简。将离散化的各单一选线判据的故障特征值输入条件属性中，将确定不是故障线路的样本从论域中删除，减小论域。

(6)形成决策规则。根据决策规则求出决策属性，输出到决策表的决策属性中。

(7)选线结果输出。利用测试样本根据决策表的决策属性值判断故障线路。

3. DS 证据理论选线法

DS 证据理论是一种不确定推理方法，能够处理由“不知道”引起的不确定性，摆脱先验概率的限制，对不完全信息有较好的处理能力，可以处理不同层次属性的融合问题。目前，DS 证据理论在小电流接地选线中的应用主要体现在两个方面：一方面是利用证据理论进行多判据选线结果的决策融合，该方法的思想与其他智能融合选线方法的区别主要体现在其信息融合的阶段发生在决策级，而决策级融合可以得到更高精度的选线准确率；另一方面是利用证据理论进行连续选线决策融合。

基于 DS 证据理论的连续选线流程如图 8-12 所示。

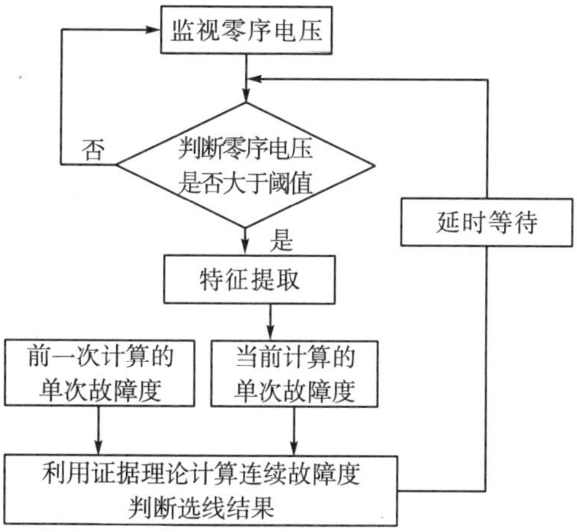

图 8-12　DS 证据理论选线流程示意图

该方法的思想是：

(1)监视零序电压。当配电网发生单相接地故障时，由母线零序电压越限信号触发算法装置，装置随即保存当前数据窗中的数据。

(2)特征提取。零序电压若大于阈值，则对信号进行特征提取。

(3)启动故障度计算。启动算法计算单次故障度和连续故障度，并依据连续故障度给出选线结果。

(4)延时等待。延时等待一定时间后对重新保存在数据窗口中的数据进行计算，对选线结果进行连续刷新。

(5)DS 证据融合。每个单次故障度值提供了某线路可能是故障线路还是健全线路的依据程度，相当于一个证据，多个单次故障度可对每条线路提供多个证据。利用DS证据理论可以对这些单次故障度进行有效的证据组合和推理，求得连续故障度，强化故障信息，达到提高选线精度的目的。

8.4 小 结

本章首先对配电网单相短路故障的稳态特征和暂态特征进行了分析，在分析特征的基础上，对小电流接地选线方法进行了阐述。

对于稳态特征，重点分析了中性点不接地系统和中性点经消弧线圈接地系统单相接地短路故障时的稳态特征。

对于暂态特征，在给出配电网发生单相短路故障时的等值回路的基础上，分析了网络的瞬时电容电流、瞬时电感电流和瞬时接地电流。

在故障特征分析的基础上，介绍了小电流接地系统故障选线方法。故障选线方法从构造思路上、设计方法上形式多样。通过对各种方法的分析发现，目前造成小电流接地选线问题难以解决的原因主要有以下几点。

(1)小电流接地系统的故障建模困难。故障状况复杂，随机性强，产生的故障量在数值上、变化规律上相差悬殊，因此，无法准确建立系统的单相接地模型来计算零序分量的定量关系，只能根据零序分量来定性推测故障线路。

(2)故障特征信号微弱。小电流接地系统单相接地故障电流仅为线路对地电容电流，数值非常小，其中有功分量和谐波分量则更小，一般不到接地电流的10%。有些故障情况下零序电流可能低于零序电流互感器下限值，测量误差较大。而且现场电磁干扰以及零序回路对高次谐波及各种暂态量的放大作用，使检测出的故障成分信噪比非常低。

(3)不平衡电流的影响。对于架空线路，需要使用零序滤过器获得零序电流，而零序滤过器存在不平衡电流，一次电网的不平衡也产生零序电流，这些附加电流叠加在微弱的故障电流上，不容易分离出去。

(4)不稳定故障电弧的影响。现场的单相接地故障中，很多情况为瞬时性接地或间歇性接地，其故障点多表现为电弧接地。对于弧光接地，特别是间歇性弧光接地，由于故障点不稳定，没有一个稳定的接地电流信号，使基于稳态信息的检测方法失去了理论基础。

(5)避开消弧线圈干预的有效措施尚不成熟。小电流接地系统中，由于中性点在消弧线圈引入之后，系统故障时的接地电流得到补偿，扰乱了原有不接地系统的零序电流分布规律，使信号特征量提取困难。

8.5 习 题

习题1. 中性点不接地系统单相接地故障分析中，请画出不接地系统发生单相(A相)接地故障时三相电压、电流相位关系。

习题2. 简述在中性点经消弧线圈接地系统单相接地时，线路电压和电流的故障特征。

习题3. 通过单相接地瞬时电流的等值回路，分析回路电容电流的瞬时特性。

习题4. 什么是小电流选线？简述小电流选线的原因。

习题 5. 为什么可以利用故障暂态特征实现小电流接地系统故障选线？

习题 6. 分别简述 3 种基于稳态和暂态的故障选线的方法原理。

习题 7. 简述基于融合信息的故障选线方法的优势。

主要参考文献

韩祯祥. 2005. 电力系统分析［M］. 杭州：浙江大学出版社.

何正友. 2010. 配电网故障诊断［M］. 成都：西南交通大学出版社.

贺家李，宋从矩. 2003. 电力系统继电保护原理［M］. 北京：中国水利水电出版社.

贾焕年，曹梅日. 2009. 电力系统谐振接地[M]. 北京：中国电力出版社.

李冬辉，史临潼. 2004. 非直接接地系统单相接地故障选线方法综述［J］. 继电器，3(18)：74-78.

束洪春. 2008. 配电网络故障选线［M］. 北京：机械工业出版社.

王守相，王成山. 2007. 现代配电系统分析［M］. 北京：高等教育出版社.

吴军基，杨敏，杨伟，张俊芳. 2004. 暂态高频分量能量法小电流接地故障选线［J］. 电力自动化设备，24(6)：14-17.

薛永端，等. 2003. 基于暂态零序电流比较的小电流接地选线研究［J］. 电力系统自动化，27(9)：48-53.

张海平，何正友，张钧. 2009. 基于量子神经网络和证据融合的小电流接地选线方法［J］. 电工技术学报，24(12)：171-178.

张钧，何正友，陈鉴. 2011. 基于仙农模糊熵的融合故障选线方法［J］. 电网技术，35(9)：216-222.

张钧，何正友，臧天磊. 2011. 一种基于 D－S 证据理论和稳态量的配电网故障选相方法研究［J］. 电力系统保护与控制，39(11)：49-55.

第 9 章　配电馈线自动化

9.1　概　　述

馈线自动化(feeder automation，FA)是配电网自动化最重要的内容之一。宏观意义上讲，就是配电线路的自动化。在正常状态下，实时监视馈线分段开关与联络开关的状态和馈线电流、电压的情况，实现线路开关的远方或就地合闸与分闸操作；在发生故障时，获得故障记录，并能自动判断和隔离馈线故障区段，迅速恢复非故障区域供电。微观上，馈线自动化可定义为：利用自动化装置和系统，监视配电线路(馈线)的运行状况和负荷，在故障发生后，及时、准确确定并隔离故障区段，恢复对非故障区间的供电。

馈线自动化有多种执行模式，包括基于故障指示器的故障查找模式、基于开关设备的馈线自动化模式、基于 FTU 的馈线自动化模式以及基于无通道的馈线自动化模式等。本章将针对基于开关设备的馈线自动化模式和基于 FTU 的馈线自动化模式进行详细介绍。

9.2　基于开关设备的馈线自动化

基于开关设备的馈线自动化系统是基础的馈线自动化模式之一。这种自动化模式不需要建设通信通道，只需要利用配电自动化开关设备的相互配合，就能实现隔离故障区域和恢复健全区域供电的功能。

首先简单介绍重合器和分段器两类开关设备。

9.2.1　重合器和分段器的分类和功能

1. 重合器的分类和功能

重合器(recloser)是一种自具控制和保护功能的开关设备，能检测并断开故障电流，能按预定的开断和重合顺序自动进行开断和重合操作，并在其后自动复位或闭锁。

重合器自 20 世纪 30 年代问世以来，不断改进和完善。目前重合器的品种很多，按相数分为单相、三相重合器；按绝缘介质和灭弧介质分为油、六氟化硫、真空重合器；按控制方式分为液压、电子和电子液压混合控制重合器；按安装方式分为柱上、地面和地下重合器。

图 9-1 是重合器时间－电流($t-I$)特性曲线示意图。图中，A 为重合器快速动作时间－电流特性曲线，对应重合器的瞬动特性；B 为重合器慢速动作时间－电流特性曲线，对应重合器的延时动作特性。延时动作相对于瞬时动作而言，是指在同一电流下，进行一定

延时后再动作。通常重合器的动作可整定为“一快二慢”、“二快二慢”和“一快三慢”等。这里的“快”是指按瞬时特性跳闸，“慢”是指按延时特性跳闸。

重合器的功能可从正常状态和故障时两个方面进行阐述。

正常状态时，重合器起到断路器的作用。

事故发生后，如果重合器经历了超过设定值的故障电流，则重合器跳闸，并按预先整定的动作顺序做若干次合、分的循环操作，若重合成功延时复位，则自动终止后续动作，并经一段延时后恢复到预先的整定状态，为下一次故障做好准备。若重合失败，则闭锁在分闸状态，只有通过手动复位才能解除闭锁。

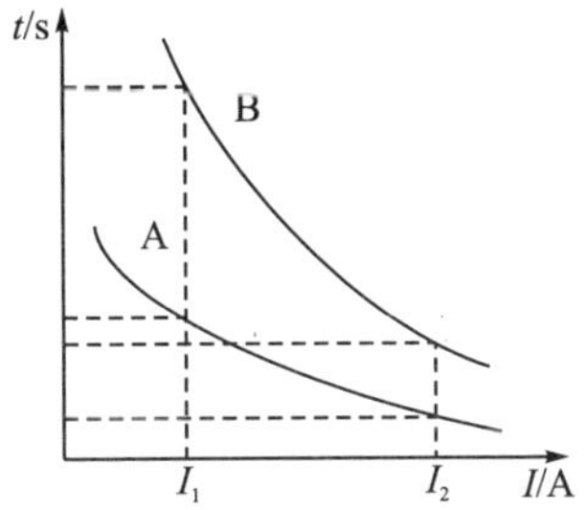

图 9-1　重合器时间－电流($t-I$)特性曲线

简单来说，重合器的功能可用以下四个要点概括。

(1)检测故障电流后跳闸。

(2)按预定特性动作若干次。

(3)重合成功后延时复位。

(4)失败后闭锁在分闸位。

综上所述，重合器有以下三种工作状态。

(1)正常时：闭合。

(2)瞬时性故障时：若干次重合后闭合。

(3)永久性故障时：若干次重合后断开，闭锁。

2. 分段器的分类和功能

分段器(sectionalizer)串联于重合器或断路器的负荷侧，是一种与电源侧前级开关配合，在失压或无电流的情况下自动分闸的开关设备。

分段器的功能可总结为：分段器在正常时处于常闭状态，当发生永久性故障时，分段器在预定次数或分合操作后闭锁于分闸状态，达到隔离故障线路区段的目的。若故障被其他设备切除，分段器未达到预定次数或完成分合操作时，分段器将保持在合闸状态，经延时后恢复到初始的整定状态，为下一次故障做好准备。

分段器的关键部件是故障检测继电器(fault detecting relay，FDR)。根据判断故障方式可将分段器分为电压－时间型分段器和过流脉冲计数型分段器两类。

1)电压－时间型分段器

电压－时间型分段器是通过加压、失压的时间长短来控制其操作的，失压后分闸或闭锁，加压后合闸。电压－时间型分段器既可用于辐射状网和树状网，又可用于环状网。

电压－时间型分段器的 FDR 一般有两套功能通过一个操作手柄相互切换：面向处于

常闭状态的分段开关和处于常开状态的联络开关。

电压-时间型分段器有两个重要参数X时限和Y时限：X时限是指合闸时间，它是指从分段器电源侧加压至该分段合闸的时延；Y时限是指故障检测时间，它的含义是当分段器关合后，如果在Y时限内一直可检测到电压，则Y时限之后发生失压分闸，分段器不闭锁，重新来电时会合闸，如果在Y时限内检测不到电压，则分段器将发生分闸闭锁，即使来电也不再闭合。

根据所应用的网络拓扑结构不同，电压-时间型分段器的功能可概括为：

(1)应用于辐射状网和树状网时：应将分段器全部设置在第一套功能。当FDR检测到分段器的电源侧得电后启动X计数器，经过X时限规定的时间，Y接点闭合令分段器合闸，此时启动Y计数器，若在计满Y时限规定的时间以内，该分段器又失压，则该分段器分闸并闭锁在分闸状态，待下一次再得电时也不自动重合。

(2)应用于联络开关处开环运行的环状网络时：安装于处于常闭状态的分段开关处的分段器应当设置在第一套功能。

(3)安装于处于常开状态的联络开关处时：此时的分段器应当设置在第二套功能。安装于联络开关处的分段器要对两侧的电压进行检测，当检测到任何一侧失压时启动X计时器，达到X时限规定的时间后，Y接点闭合，分段器合闸，同时启动Y计时器，若在计满Y时限规定的时间以内，该分段器的同一侧又失压，则该分段器闭锁在分闸状态，待下一次再得电时也不自动重合。

(4)对于多供电途径的网格状配电网，还要求分段器具有两侧带电合闸闭锁功能。

2)过流脉冲计数型分段器

过流脉冲计数型分段器通常与前级的重合器和断路器配合使用，不能开断短路故障电流，但在一段时间内，可以记忆前级开关设备开断故障电流动作次数。

过流脉冲计数型分段器的功能可概括为：在预定的记录次数后，在前级的重合器或断路器将线路从电网中短时切除的无电流间隙内，过流脉冲计数型分段器分闸，达到隔离故障区域的目的。若前级开关设备未达到预定的动作次数，过流脉冲计数型分段器在一定的复位时间后清零并恢复到预先整定的初始状态，为下一次故障做好准备。

基于开关设备的馈线自动化是采用重合器和分段器的相互配合，主要有重合器和电压-时间型分段器配合模式、重合器和过流脉冲计数型分段器配合模式。

9.2.2 重合器与电压-时间型分段器配合的故障区段隔离

重合器与电压-时间型分段器相互配合完成故障区段的隔离，对于辐射状网和开环运行的环状网是不同的。下面从两种网络拓扑结构出发，具体说明其故障隔离过程。

1. 辐射状网故障区域隔离

图9-2为一个典型的辐射状网在采用重合器与电压-时间型分段器配合时，隔离故障区段的过程示意图。图中A采用重合器，整定第一次重合时间为10 s，第二次重合时间为5 s。B和D采用电压-时间型分段器，X时限整定为5 s；C和E采用电压-时间型分段器，其X时限均整定为10 s，Y时限均整定为3 s。分段器均设置在第一套功能，图9-3为

各个开关的动作时序图。

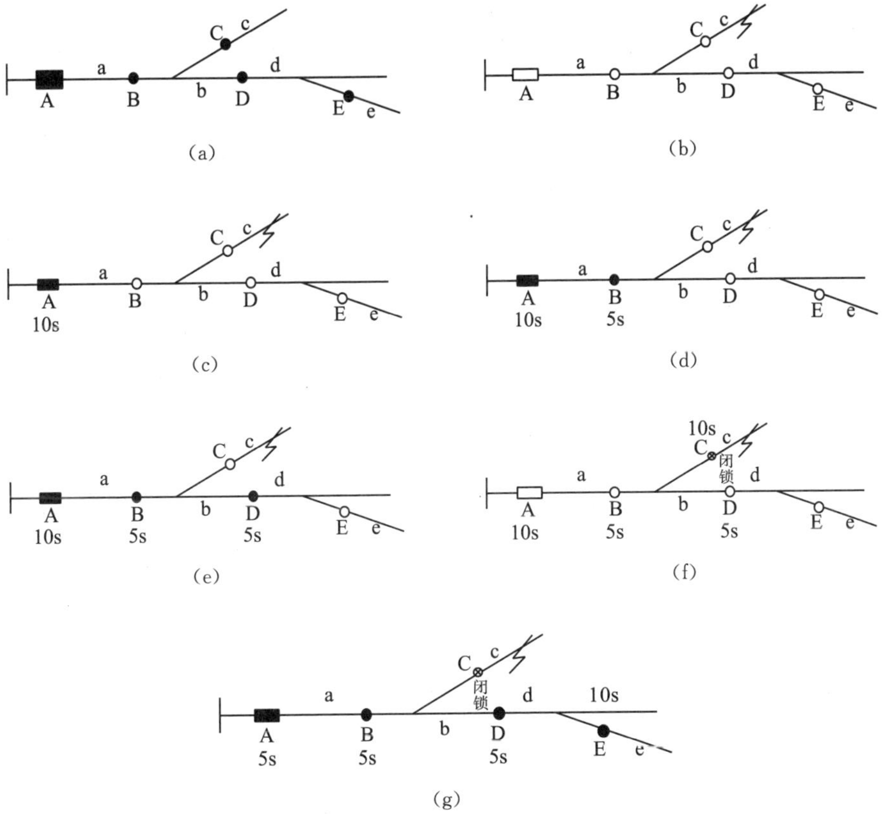

图 9-2　辐射状网故障区段隔离的过程

▭断开的重合器　■闭合的重合器

○断开的分段器 ●闭合的分段器 ⊗闭锁的分段器

如图 9-2(a)所示的辐射状网，在 c 区段发生永久性故障后，首先，重合器 A 跳闸，导致线路失压，造成分段器 B、C、D 和 E 均分闸；然后，事故跳闸 10 s 后，重合器 A 第一次重合；又经过 5 s 的 X 时限后，分段器 B 自动合闸，将电供至 b 区段；又经过 5 s 的 X 时限后，分段器 D 自动合闸，将电供至 d 区段；分段器 B 合闸后，经过 10 s 的 X 时限后，分段器 C 自动合闸，由于 c 段存在永久性故障，再次导致重合器 A 跳闸，从而线路失压，造成分段器 B、C、D 和 E 均分闸，由于分段器 C 合闸后未达到 Y 时限(3 s)就又失压，该分段器将被闭锁；又经过 5 s 重合器进行第二次重合，分段器 B、D 和 E 依次自动合闸，而分段器 C 因闭锁保持分闸状态，从而隔离了故障区段，恢复了健全区段供电。

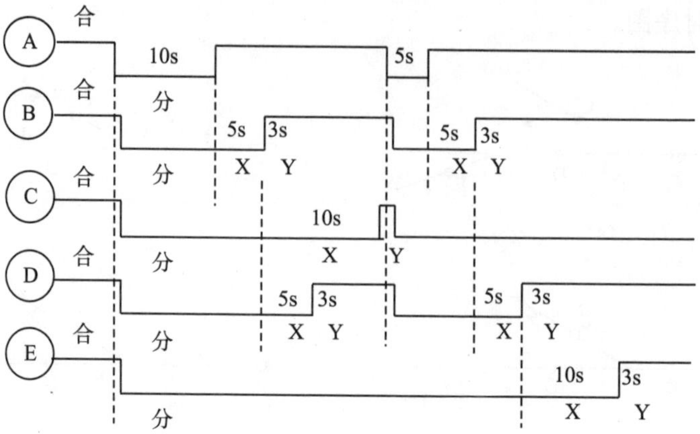

图 9-3　图 9-2 中各开关的动作时序图

2. 环状网开环运行时的故障区段隔离

图 9-4 为一个典型的开环运行的环状网在采用重合器与电压−时间型分段器配合时，隔离故障区段的过程示意图。图 9-5 为各开关的动作时序图。

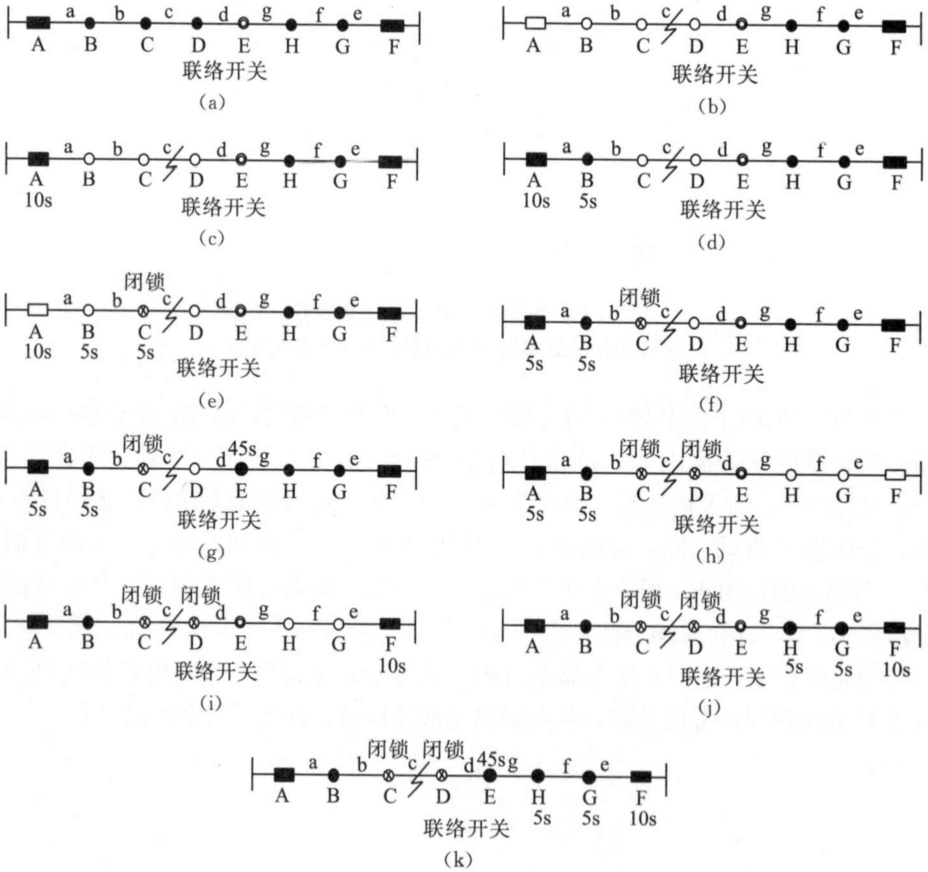

图 9-4　环状网开环运行时故障区段隔离过程

图 9-4 中，A 采用重合器，整定第一次重合时间为 10 s，第二次重合时间为 5 s。B、C、D、F、G、H 采用电压−时间型分段器并且设置在第一套功能，它们的 X 时限均整定

为 5 s，Y 时限均整定为 3 s；E 也采用电压–时间型分段器，设置在第二套功能，其 X_L 时限均整定为 45 s，Y 时限均整定为 3 s。

其具体故障隔离过程可描述为：图 9-4(a)为该开环运行的环状网正常工作的情形；图 9-4(b)描述在 c 区段发生永久性故障后，重合器 A 跳闸，导致联络开关左侧线路失压，造成分段器 B、C 和 D 均分闸，并起动分段器 E 和 X_L 计数器；图 9-4(c)描述事故跳闸 10 s 后，重合器 A 第一次重合；图 9-4(d)描述又经过 5 s 的 X 时限后，分段器 B 自动合闸，将电供至 b 区段；图 9-4(e)描述又经过 5 s 的 X 时限后，分段器 C 自动合闸，此时由于 c 段存在永久性故障，再次导致重合器 A 跳闸，从而线路失压，造成分段器 B 和 C 均分闸，由于分段器 C 合闸后未达到 Y 时限(3 s)就又失压，该分段器将被闭锁；图 9-4(f)描述重合器 A 再次跳闸后，又经过 5 s 进行第二次重合，随后分段器 B 自动合闸，而分段器 C 因闭锁保持分闸状态；图 9-4(g)描述重合器 A 第一次跳闸后，经过 45 s 的 X_L 时限后，联络开关 E 自动合闸，将电供至 d 区段；图 9-4(h)描述又经过 5 s 的 X 时限后，分段器 D 自动合闸，此时由于 c 段存在永久性故障，导致联络开关右侧的线路的重合器跳闸，从而右侧线路失压，造成其上所有分段器均分闸，由于分段器 D 合闸后未达到 Y 时限(3 s)就又失压，该分段器被闭锁；图 9-4(i)和图 9-4(j)描述联络开关以及右侧的分段器和重合器依顺序合闸；图 9-4(k)描述重合器 B 第一次跳闸后，经过 45 s 的 X_L 时限后联络开关 E 自动合闸，将电供至 g 区段，而分段器 D 因闭锁保持分闸状态，从而隔离了故障区段，恢复了健全区域供电。

可见，当隔离开环运行的环状网的故障区段时，要使联络开关另一侧的健全区域所有的开关都分一次闸，造成供电短时中断，因此，可对电压—时间型分段器进行改进，在分段器上设置异常低压闭锁功能，即当分段器检测到其任何一侧出现低于额定电压 30% 的异常低电压的时间超过 150 ms 时，该分段器将闭锁。这样在图 9-4(e)中，开关 D 就会被闭锁，从而在图 9-4(g)中，只要合上联络开关 E 就可完成故障隔离，而不会发生联络开关右侧所有开关跳闸再顺序重合的过程。

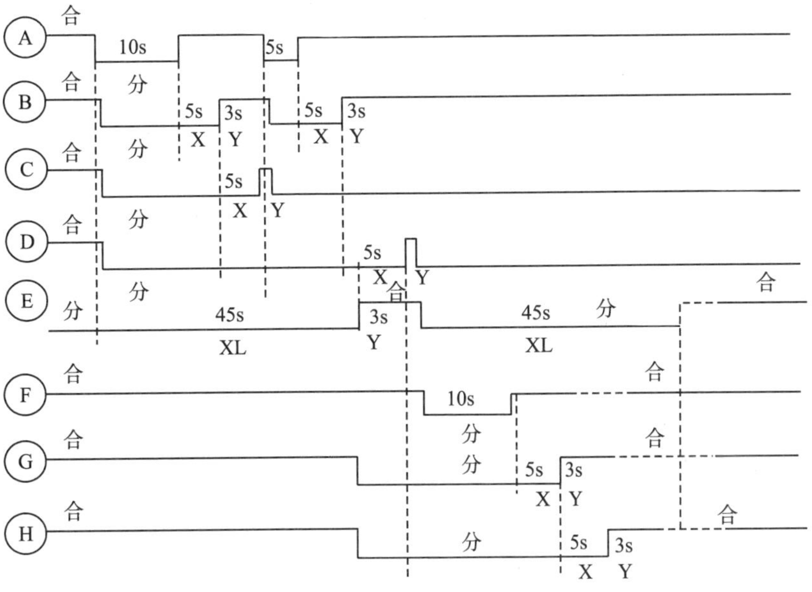

图 9-5　图 9-4 中各开关的动作时序图

9.2.3 重合器与电压-时间型分段器配合的整定

在实际的重合器与电压-时间型分段器配合整定过程中，需要对分段开关和联络开关分别进行时限整定。

1)分段开关的时限整定

分段器的 Y 时限一般可以统一取为 5 s；而对于分段开关的 X 时限，通常采用下述“五步法”进行整定。

第一步：划分子网。从联络开关处将网络分割成若干个辐射状子网，确定合闸时间间隔。

第二步：子网分层。沿潮流方向，从某分段开关节点到电源节点途经开关数加 1 即为该开关节点层数。

第三步：开关排序。由第一层依次向外将各开关排序。

第四步：确定时延。确定每台分段开关的绝对合闸延时时间。

第五步：计算时限。某台分段器的 X 时限等于该开关的绝对合闸延时时间减去同一馈线上一层开关的绝对合闸延时时间。

例 9-1 如图 9-6 所示的配电网，1、11 代表变电站出口断路器(重合器)，圆点代表沿线开关，2、3、4、7、8、9、12、13、14、16 代表分段开关，5、6、10、15 代表联络开关。对各个开关时限进行整定。

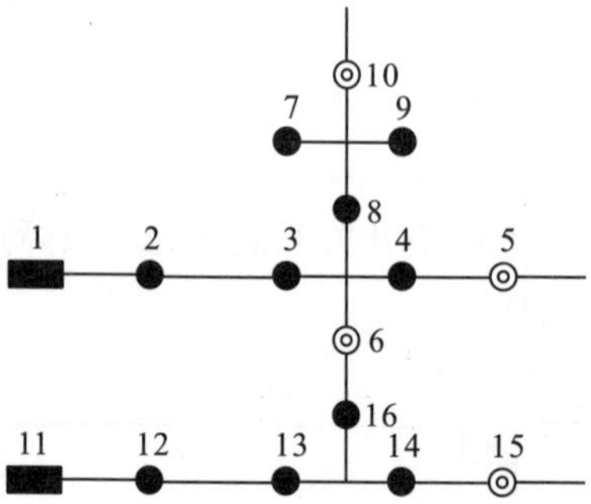

图 9-6 典型配电网示意图

解 按五步法，第一步先从联络开关处将配电网分割成两个辐射状配电子网络：子网 A 包含开关 1、2、3、4、7、8、9；子网 B 包含开关 11、12、13、14、16，并确定分段开关合闸时间间隔为 7 s。

第二步，对于子网 A 和子网 B，分层结果如表 9-1 所示。

表 9-1 子网分层结果

子网序号	子网 A				子网 B		
层次	第一层	第二层	第三层	第四层	第一层	第二层	第三层
开关编号	<2>	<3>	<4，8>	<7，9>	<12>	<13>	<14，16>

第三步、第四步与第五步，对各分段开关排序，确定并计算时延，其结果如表 9-2 所示。

表 9-2　分段器 X 时限计算结果

步骤	子网序号	子网 A						子网 B			
第二步	排序	2	3	4	8	7	9	12	13	14	16
第三步	绝对合闸延时时间/s	7	14	21	28	35	42	7	14	21	28
第四步	X 时限/s	7	7	7	14	7	14	7	7	7	14

2)联络开关的时限整定

联络开关的时限整定遵循“分段”闭锁后，“联络”再合闸的原则。其整定分为如下两种情况。

(1)“手拉手”只有一台联络开关的情况。

具体做法为：分别计算出假设联络开关两侧与该联络开关相连的区域故障时，从故障发生到与故障区域相连的分段开关闭锁在分闸状态所需的延时时间 $t_{\max L}$、$t_{\max R}$，则其中较大的一个记为 $T_{\max}$，取 $X_L>T_{\max}$，并且 X_L 取如下离散时间序列的一种：{45，60，75，90，105，120} 或 {80，100，120，140，160，180}（单位：s）。

例 9-2　对于如图 9-7 所示的典型环状网络，S_1、S_2 为重合器，A、B、C、E、F、G 为分段开关，D 为联络开关。对图中的各个开关进行整定。

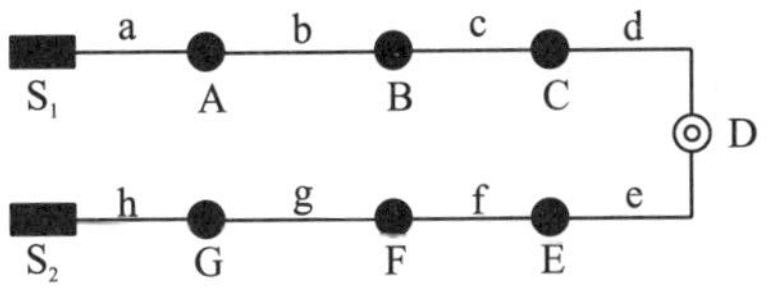

图 9-7　只有一台联络开关的典型环状配电网

解

若与联络开关 D 上侧相连的 d 区段故障，从故障发生到故障区域相连的分段开关 C 闭锁在分闸状态所需的延时时间为

$$t_{\max L}=15+7+7+7=36(\text{s})$$

若与联络开关 D 下侧相连的 e 区段故障，从故障发生到故障区域相连的分段开关 E 闭锁在分闸状态所需的延时时间为

$$t_{\max R}=15+7+7+7=36(\text{s})$$

因此，$T_{\max}=\max\{t_{\max L}, t_{\max R}\}=36$ s，又 $X_L>T_{\max}$，故可取 $X_L=45$ s。

(2)多台联络开关的情形。

第一步：分别计算出这些联络开关两侧与其相连的区域故障时，从故障发生到与故障区域相连的分段开关闭锁在分闸状态所需的延时时间，取其中最大者记为 $T_{\max}$。

第二步：设置第一营救策略 $X_{L1}>T_{\max}$。

第三步：第二营救策略 $X_{L2}-X_{L1}>t_{12}$，$X_{L3}-X_{L1}>t_{13}$。其中，t_{ij} 表示从联络开关 i 合闸到将电送到联络开关 j 的时间。

例 9-3　对于如图 9-8 所示的典型环状网络，S_1、S_2、S_3 为重合器，A、B、D、E、G 为分段开关，C、F 为联络开关。对各个开关的时限进行整定。

解

执行第一步：

假设 c 区域故障，从故障发生到 B 开关闭锁在分闸状态所需延时时间为 10 s+5 s+5 s =20 s；

假设 d 区域故障，从故障发生到 D 开关闭锁在分闸状态所需延时时间为 10 s+5 s=15 s；

假设 f 区域故障，从故障发生到 E 开关闭锁在分闸状态所需延时时间为 10 s+5 s+10 s=25 s；

假设 g 区域故障，从故障发生到 G 开关闭锁在分闸状态所需延时时间为 10 s+5 s=15 s。故 T_{max}=25 s。

执行第二步：

确定 C 合闸为第一营救策略，则 X_{LC}=45 s>T_{max}=25 s。

执行第三步：

设置 F 合闸为第二营救策略，则 X_{LF}=75 s>(45+5+10)s=60 s，其中 t_{CF}=(5+10)s =15 s。

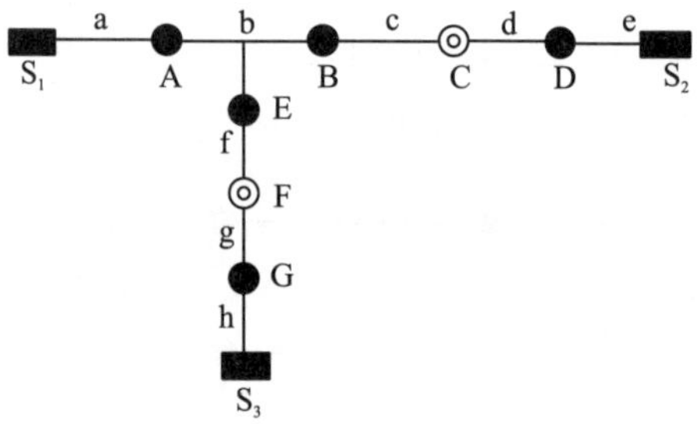

图 9-8　多台联络开关的典型环状配电网

9.2.4　重合器与过流脉冲计数型分段器配合的故障区段隔离

以图 9-9 所示的树状网为例说明重合器与过流脉冲计数型分段器配合隔离永久性故障区段的过程。图中 A 为重合器，B、C、D 为过流脉冲计数型分段器，计数次数均整定为 3 次。

图中故障隔离的具体过程可描述为：在图 9-9(a)所示的辐射状配电网正常工作的情形下，若 c 区段发生永久性故障后，重合器 A 跳闸，分段器 C 记过电流一次，未达到整定值(3 次)，因此不分闸而保持在合闸状态；经一段延时后，重合器 A 第一次重合，由于再次合到故障点处，重合器 A 再次跳闸，分段器 C 的过流脉冲计数值为两次，未达到整定值(3 次)，因此仍不分闸而保持在合闸状态；再经一段延时后，重合器 A 第二次重合，由于再次合到故障点处，重合器 A 再次跳闸，并且分段器 C 的过流脉冲计数值为三次，达到整定值(3 次)，因此分段器 C 在重合器 A 再次跳闸后的无电流时期分闸；又经过一段延时后，重合器 A 进行第三次重合，而分段器 C 保持在分闸状态，从而隔离了故障区段，恢复了健全区段供电。

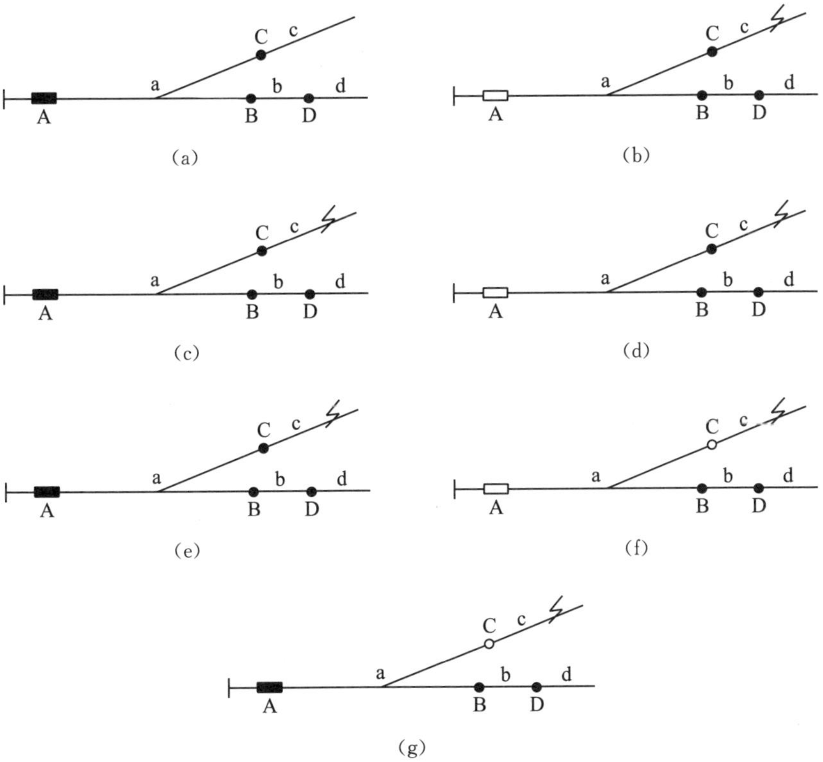

图 9-9　重合器与过流脉冲计数型分段器配合隔离永久性故障区段的过程

图 9-10 描述了重合器与过流脉冲计数型分段器配合处理暂时性故障的过程。

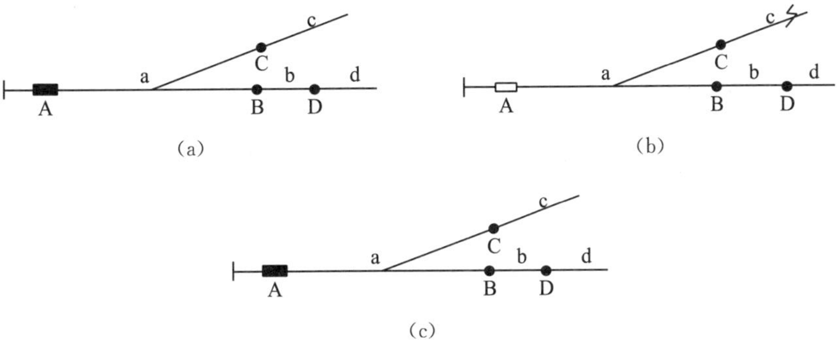

图 9-10　重合器与过流脉冲计数型分段器配合处理暂时性故障的过程

图 9-10(a)为该辐射状配电网正常工作的情形；图 9-10(b)描述在 c 区段发生暂时性故障后，重合器 A 跳闸，分段器 C 计过电流一次，由于未达到整定值(3 次)，因此，不分闸而保持在合闸状态；图 9-10(c)描述经一段延时后，暂时性故障消失，重合器 A 重合成功恢复了系统供电，再经过一段确定的时间(与整定有关)以后，分段器 C 的过电流计数值清零，恢复到其初始状态。

9.2.5 基于开关设备的馈线自动化系统的优缺点

基于开关设备的馈线自动化系统主要具有如下优点：

(1)没有复杂的继电保护整定配合。

(2)不需要建设通信系统和主站(子站)系统。

(3)经济性较好，投资较省。

虽然在故障发生时，基于开关设备的馈线自动化系统具有上述优点，并且能够准确地判断故障区段，能够自动隔离故障区段，恢复健全区域供电，但仍然存在一些缺陷。

(1)依靠继电保护装置，系统可靠性低。

若采用重合器或断路器与电压-时间型分段器配合，当线路故障时，分段开关不能立即分断，而要依靠重合器跳闸或位于主变电所的出线断路器的保护跳闸导致馈线失压后，各分断开关才能动作。若采用重合器或断路器与过流脉冲计数型分段器配合，分段开关的动作也要依靠重合器跳闸或位于主变电所的出线断路器的保护跳闸。

(2)沿线各分段开关动作次数较多，恢复供电的时间相对较长。

依靠重合器或主变电所出线断路器的继电保护装置保护整条馈线，降低了系统的可靠性，由于必须分断重合器或主变电所的出线断路器，实际上扩大了事故范围。若重合器拒分或主变电所出现断路器的保护失灵或断路器拒分，会进一步扩大事故范围。当采用重合器与电压-时间型分段器配合隔离开环运行的环状网的故障区段时，要使联络开关另一侧的健全区域所有的开关都分一次闸，造成供电短时中断，更加扩大了事故的影响范围，导致恢复供电的时间相对较长。

(3)不能远方遥控完成倒闸操作。

基于重合器的馈线自动化系统仅在线路发生故障时能发挥作用，而不能在远方通过遥控完成正常的倒闸操作。

(4)调度端无指示信息。

基于重合器的馈线自动化系统不能实时监视线路的负荷，因此，无法掌握用户的用电规律，也难于改进运行方式。当故障区段隔离后，在恢复健全区段供电，进行配电网络重构时，也无法确定最优方案。

9.3 节讲述的基于 FTU 的馈线自动化系统可较好地克服上述缺陷。

9.3 基于 FTU 的馈线自动化

9.3.1 基于 FTU 的馈线自动化系统简介

基于 FTU 的馈线自动化系统是：通过在变电站出口断路器和户外馈线分段开关处安装柱上 FTU，以及在配电变压器处安装配电变压器监测终端，并且建设可靠的通信网络将它们和配电网控制中心的 SCADA 系统连接，再配合相关的处理软件共同构成高性能系统。

馈线远方终端主要用于监视与控制配电系统中的变压器、断路器、重合器、分段器、柱上负荷开关、环网柜、调压器、无功补偿电容器等设备，并与配电自动化主站通信，提供配电系统运行监视及控制所需的信息，执行主站给出的对配电设备的调节和控制。一般来说，配电自动化远方馈线终端应具有数据采集与处理、监控、保护、远动通信等功能。下面讨论 FTU 的组成、结构以及对 FTU 的性能要求。

9.3.2 基于 FTU 的馈线自动化系统组成

典型的基于 FTU 的馈线自动化系统的组成如图 9-11 所示。

整个系统主要由 FTU、区域工作站和配电网自动化控制中心计算机网络组成。各个部分的功能如下：

(1)FTU 的功能。

在正常或故障情况下，各 FTU 负责采集相应柱上开关的运行情况，如负荷、电压、功率、开关当前位置和贮能完成情况等，并且在发生故障时，各 FTU 记录故障前后的重要信息，如最大故障电流、最大故障功率和故障前的负荷电流等。

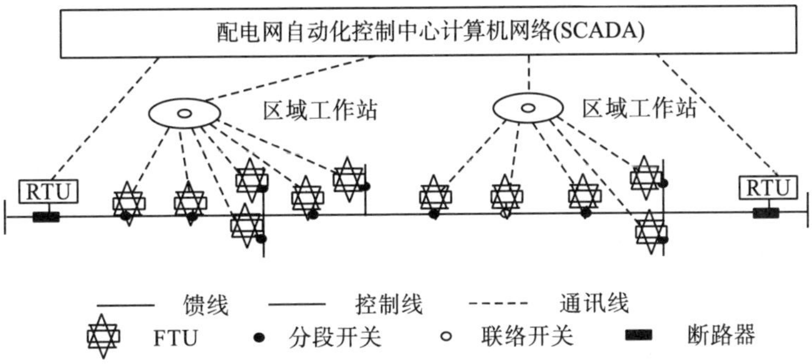

图 9-11　典型的基于 FTU 的馈线自动化系统的组成

(2)区域工作站的功能。

区域工作站实际上是一个通道集中器和转发装置，通过将各采集单元的面向对象的通信规约与控制系统使用的标准远动规约进行转换，实现各层之间的通信。它既可将众多分散的采集单元集中起来和 SCADA 系统联系，减轻 SCADA 系统采集分散 FTU 信息的压力，也可向 FTU 传送 SCADA 系统发出的动作指令。

(3)SCADA 系统的功能。

SCADA 系统又分为配电子站和主站。配电子站完成本区域的故障处理和控制，主站完成全网的管理与优化。SCADA 系统通过分析上传的故障信息，确定故障区段和最佳供电恢复方案，并通过区域工作站将动作命令传送给相应的 FTU 进行远方倒闸等操作。

这样，配电网自动化 SCADA 系统和变电站、开闭所的数据采集装置就可以直接借鉴调度自动化的成熟技术。

9.4 馈线自动化的新技术及展望

现有的基于开关设备的馈线自动化和基于FTU的馈线自动化都有一定的局限性。于是，一种利用三级级差保护的技术成为当前发展的主要趋势之一。该技术利用设定的延时时差相区分主干线分支线或用户线等线路故障，不会造成全线动作，再配合电压时间型分段器有选择地切除故障。

三级级差保护的典型配置一般有两种情况：①变电站出线开关、馈线分支开关与用户之间的三级级差保护；②变电站出线开关、环网柜出线开关与中间某一级环网柜的进线开关之间的三级级差保护。

主干线路发生故障时，由于线路类型的不同，处理方式略有区别，各种类型的主干线路故障处理策略如下。

1)当主干线路为全架空线路时的故障处理策略

(1)馈线故障后，变压器出线断路器动作跳闸切除故障点。

(2)0.5 s的延时后，变压器出线断路器重合闸，若重合闸成功则为瞬时性故障；若重合闸失败则为永久性故障。

(3)若为永久性故障，则沿着主干线路的电压时间型分段器依次重合找出故障位置。

(4)主站经过分析计算后，遥控故障区域附近的联络开关，完成负荷转移，恢复非故障区的供电。

2)当主干线路为全电缆线路时的故障处理策略

(1)馈线发生故障即一定为永久性故障，变压器出线断路器动作跳闸切除故障点。

(2)若为永久性故障，则沿着主干线路的电压-时间型分段器依次重合找出故障位置。

(3)主站经过分析计算后，遥控故障区域附近的联络开关，完成负荷转移，恢复非故障区的供电。

3)当馈线分支或用户分支发生故障时的故障处理策略

(1)相应的断路器动作跳闸切除故障点。

(2)若跳闸开关所在线路为架空线路，则经过0.5 s延时后启动重合闸，若重合闸成功则为瞬时性故障；若重合失败则为永久性故障；若跳闸开关所在线路为电缆线路，则直接确定为永久性故障。

(3)若为永久性故障，则沿着主干线路的电压-时间型分段器依次重合找出故障位置。

(4)主站经过分析计算后，遥控故障区域附近的联络开关，完成负荷转移，恢复非故障区的供电。

馈线发生故障时，通过三级级差保护和电压-时间型分段器可实现故障区域的快速、有选择性切除，不受通信网络的限制。故障隔离后，主站通过分析判断FTU上传的故障信息，给出任何网络结构的非故障区故障恢复方案。随着时代的进步和科技的发展，目前配电网馈线自动化正朝着如下方向发展。

(1)馈线故障分析：故障分析是继电保护的理论基础，也是基于保护方式的馈线自动化的基础。传统的故障分析基于线性系统分析理论。在这样的系统中发生三相对称故障后，系统可拆分为两个独立的系统，无通道保护将失去动作条件。实际电力系统元件并不是完整意义上的线性元件，结合实验室实验和实际系统故障记录，比较研究三相故障的理论分析结果与实际结果，为对称故障的无通道保护研究提供基础，有利于发展电力系统故障分析理论。

(2)解决现有无通道保护存在的问题：基于上述故障分析，提出三相对称故障无通道保护动作判据，并在继电器中实现。对于辐射状馈线，需要进一步探讨建立在故障分析基础上的无电源端故障检测判据和保护动作判据。

(3)馈线自动化自适应技术研究：配网结构复杂、运行方式多变，以自适应保护为基础，研究适用于馈线自动化的自适应技术。馈线自动化自适应技术研究适用于不同系统运行方式、不同故障类型的自适应保护方案，该技术能自动改变系统运行方式，并能适应改变后的系统结构。

9.5 小　　结

本章介绍了基于开关设备和基于 FTU 的馈线自动化。在介绍重合器和分段器两种典型开关设备的定义、分类和应用的基础上，详细阐述了基于重合器和分段器相配合完成故障区段隔离的具体过程，并且对重合器和分段器的动作时间整定进行了分析。最后介绍了 FTU 单元以及基于 FTU 的馈线自动化系统的组成，并对馈线自动化新技术的发展做出了展望。

9.6 习　　题

习题 1. 配电自动化开关设备的相互配合实现馈线自动化有几种典型的模式？分别是什么？

习题 2. 重合器与分段器各自的功能与特点是什么？

习题 3. 试分别说明如下实现故障区段隔离的方法是如何实现的：

(1)重合器与电压-时间型分段器配合实现故障区段隔离；

(2)重合器与过流脉冲计数型分段器配合实现故障区段隔离。

习题 4. 以任意配电网网络拓扑为例，简述电压—时间型分段器 x 时限的整定步骤。

习题 5. 典型的基于 FTU 的馈线自动化系统由哪些部分组成，各个部分的功能分别是什么？

主要参考文献

陈堂，等. 2003. 配电系统及其自动化技术 [M]. 北京：中国电力出版社.

刘健，倪建立. 2004. 配电网自动化新技术 [M]. 北京：中国水利水电出版社.

刘健，等. 1999. 配电自动化系统 [M]. 北京：中国水利水电出版社.

刘健，等. 2013. 现代配电自动化系统 [M]. 北京：中国水利水电出版社.

沈梓正，秦立军. 2012. 实现馈线自动化的新模式 [J]. 黑龙江电力，34(03)：46-50.

余畅，刘皓明. 2009. 配电网故障区间判断的改进型矩阵算法 [J]. 南方电网技术，03(06)：100-103.

第 10 章　配电网故障定位、隔离与供电恢复

10.1 概　　述

配电网故障定位是故障隔离和供电恢复的前提，它是根据 FTU 和 SCADA 系统收集的故障信息来判断故障发生的馈线所在的区段，为进一步分析和控制提供条件。故障定位和隔离的目标是配电网的供电恢复。供电恢复是指恢复非故障停电区域的负荷，其中非故障停电区域又分为两种情况：一是与电源连通的区域(通过重新闭合出线断路器来恢复供电)，二是与电源隔离的区域(通过闭合与之相连的联络开关来恢复供电)。本章以馈线过流信息为分析基础，主要论述配电网故障定位方法、配电网故障隔离过程与供电恢复方法。

10.2 配电网故障定位

配电网故障定位的关键是在满足实时性、容错性和通用性的基础上，如何用合理严格的数学方式来描述故障定位问题，快速求解。目前，配电网故障定位算法主要分为两类：一类是以图论知识为基础，根据配电网的拓扑模型进行故障定位，如过热弧搜索算法、矩阵算法等；另一类是以人工智能方法为基础，如神经网络方法、粗糙集方法、智能优化算法等。

本节主要介绍第一类方法。其基本思想是：当馈线发生故障时，FTU 将检测对应柱上开关的信息，上报给配电网控制中心的 SCADA 系统，由 SCADA 系统上报的信息及时准确地判断出故障区域，采取有效措施隔离故障区域、恢复健全区域供电。下面主要介绍基于过热弧搜索和基于矩阵运算的故障定位算法。

10.2.1 基于过热弧搜索的故障定位方法

1. 过热弧概念的引出

将配电网的开关(包括断路器、分段开关、联络开关)和支接点看成顶点，馈线段看成弧，且弧的方向是线路上潮流的方向，可以将配电网映射为一个有向图。定义顶点的负荷为流经开关的负荷，弧的负荷为馈线段供出的负荷。

图 10-1 所示为一个典型网络。定义网络中各顶点相对应的参数为顶点的负荷，用 $l(\nu)$表示。如果 ν_m 为一组弧的起点，ν_i，ν_j，…，ν_k 分别为这组弧的终点，则称 ν_m 为 ν_i，ν_j，…，ν_k 的父节点，称 ν_i，ν_j，…，ν_k 为 ν_m 的子节点，表示为 $\nu_m \rightarrow \nu_i$，ν_j，…，ν_k；且

这组具有公共起点的弧称为同父弧。

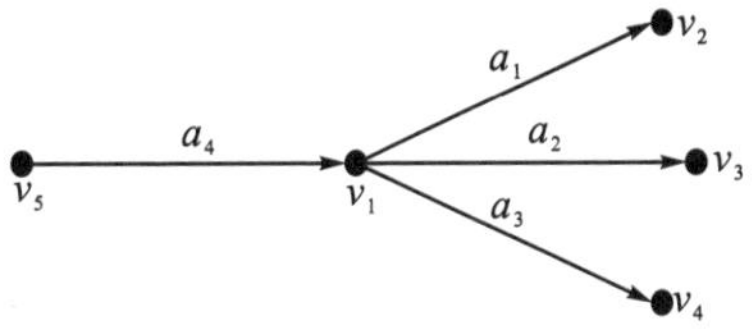

图 10-1　典型网络的组成结构

对于一个网络，应满足如下性质：父节点的负荷等于它的所有子节点的负荷之和加上它的所有同父弧的负荷之和，即如果 $\nu_m \rightarrow \nu_i$，ν_j，…，ν_k，而对其他顶点均不满足上述关系，即 $a(\nu)=(\nu_i,\ \nu_j,\ \cdots,\ \nu_k)$是 ν_m 所有子节点的集合，则

$$l(\nu_m) = \sum_{\nu_n \in a(\nu)} l(\nu_n) + \sum_{\nu_n \in a(\nu)} l(\nu_m, \nu_n) \tag{10-1}$$

对于图 10-1 中描述的网络，有

$$\nu_5 \rightarrow \nu_1, \nu_1 \rightarrow \nu_2、\nu_3、\nu_4$$

$$l(\nu_5) = l(\nu_1) + l(\nu_5, \nu_1)$$

$$l(\nu_1) = l(\nu_2) + l(\nu_3) + l(\nu_4) + l(\nu_1, \nu_2) + l(\nu_1, \nu_3) + l(\nu_1, \nu_4)$$

图 10-2 所示为一个典型的配电网络，图中圈内的数表示顶点序号；括号内的数表示弧负荷；普通数据表示顶点负荷；箭头表示电流的方向。

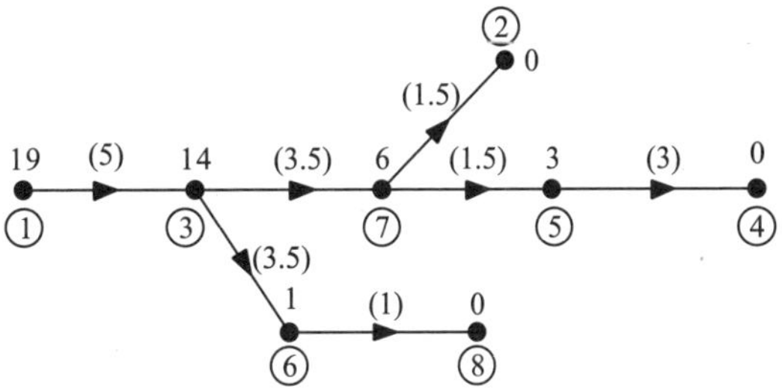

图 10-2　一个典型的配电网络及其顶点编号

因此，其负荷矩阵 $\boldsymbol{L}$ 为

$$\boldsymbol{L} = \begin{bmatrix} 19.0 & 0.0 & 5.0 & 0.0 & 0.0 & 0.0 & 0.0 & 0.0 \\ 0.0 & 0.0 & 0.0 & 0.0 & 0.0 & 0.0 & 0.0 & 0.0 \\ 0.0 & 0.0 & 14.0 & 0.0 & 0.0 & 3.5 & 3.5 & 0.0 \\ 0.0 & 0.0 & 0.0 & 0.0 & 0.0 & 0.0 & 0.0 & 0.0 \\ 0.0 & 0.0 & 0.0 & 3.0 & 3.0 & 0.0 & 0.0 & 0.0 \\ 0.0 & 0.0 & 0.0 & 0.0 & 0.0 & 1.0 & 0.0 & 1.0 \\ 0.0 & 1.5 & 0.0 & 0.0 & 1.5 & 0.0 & 6.0 & 0.0 \\ 0.0 & 0.0 & 0.0 & 0.0 & 0.0 & 0.0 & 0.0 & 0.0 \end{bmatrix}$$

由于配电网中常识出现 T 节点，如图 10-2 中的顶点 3、7，为此引出区域概念。区域是指互相连通的若干弧构成的子图，可用 P（ν_i、$\nu_j \cdots \nu_k$）来表示，其中 ν_i、$\nu_j \cdots \nu_k$ 为该区域的端点。

对于一个区域 $P(\nu_i,\ \nu_j,\ \cdots,\ \nu_k)$，区域的负荷与其端点的负荷的关系为

$$l(\nu_i, \nu_j, \cdots, \nu_k) = l_{ii} - \sum_{m \in \alpha} l_{mm} \tag{10-2}$$

区域的负荷与区域内的弧的负荷的关系为

$$l(\nu_i, \nu_j, \cdots, \nu_k) = \sum_{a \in \beta} l_a \tag{10-3}$$

式中，α 为区域 P 的末点集合；β 为区域 P 内的弧的集合。

如果区域 P 的所有内点的负荷均未知，则可以将该区域的负荷平均分配到区域内的各条弧上，即

$$l_a = \frac{1}{n} l(\nu_i, \nu_j, \cdots, \nu_k) = \frac{1}{n}\left(l_{ii} - \sum_{m \in \alpha} l_{mm}\right) \tag{10-4}$$

式中，n 为区域 P 内弧的条数。

根据式(10-4)的结果算出 T 节点的负荷。此外，由额定负荷矩阵 $\boldsymbol{RT}$ 可得到归一化负荷矩阵 $\boldsymbol{L}_n$，其中，$l_{nii} = 100 l_{ii} / \gamma_{ii}$，$l_{nij} = 100 l_{ij} / r_{ij}$。

在网络的归一化负荷矩阵 $\boldsymbol{L}_n$ 中，有如下定义：

(1)热点：称归一化负荷大于 70 的顶点为该网络的热点。

(2)过热点：称归一化负荷大于 100 的顶点为网络的过热点。

(3)最热点：称归一化负荷最大的顶点为网络的最热点。

(4)热弧：称归一化负荷大于 70 的弧为该网络的热弧。

(5)过热弧：称归一化负荷大于 100 的弧为网络的过热弧。

(6)最热弧：称归一化负荷最大的弧为网络的最热弧。

2. 过热弧搜索故障定位算法

过热弧搜索算法实际上是根据各条弧的负荷和其额定负荷，计算出归一化负荷矩阵，并从中搜寻出过热弧(故障区段)，将所有过热弧的起点和终点均断开，就可以达到隔离故障区段的目的。

例 10-1 图 10-3 为一简单配电网络，其随机节点编号和各顶点的负荷如图所示，假设单一故障发生在图中所示位置，试通过过热弧搜索算法确定故障位置。

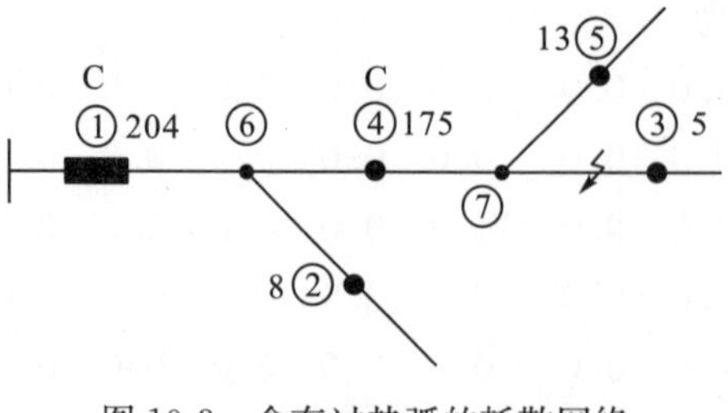

图 10-3 含有过热弧的耗散网络

“C”为过电流标志

解 根据点弧变换可计算出图 10-3 所示网络的负荷矩阵 $\boldsymbol{L}$ 为

$$
\boldsymbol{L}=\begin{bmatrix}
204.0 & 0.0 & 0.0 & 0.0 & 0.0 & 7.0 & 0.0\\
0.0 & 8.0 & 0.0 & 0.0 & 0.0 & 0.0 & 0.0\\
0.0 & 0.0 & 5.0 & 0.0 & 0.0 & 0.0 & 0.0\\
0.0 & 0.0 & 0.0 & 175.0 & 0.0 & 0.0 & 52.3\\
0.0 & 0.0 & 0.0 & 0.0 & 13.0 & 0.0 & 0.0\\
0.0 & 7.0 & 0.0 & 7.0 & 0.0 & 197.0 & 0.0\\
0.0 & 0.0 & 52.3 & 0.0 & 52.3 & 0.0 & 122.6
\end{bmatrix}
$$

定义顶点的额定负荷为 100.0，弧的负荷均为 10.0，其余用一个较小的非零数 0.01 代替，则额定负荷矩阵 $\boldsymbol{R}$ 为

$$
\boldsymbol{R}=\begin{bmatrix}
100.0 & 0.01 & 0.01 & 0.01 & 0.01 & 10.0 & 0.01\\
0.01 & 100.0 & 0.01 & 0.01 & 0.01 & 0.01 & 0.01\\
0.01 & 0.01 & 100.0 & 0.01 & 0.01 & 0.01 & 0.01\\
0.01 & 0.01 & 0.01 & 100.0 & 0.01 & 0.01 & 10.0\\
0.01 & 0.01 & 0.01 & 0.01 & 100.0 & 0.01 & 0.01\\
0.01 & 10.0 & 0.01 & 10.0 & 0.01 & 100.0 & 0.01\\
0.01 & 0.01 & 10.0 & 0.01 & 10.0 & 0.01 & 100.0
\end{bmatrix}
$$

归一化负荷矩阵 $\boldsymbol{L}_n$ 为

$$
\boldsymbol{L}_n=\begin{bmatrix}
204.0 & 0.0 & 0.0 & 0.0 & 0.0 & 70.0 & 0.0\\
0.0 & 8.0 & 0.0 & 0.0 & 0.0 & 0.0 & 0.0\\
0.0 & 0.0 & 5.0 & 0.0 & 0.0 & 0.0 & 0.0\\
0.0 & 0.0 & 0.0 & 175.0 & 0.0 & 0.0 & 523.0\\
0.0 & 0.0 & 0.0 & 0.0 & 13.0 & 0.0 & 0.0\\
0.0 & 70.0 & 0.0 & 70.0 & 0.0 & 197.0 & 0.0\\
0.0 & 0.0 & 523.0 & 0.0 & 523.0 & 0.0 & 122.6
\end{bmatrix}
$$

由网络的归一化负荷矩阵 $\boldsymbol{L}_n$ 可知，弧(ν_4，ν_7)、(ν_7，ν_3)和(ν_7，ν_5)为过热弧，又因为 ν_7 为 T 接点，所以故障区段为顶点 ν_4、ν_5 和 ν_3 确定的区域。

10.2.2　基于矩阵运算的故障定位方法

1. 基于网基结构矩阵的故障定位算法

基于网基结构矩阵的故障定位算法的核心是利用 3 个矩阵：网络描述矩阵 $\boldsymbol{D}$、故障信息矩阵 $\boldsymbol{G}$ 和故障判断矩阵 $\boldsymbol{P}$。根据故障判断矩阵判断故障区段。

网络描述矩阵 $\boldsymbol{D}$ 是 $N\times N$ 的方阵，$\boldsymbol{D}$ 中元素 d_{ij} 的取值为

$$
d_{ij}=\begin{cases}1, & \text{节点 } i \text{ 与 } j \text{ 相连}\\ 0, & \text{节点 } i \text{ 与 } j \text{ 不相连}\end{cases} \tag{10-5}
$$

故障信息矩阵 $\boldsymbol{G}$ 是 $N\times N$ 的方阵，它根据故障时 FTU 上报的相应开关是否经历了超过整定值的故障电流的情况来构造。

故障信息反映在故障信息矩阵 $\boldsymbol{G}$ 的对角线上。$\boldsymbol{G}$ 中元素 g_{ij} 按如下取值。

(1)当 $i \neq j$ 时，故障信息矩阵 $\boldsymbol{G}$ 的非对角线元素 $g_{ij}=0$。

(2)当 $i=j$ 时，故障信息矩阵 G 的对角线元素

$$g_{ii}=\begin{cases}1, & \text{节点 } i \text{ 不过流} \\ 0, & \text{节点 } i \text{ 过流}\end{cases} \tag{10-6}$$

网络描述矩阵 $\boldsymbol{D}$ 和故障信息矩阵 $\boldsymbol{G}$ 相乘后得到矩阵 $\boldsymbol{P}'$，再对矩阵 $\boldsymbol{P}'$ 进行规格化后就得到了故障判断矩阵 $\boldsymbol{P}$，即

$$\boldsymbol{P}=g(\boldsymbol{D}\times\boldsymbol{G})=g(\boldsymbol{P}') \tag{10-7}$$

式中，$g(\cdot)$为规格化运算。

规格化具体步骤为：若网络描述矩阵 $\boldsymbol{D}$ 中的元素 d_{mj}，d_{nj}，…，d_{kj} 为 1，并且故障信息矩阵 $\boldsymbol{G}$ 中 $g_{jj}=1$ 时，需要对 $\boldsymbol{P}'$ 阵中第 j 行和第 j 列的元素进行规格化处理，若 g_{mm}，g_{nn}，…，g_{kk} 至少有两个为 0，则将 $\boldsymbol{P}'$ 阵中第 j 行和第 j 列的元素全置 0；若上述条件不满足时，$\boldsymbol{P}'$ 阵中相应的元素值不变。

故障判断矩阵 $\boldsymbol{P}$ 反映了故障区段：若 $\boldsymbol{P}$ 中的元素 p_{ij} XOR(异或) p_{ji} 等于 1，则馈线上第 i 节点和第 j 节点之间的区段有故障，故障隔离时应断开第 i 节点和第 j 节点。

一个典型的双电源供电的馈线如图 10-4 所示。

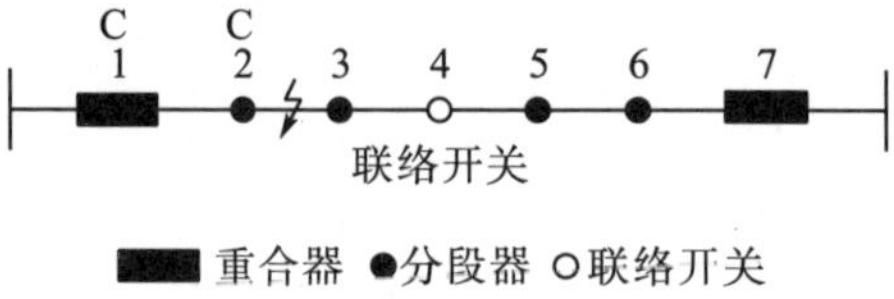

图 10-4 一个典型的双电源供电的馈线

"C" 为过电流标志

其网络描述矩阵 $\boldsymbol{D}$ 为

$$\boldsymbol{D}=\begin{bmatrix}0&1&0&0&0&0&0\\1&0&1&0&0&0&0\\0&1&0&1&0&0&0\\0&0&1&0&1&0&0\\0&0&0&1&0&1&0\\0&0&0&0&1&0&1\\0&0&0&0&0&1&0\end{bmatrix}$$

若节点 2 和节点 3 之间的区段发生故障，则相应的故障信息矩阵 $\boldsymbol{G}$ 为

$$\boldsymbol{G}=\begin{bmatrix}0&0&0&0&0&0&0\\0&0&0&0&0&0&0\\0&0&1&0&0&0&0\\0&0&0&1&0&0&0\\0&0&0&0&1&0&0\\0&0&0&0&0&1&0\\0&0&0&0&0&0&1\end{bmatrix}$$

故障判断矩阵 $\boldsymbol{P}$ 为

$$\boldsymbol{P}=g(\boldsymbol{P}')=g(\boldsymbol{D}\times\boldsymbol{G})=\begin{bmatrix}0&0&0&0&0&0&0\\0&0&1&0&0&0&0\\0&0&0&1&0&0&0\\0&0&1&0&1&0&0\\0&0&0&1&0&1&0\\0&0&0&0&1&0&1\\0&0&0&0&0&1&0\end{bmatrix}$$

由于上式中矩阵 $\boldsymbol{P}'$不满足规格化条件，故不需要对其进行规格化。由矩阵 $\boldsymbol{P}$ 可知，$p_{34}\ XOR\ p_{43}=0$；$p_{45}\ XOR\ p_{54}=0$；$p_{56}\ XOR\ p_{65}=0$；$p_{67}\ XOR\ p_{76}=0$；只有 $p_{23}\ XOR\ p_{32}=1$，因此，故障点在节点 2 和节点 3 之间。

例 10-2　图 10-5 所示为一个含有分支的馈线网络，假设故障位置如图所示，分别写出它的网络描述矩阵 $\boldsymbol{D}$ 和故障信息矩阵 $\boldsymbol{G}$，并根据矩阵法判断故障位置。

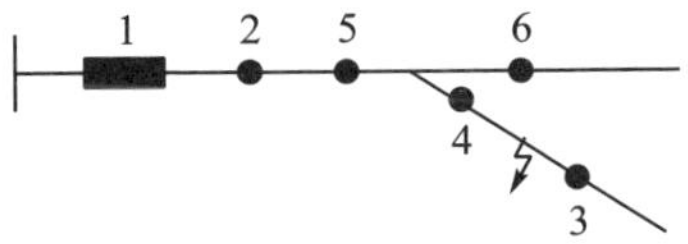

图 10-5　含有分支的馈线网络

解　馈线的网络描述矩阵 $\boldsymbol{D}$ 为

$$\boldsymbol{D}=\begin{bmatrix}0&1&0&0&0&0\\1&0&0&0&1&0\\0&0&0&1&0&0\\0&0&1&0&1&1\\0&1&0&1&0&1\\0&0&0&1&1&0\end{bmatrix}$$

若如图 10-5 所示位置发生故障，则采集到的故障信息矩阵 $\boldsymbol{G}$ 为

$$\boldsymbol{G}=\begin{bmatrix}0&0&0&0&0&0\\0&0&0&0&0&0\\0&0&1&0&0&0\\0&0&0&0&0&0\\0&0&0&0&0&0\\0&0&0&0&0&1\end{bmatrix}$$

相应的矩阵 $\boldsymbol{P}'$为

$$\boldsymbol{P}'=\boldsymbol{D}\times\boldsymbol{G}=\begin{bmatrix}0&0&0&0&0&0\\0&0&0&0&0&0\\0&0&0&0&0&0\\0&0&1&0&0&1\\0&0&0&0&0&1\\0&0&0&0&0&0\end{bmatrix}$$

由于 $d_{46}=d_{56}=1$ 且 $g_{66}=1$，所以要对 $\boldsymbol{P}'$阵中的第 6 行和第 6 列元素进行规格化处理，

又由于 $g_{44}=g_{55}=0$，所以令 $p'_{i6}=p'_{6i}=0$。经上述规格化后得到故障判断矩阵 $\boldsymbol{P}$ 为

$$\boldsymbol{P}=g(\boldsymbol{P}')=\begin{bmatrix}0&0&0&0&0&0\\0&0&0&0&0&0\\0&0&0&0&0&0\\0&0&1&0&0&0\\0&0&0&0&0&0\\0&0&0&0&0&0\end{bmatrix}$$

由矩阵 $\boldsymbol{P}$ 可知，$p_{34}\text{XOR}p_{43}=1$，所以故障点发生在节点 4 和节点 3 之间，实现了准确定位。

对于树状网，故障区段位于从电源到末梢方向第一个未经历故障电流的节点和最后一个经历了故障电流的节点之间。根据网络描述矩阵和故障信息矩阵的定义以及故障判断矩阵的得出方式，如果一条馈线段的一个节点经历了故障电流而另一个节点未经历故障电流，则在故障判断矩阵中这两个节点对应的两个元素必然不相同；而若该馈线段的两个节点均经历了故障电流或均未经历故障电流，则在故障判断矩阵中这两个节点对应的两个元素必然相同，为此在根据故障判断矩阵进行故障区段判断时，必须采用异或算法。

如果不进行规格化而直接采用 $\boldsymbol{P}'$ 作为故障判断矩阵，对于复杂的网络就会出现误判。例如，对于如图 10-5 所示的例子，若不进行规格化则会错误地认为故障点也可能位于节点 4 和节点 6 之间或节点 5 和节点 6 之间。规格化实际上反映的是这样的物理含义：假设故障是单一的，若一个未经历故障电流的节点的所有相邻节点中至少存在两个节点经历了故障电流，则该节点不构成故障线段的一个节点，这个论断是显然正确的。

此算法中，断路器、分段开关和联络开关均可同样看待不必加以区分，便于生成统一的程序，应用非常方便，有利于促进新的馈线保护原理的发展。

2. 基于网形结构矩阵的故障定位算法

前面介绍的基于网基结构矩阵的故障定位算法，实际上是将配电网看成一个无向图，它在定位过程中仅需要节点信息和过流信息。但算法的中间过程采用了矩阵乘法运算以及规格化处理，较为烦琐。另外，随着配电网络规模的不断扩大，网络拓扑的复杂度不断增加，该方法的计算量也会大幅增大。

下面介绍一种基于网形结构矩阵的故障定位算法，该算法利用潮流方向信息，不仅可以反映配电网的实际运行方式，而且能够简化计算，提高定位速度。

对于任一馈线区间的两端节点，定义功率注入点为父节点，功率流出点为子节点。结合辐射状配电网的特点，可以得到：任一子节点有且仅有一个父节点，任一父节点可对应多个子节点。

网络描述矩阵 $\boldsymbol{D}^*$：非对称的网络描述矩阵 $\boldsymbol{D}^*$ 反映了配电网运行的实时拓扑结构，对馈线上的开关设备进行节点编号，利于网络描述矩阵 $\boldsymbol{D}^*$ 的生成，即 $\boldsymbol{D}^*$ 是 $N\times N$ 的方阵，$\boldsymbol{D}^*$ 中元素 d_{ij}^* 的取值为

$$d_{ij}^*=\begin{cases}1, & \text{节点 } i \text{ 有子节点 } j\\0, & \text{其他}\end{cases}\tag{10-8}$$

故障信息矩阵 $\boldsymbol{G}^*$：故障信息矩阵 $\boldsymbol{G}^*$ 是 $N\times N$ 的方阵，它根据故障时 FTU 上报的相

应开关是否经历了超过整定值的故障电流的情况来构造。

故障信息反映在故障信息矩阵 $\boldsymbol{G}^*$ 的对角线上。$\boldsymbol{G}^*$ 中元素 g_{ij}^* 按如下取值：

(1)当 $i \neq j$ 时，故障信息矩阵 $\boldsymbol{G}^*$ 的非对角线 $g_{ij}^* = 0$；

(2)当 $i = j$ 时，故障信息矩阵 $\boldsymbol{G}^*$ 的对角线

$$g_{ii}^* = \begin{cases} 1, & \text{节点 } i \text{ 过流} \\ 0, & \text{节点 } i \text{ 不过流} \end{cases} \tag{10-9}$$

故障判断矩阵 $\boldsymbol{P}^*$：对于开环辐射状运行的配电网，如果馈线区间发生单重故障，则其对应的父节点存在故障过电流，对应的所有子节点均不存在故障过电流。根据这一思想，定义故障区间判断矩阵 $\boldsymbol{P}^*$ 为

$$\boldsymbol{P}^* - \boldsymbol{D}^* + \boldsymbol{G}^*$$

根据判断原则，得到故障区间，其判定的充要条件为故障区间判断矩阵 $\boldsymbol{P}^*$ 同时满足以下两个条件：

(1)$P_{ii}^* = 1$；

(2)对所有的 $P_{ij}^* = 1$ 的节点 $j(i \neq j)$，都有 $P_{jj}^* = 0$。

例 10-3　基于网形结构矩阵法判断如图 10-5 所示的有故障馈线网络的故障位置。

解　建立馈线网络描述矩阵 $\boldsymbol{D}^*$ 为

$$\boldsymbol{D}^* = \begin{bmatrix} 0 & 1 & 0 & 0 & 0 & 0 \\ 0 & 0 & 0 & 0 & 1 & 0 \\ 0 & 0 & 0 & 0 & 0 & 0 \\ 0 & 0 & 1 & 0 & 0 & 0 \\ 0 & 0 & 0 & 1 & 0 & 1 \\ 0 & 0 & 0 & 0 & 0 & 0 \end{bmatrix}$$

假设故障发生在节点 3 与节点 4 之间，则例 10-2 中对应的故障信息矩阵 $\boldsymbol{G}^*$ 为

$$\boldsymbol{G}^* = \begin{bmatrix} 1 & 0 & 0 & 0 & 0 & 0 \\ 0 & 1 & 0 & 0 & 0 & 0 \\ 0 & 0 & 0 & 0 & 0 & 0 \\ 0 & 0 & 0 & 1 & 0 & 0 \\ 0 & 0 & 0 & 0 & 1 & 0 \\ 0 & 0 & 0 & 0 & 0 & 0 \end{bmatrix}$$

故障判断矩阵 $\boldsymbol{P}^*$ 为

$$\boldsymbol{P}^* = \boldsymbol{D}^* + \boldsymbol{G}^*$$

则

$$\boldsymbol{P}^* = \begin{bmatrix} 1 & 1 & 0 & 0 & 0 & 0 \\ 0 & 1 & 0 & 0 & 1 & 0 \\ 0 & 0 & 0 & 0 & 0 & 0 \\ 0 & 0 & 1 & 1 & 0 & 0 \\ 0 & 0 & 0 & 1 & 1 & 1 \\ 0 & 0 & 0 & 0 & 0 & 0 \end{bmatrix}$$

根据故障区间判定的充要条件：①$P_{ii}^* = 1$；②对所有的 $P_{ij}^* = 1$ 的节点 j$(i \neq j)$，都有

$P_{jj}^{*}=0$。对于上例判定如下：

(1)$P_{11}^{*}=1$，$P_{12}^{*}=1$，$P_{22}^{*}=1$，不满足条件，区段 1~2 为非故障区段；

(2)$P_{22}^{*}=1$，$P_{25}^{*}=1$，$P_{55}^{*}=1$，不满足条件，区段 2~5 为非故障区段；

(3)$P_{44}^{*}=1$，$P_{43}^{*}=1$，$P_{33}^{*}=0$，满足条件，区段 3~4 为故障区段；

(4)$P_{55}^{*}=1$，$P_{54}^{*}=1$，$9_{56}^{*}=1$，$P_{44}^{*}=1$，$P_{66}^{*}=0$，不满足条件，区段 4~5 和 5~6 都为非故障区段；

综上可得，故障发生在节点 3 和节点 4 之间的馈线上。

由此可以看出，基于网形结构矩阵的故障判断方法不需要规格化运算，将矩阵乘法变为矩阵加法，大大简化了计算过程，提高了计算效率。

3. 末梢区域发生故障的定位算法

基于网形结构矩阵的故障定位算法与网基结构矩阵算法相比运算量大为减小，省去了复杂的规格化处理，从而使算法简便。但是前述两种方法的定位结果都是通过对比各馈线区域两侧开关的过流状态得出的，定位结果至少需要两个节点的信息，所以无法正确定位网络分支末梢的故障。

下面介绍一种针对末梢发生故障的定位算法。鉴于算法的通用性，便于多电源闭环网络适用，以下对网络拓扑结构和故障过流信息的描述都考虑了它们的方向性，即事先规定好馈线潮流正方向。对于单电源网络，馈线正方向即线路功率流出方向；对于多电源网络，要事先假定一个正方向。下面以单电源辐射型网络为例加以介绍。

网络描述矩阵 $\boldsymbol{D}^{**}$：对馈线上的各开关设备节点进行编号，并给以各节点为源点对应的馈线区域编上相同的编号，即有多少节点则可确定多少馈线区域。由此生成网络描述矩阵 $\boldsymbol{D}^{**}$，设开关设备数为 N，即 $\boldsymbol{D}^{**}$是 N×N 的方阵。

网络描述矩阵 $\boldsymbol{D}^{**}$中元素 d_{ij}^{**}：

$$d_{ij}^{**}=\begin{cases}1, & \text{节点 } j \text{ 为馈线区域 } i \text{ 的入点}\\ -1, & \text{节点 } j \text{ 为馈线区域 } i \text{ 的出点}\\ 0, & \text{节点 } j \text{ 和馈线区域 } i \text{ 不直接相连}\end{cases} \tag{10-10}$$

故障信息向量 $\boldsymbol{G}^{**}$：一个 N 维列向量，它根据故障时 FTU 上报的相应开关是否经历了超过整定值的故障电流的情况来构造。

故障信息向量 $\boldsymbol{G}^{**}$中元素 g_{ij}^{**}在考虑正方向后可定义如下：

$$g_{ii}^{**}=\begin{cases}1, & \text{第 } i \text{ 个节点过流且与正方向一致}\\ 0, & \text{第 } i \text{ 个节点无过流或正方向不致}\end{cases} \tag{10-11}$$

故障判断矩阵 $\boldsymbol{P}^{**}$：只考虑过流的开关设备及馈线区域而忽略其余开关、馈线段，重新生成的网络描述矩阵实际上反映出仅包括过流馈线区域与相应开关的拓扑连接关系，此即本算法采用的故障判断矩阵 $\boldsymbol{P}^{**}$。根据这一思想，将 $\boldsymbol{G}^{**}$向量中为 0 的列对应的 $\boldsymbol{D}^{**}$中相同列元素全部置零，即为故障区间判断矩阵 $\boldsymbol{P}^{**}$。

故障区域判断原则：只需要计算矩阵 $\boldsymbol{P}^{**}$中与各馈线区域所对应行元素绝对值的代数和 $f_i=\sum_{j=1}^{N}|P_{ij}^{**}|(i=1,2,\cdots,N)$，判别公式如下：

$$f_i = \begin{cases} 1, & \text{区域 } i \text{ 有故障} \\ \text{其他}, & \text{区域 } i \text{ 无故障} \end{cases} \tag{10-12}$$

$f_i=1$ 意味着 i 行只有唯一的非零元素 1，即对于区域 i，只存在功率入点即故障过流有进无出。该区域正符合本算法提出的故障诊断判定原理，即为故障馈线段。

例 10-4　一个典型的单电源含有分支的馈线网络如图 10-6 所示，试判断其故障位置。

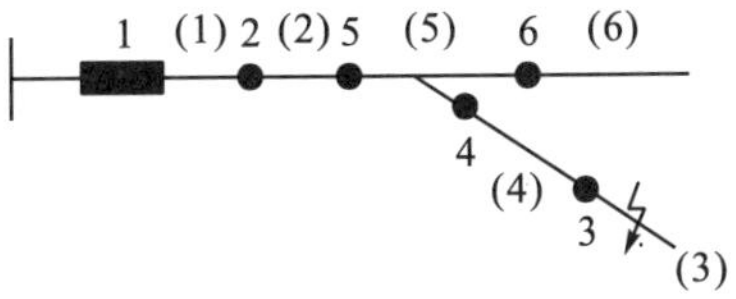

图 10-6　含有分支的馈线网络

解　依据前述定义，建立网络描述矩阵 $\boldsymbol{D}^{**}$ 为

$$\boldsymbol{D}^{**} = \begin{bmatrix} 1 & -1 & 0 & 0 & 0 & 0 \\ 0 & 1 & 0 & 0 & -1 & 0 \\ 0 & 0 & 1 & 0 & 0 & 0 \\ 0 & 0 & -1 & 1 & 0 & 0 \\ 0 & 0 & 0 & -1 & 1 & -1 \\ 0 & 0 & 0 & 0 & 0 & 1 \end{bmatrix}$$

假设故障发生在区域(3)，则图 10-6 中对应的故障信息向量 $\boldsymbol{G}^{**}$ 为

$$\boldsymbol{G}^{**} = [1,1,1,1,1,0]$$

故障判断矩阵 $\boldsymbol{P}^{**}$ 为

$$\boldsymbol{P}^{**} = \begin{bmatrix} 1 & -1 & 0 & 0 & 0 & 0 \\ 0 & 1 & 0 & 0 & -1 & 0 \\ 0 & 0 & 1 & 0 & 0 & 0 \\ 0 & 0 & -1 & 1 & 0 & 0 \\ 0 & 0 & 0 & -1 & 1 & 0 \\ 0 & 0 & 0 & 0 & 0 & 0 \end{bmatrix}$$

根据故障区间判定的充要条件：

$$f_1 = f_2 = f_4 = f_5 = f_6 = 0$$
$$f_3 = 1$$

综上可得，故障发生在馈线区域(3)处。

由此可以看出，末梢发生故障的故障判断方法不仅不需要规格化运算，并且不需要矩阵之间的任何运算，大大简化了计算过程，提高了计算效率，该方法适用于末梢区域发生故障时的故障定位。

10.3　配电网故障隔离与供电恢复

10.3.1　配电网故障隔离

一旦配电网发生故障，首先要利用定位算法完成故障定位，控制中心通过定位信息，结合配电网的拓扑结构，遥控断开与故障区域相连的开关，保证故障线路不与电源点相连，避免配电网的不安全运行，为下一步恢复供电做好准备。

隔离开关的搜索过程比较简单，搜索所有的故障区域，找到所有与故障区域相连的闭合开关，将它们添加到动作开关列表中，再通过控制中心对列表中的开关逐个下达断开指令。特殊情况下，有些闭合开关并没有和电源点相连，它的断开与否不影响配电网的安全，因此，可以不添加到动作开关列表中，虽然添加也不影响故障隔离，但会减少开关的使用寿命。上述情况如图 10-7(a) 所示，可以断开分段开关 4，分段开关 3 的开断不影响隔离效果。

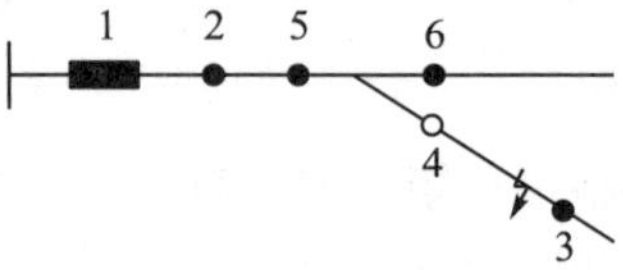

图 10-7 含有故障的辐射网络

在隔离过程中可能会出现开关断路器不响应的问题，也就是与故障相连的某个开关没有成功断开，此时需要扩大范围隔离故障。扩大范围隔离是指，当一个隔离开关遥控无法成功断开后，为了隔离故障，不得不隔离一个(或多个)相对较远的开关。这样做也能隔离故障区域，只是将隔离的区域扩大了(大于故障区域)，所以称为扩大范围隔离。图 10-7 (b) 中分段开关 4 没有动作，则断开分段开关 5，如图 10-7(b) 所示，虽然成功切除故障，但也增加了停电区域。

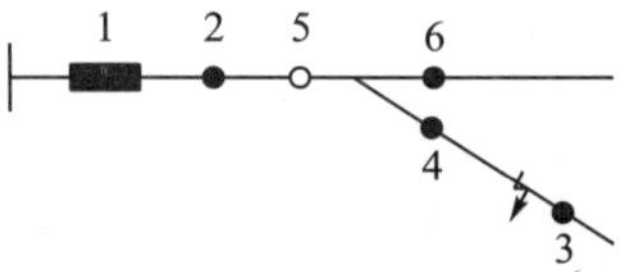

图 10-8 含有故障的辐射网络

扩大范围隔离是正常隔离失败后的补救措施，这样做以确保故障被顺利隔离，尽可能多地恢复失电区域。

故障隔离的过程相对比较简单，而且没有大的危害，因此，实际中这一过程通常被设置为自动运行状态，控制中心故障分析软件得到需要断开的开关列表信息后直接向相应的开关发送遥控动作指令，开关执行相应操作切断故障。具体内容参见本书第 9 章的内容。

10.3.2 配电网供电恢复

配电网的供电恢复是指在故障定位和隔离的基础上，实现对无故障停电区域供电恢复的优化问题。在供电恢复的过程中，一般是先定位并隔离故障区域，然后在满足配电网各种约束的前提下，通过改变网络中联络开关和分段开关的开合状态，找到针对一个或几个目标函数最优的供电恢复方案。由此可见，配电网的供电恢复本质上是发生并成功隔离故障后的网络重构，也属于联络开关/分段开关的开关组合优化问题。

1. 供电恢复基本要求

配电网供电恢复的目标是在允许的电气条件和操作约束下，通过网络重构尽可能多地将非故障停电区域和负荷转供到正常的馈线上，并力争快速地恢复供电。同时，考虑到开关操作寿命和有限的人力资源，要求开关操作次数越少越好。对供电恢复策略的基本要求可以总结如下。

(1)应尽可能快速地恢复对非故障停电区域的供电，恢复策略应该是实时的。

(2)应尽可能多地恢复停电负荷。同时，对不同等级的负荷分别考虑，重要的负荷应优先恢复供电。

(3)开关操作次数应尽可能少。一方面，开关设备的总操作次数有限，为延长开关的使用寿命，操作次数越少越好；另一方面，配电网中部分开关需要操作员手工完成，完成一次操作耗时较长。

(4)恢复前后网络的结构变动应尽量少，即应尽量操作离停电区域近的开关。

(5)恢复后系统应保持辐射状结构，但允许恢复过程中为了进行开关交换而出现的暂时性环网运行。

(6)恢复过程中不允许出现设备过载或电压过低。

由于要综合考虑开关操作次数、馈线负荷裕量、负荷恢复量、网络约束、用户优先等级等因素，所以，配电网供电恢复是一个多目标、多时段、多组合、多约束的非线性优化问题。

2. 供电恢复的目标函数

根据供电恢复的基本要求总结了如下配电网络供电恢复主要的评估指标，即目标函数。

1)失电负荷恢复量

$$\max\sum_{k\in R}L_k\cdot y_k \tag{10-13}$$

式中，L_k 为失电母线 k 的负荷；y_k 为表征 L_k 是否恢复的状态参数，$y_k=1$ 表示已恢复，$y_k=0$ 表示未恢复；R 为系统所有失电负荷集合。要求供电恢复决策应尽可能多地恢复失电区域的用户负荷。为了区分待恢复负荷的重要程度，还可以在目标函数中针对不同等级的负荷加不同的权重系数。

2)最小化开关操作数量

$$\min\sum_{i=1}^{m}(1-C_i)+\sum_{j=1}^{n}O_j$$

$$C_i\begin{cases}1, & \text{分段开关 } i \text{ 在恢复中保持闭合状态}\\ 0, & \text{分段开关 } i \text{ 在恢复中由闭合变为打开}\end{cases}$$

$$O_j\begin{cases}1, & \text{联络开关 } j \text{ 在恢复中由打开变为闭合}\\ 0, & \text{联络开关 } j \text{ 在恢复中保持打开状态}\end{cases} \tag{10-14}$$

式中，m 为配电网中分段开关的数量；n 为联络开关的数量。恢复决策所需开关操作数量小，操作耗时相应较少，失电区域恢复供电的快速性能得到保证。

3)系统有功功率损耗

$$\Delta P = \min\sum_{k=1}^{n_L} R_k \frac{P_k^2 + Q_k^2}{U_k^2} \tag{10-15}$$

式中，ΔP 为配电网供电恢复后的系统有功功率损耗，即系统网损；n_L 为系统的支路总数；R_k、P_k、Q_k 和 U_k 分别为某一时刻第 k 条支路的电阻、有功功率、无功功率和支路首端母线电压。

4)负荷平衡

$$\min\sum_{i=1}^{n_\mathrm{f}} \frac{S_i^2}{S_{i\max}^2} \tag{10-16}$$

式中，S_i 为馈线 i 送端视在功率；$S_{i\max}$ 为馈线 i 的最大允许视在功率；n_f 为恢复后系统馈线数目。恢复决策应尽量将失电区域的负荷均匀地分配到各个馈线，实现负荷平衡。

5)电压质量

$$\max U_\mathrm{e} \tag{10-17}$$

式中，U_e 为恢复后线路末梢节点电压的最小值。这里，将供电恢复后各末梢节点电压的最小值作为网络电压质量的重要判据。

6)用户平均停电时间

$$\min \mathrm{AIHC} \tag{10-18}$$

式中，AIHC 为用户平均停电时间。恢复决策应使用平均停电时间(或总停电时间)最小。

在处理具体的问题时，在满足配电网供电恢复基本原则的前提下，可以根据实际情况选择一个或几个指标作为目标函数，也可以根据网络重视程度自行拟定具体的恢复目标，如后面提到的负荷均衡率等。

3. 供电恢复的约束条件

由于配电网结构和运行的特殊性，在供电恢复过程中，需要满足一些约束条件。

1)馈线容量约束

$$S_j \leqslant S_{j\max} \tag{10-19}$$

式中，S_j 为第 j 条支路上流过的功率计算值；$S_{j\max}$ 为第 j 条支路上允许的传输功率最大值。

2)线路电流约束

$$I_{ij} \leqslant I_{ij\max} \tag{10-20}$$

式中，I_{ij} 为流过支路 ij 的电流计算值；$I_{ij\max}$ 为支路 ij 上允许通过的电流最大值。

3)节点电压约束

$$V_{j\min} \leqslant V_j \leqslant V_{j\max} \tag{10-21}$$

式中，$V_{j\max}$ 和 $V_{j\min}$ 分别为节点 j 电压有效值的上、下限。

4)辐射状运行约束

$$g_k \in G_R \tag{10-22}$$

式中，g_k 为已恢复供电区域；G_R 为保证网络辐射状拓扑结构的集合。

4. 供电恢复方法

在配电网发生故障后，可以根据配电自动化终端设备上报的信息及时准确地判断故障区域，并将故障隔离在最小范围。受故障影响的健全区域优化恢复供电策略的搜索方法如下。

健全区域优化恢复供电控制过程的关键在于搜索出受故障影响的健全区域的各种营救方案，亦即搜索出所有满足配电网运行基本原则的联络开关和分段开关的组合方案。若营救方案数量并不多，则可以采用分别计算各个方案的主要指标的方法从中挑选最佳方案。

对各种可能的营救方案的分析计算，可以根据故障前配电网的负荷分布，计算健全区域恢复供电后的负荷分布，首先要满足安全的原则，亦即网络重构后不引起新的过负荷；其次要满足新的网络拓扑下负荷均衡分布的要求(根据所在连通系的负荷均衡率 RLC_a)，选择最佳恢复策略。

定义该通系的负荷均衡率为一个连通系的所有联络开关的馈线偶(联络开关两侧的馈线段称为馈线偶) 的负荷均衡率最大者为该连通系的负荷均衡率，记为 RLC_a。

$$RLC_a = \max\{E_1, E_2, \cdots, E_i, \cdots, E_n\} \tag{10-23}$$

式中，E_i 为第 i 条馈线偶的负荷均衡率。定义第 i 个联络开关 T_{si} 的馈线偶的负荷均衡率为

$$E_i = \max[L_m, L_n]/[L_m, L_n] \tag{10-24}$$

式中，L_m、L_n 分别为联络开关两侧的负荷电流值；m、n 为属于联络开关 T_{si} 的馈线偶中所有电源点的集合。负荷均衡率越小表示故障恢复后配电网的负荷均衡化程度越高，负荷均衡化的运行方式中，网损往往较低，有利于配电网的经济运行。

例 10-5　如图 10-8(a)所示为一简单的配电网络，馈线额定负荷均为 100，假设在节点 1 和节点 8 之间发生故障，通过馈线自动化装置将故障隔离，断开分段开关 8 和 1，将会形成节点 1、4、11 和 3 围成的失电区，请给出最佳恢复方案。

解　选取负荷均衡率作为恢复目标，分析配电网拓扑结构可知，满足开环运行的恢复供电方案共有 5 种：一是闭合联络开关 4，如图 10-8(b)所示；二是闭合联络开关 4 和 9，断开分段开关 6，如图 10-8(c)所示；三是闭合联络开关 3 和 4，断开分段开关 6，如图 10-8(d)所示；四是闭合联络开关 11，如图 10-9(e)所示；五是闭合联络开关 3，如图 10-8(f)所示。各方案的动作情况和恢复指标如表 10-1 所示。

表 10-1　供电恢复方案及指标

方案	开关动作		RLC_a	是否存在过负荷
	闭合开关	断开开关		
一	4	—	12.125	否
二	4、11	6	2.02	否
三	3、4	6	17.125	是
四	11	—	3.13	否
五	3	—	19.375	是

由表 10-1 可以看出，方案二中，RLC_a=97/48=2.02，负荷均衡率最小，且不存在过负荷，显然为最优方案。因此，图 10-8(c)所示的闭合联络开关 14、11，断开分段开关 6 是恢复失电区域供电的最佳方案。

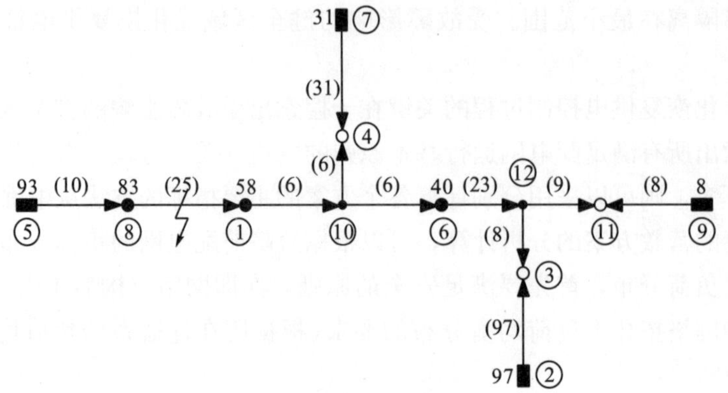

(a)一个含有故障的配电网

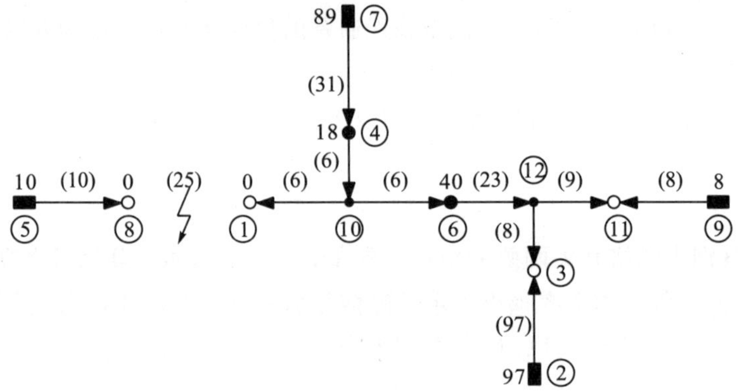

(b)方案一

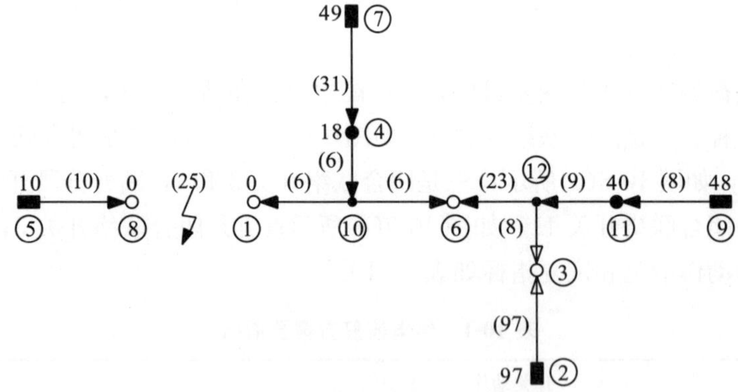

(c)方案二

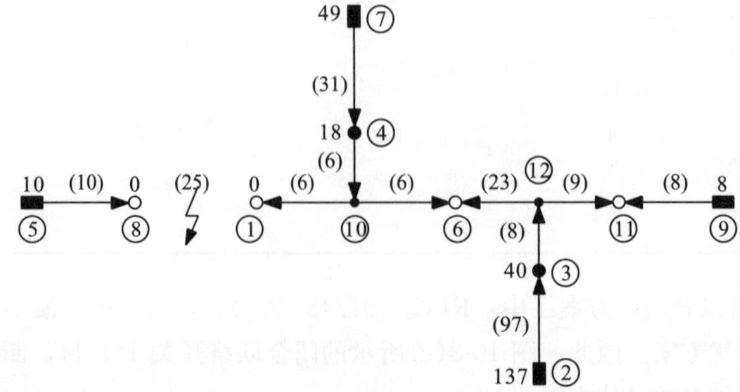

(d)方案三

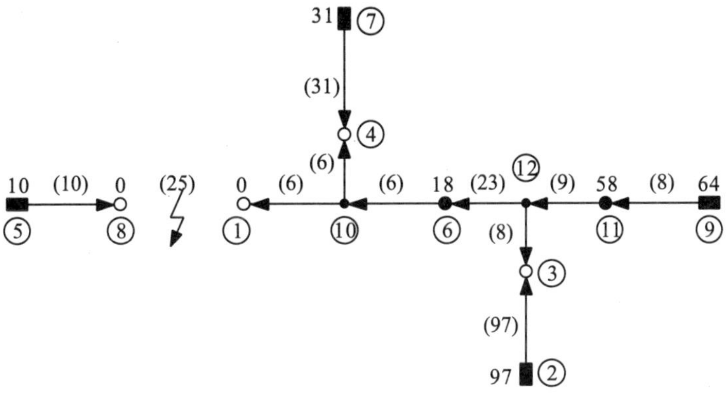

(e)方案四

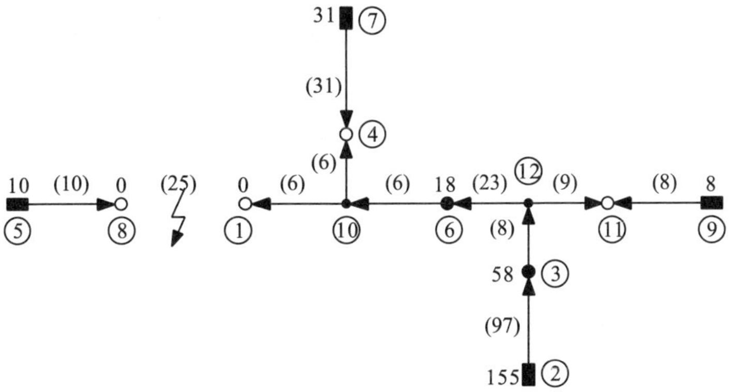

(f)方案五

图 10-8　一个含有故障的配电网及其故障后的恢复方案

实际运行中的配电网络规模大、节点多、情况复杂，往往有多种恢复方案。此时通过详尽列举的方法来比较最优恢复方案显然是不明智的。针对配电网供电恢复问题的特点，目前采用的研究方法主要有两类：智能优化方法和启发式搜索方法。

智能优化方法将故障恢复刻画为多目标规划问题，并以概率寻优方式进行求解，如遗传算法、蚁群算法、模拟退火算法、禁忌搜索算法、快速非支配排序遗传算法等。该类方法对复杂配电网故障恢复问题具有较强优势。

启发式搜索方法是寻找配电网供电恢复方案的典型方法，其将专家知识转化为相应的处理规则，可大大减少搜索空间，避免智能优化方法的维数灾问题，实时性较好。不同方法在具体应用中有其各自的优缺点，此处不深入展开，读者可自行探究。

10.4　小　　结

本章介绍了配电网络故障定位、隔离与供电恢复。重点讨论了基于过热弧搜索算法和矩阵算法的两种故障定位方法。首先，介绍了过热弧的相关定义，详细分析了基于过热弧搜索算法的思想及其在故障定位中的应用；其次从采用有向图和无向图以及是否需要规格化等方面，详细阐述了基于网基结构矩阵的故障定位算法和基于网形结构矩阵的故障定位算法，在此基础上，分析了配电网中故障发生在网络树状分支末梢时算法的适应性。算例表明采用基于网形结构的矩阵算法能够大大简化计算，提高定位准确性。

此外，本章还对供电恢复的基本要求、目标函数和约束条件进行了详细阐述，并介绍了供电恢复的典型过程。考虑到实际配电网的规模和特性，通常将供电恢复问题看作一个组合优化问题，采用智能优化算法和启发式搜索算法及相应的改进、融合方法来指导恢复供电。

10.5 习　　题

习题 1. 配电网故障处理的目标有哪些？

习题 2. 试从网络结构分析基于矩阵运算的故障定位方法中，何时要对矩阵 $\boldsymbol{P}'$ 进行规格化。

习题 3. 习题图 10-1 所示为一个有故障的单电源配电网络，分别写出它的网络描述矩阵 $\boldsymbol{D}$、故障信息矩阵 $\boldsymbol{G}$，并根据矩阵算法判断故障发生位置。

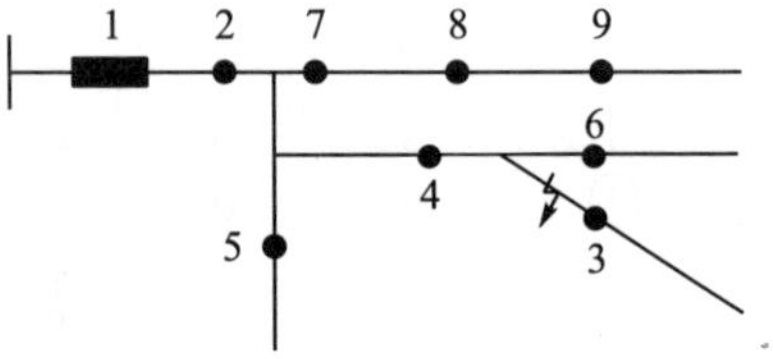

习题图 10-1　一个有故障的单电源配电网

习题 4. 若习题图 10-1 中顶点的额定负荷为 100，弧负荷均为 10，试利用过热弧搜索算法判断故障发生位置，并比较和矩阵算法的区别。

习题 5. 简要概述配电网故障隔离的过程。

习题 6. 配电网故障恢复的基本要求有哪些？有哪些约束条件？

习题 7. 如习题图 10-2 所示为一个有故障的单电源配电网络，馈线额定负荷均为 100，假设在图中 F 处发生故障，若考虑负荷均衡率为恢复目标，试给出最佳恢复方案。

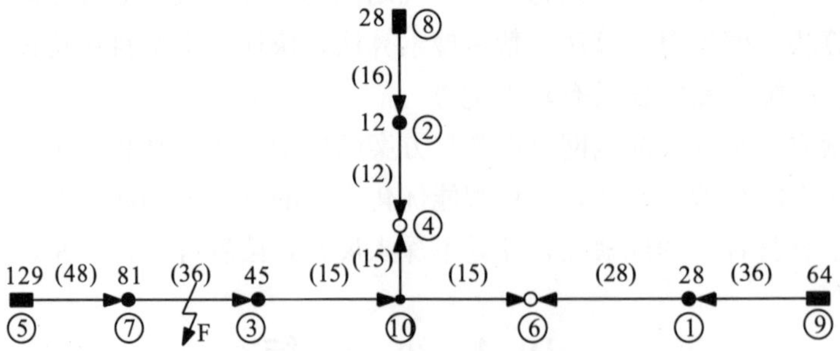

习题图 10-2　一个有故障的三电源配电网

习题 8. 查阅资料，列出目前配电网故障恢复的主要方法，简述其基本过程，分析各自优点与不足。

主要参考文献

刘健，倪建立，邓永辉. 2003. 配电自动化系统 [M]. 北京：中国水利水电出版社.

刘健. 1999. 变结构耗散网络——配电网自动化新算法 [M]. 北京：中国水利水电出版社.

李超文，等. 2009. 基于二进制粒子群算法的辐射状配电网故障定位 [J]. 电力系统保护与控制，37(7)：35-39.

梅念，石东源，段献忠. 2008. 基于过热区域搜索的多电源复杂配电网故障定位方法 [J]. 电网技术，(12)：95-99.

王守相，王成山. 2007. 现代配电系统分析 [M]. 北京：高等教育出版社.

徐青山. 2007. 电力系统故障诊断及故障恢复 [M]. 北京：中国电力出版社.

臧天磊，等. 2012. 基于启发式规则与熵权理论的配电网故障恢复 [J]. 电网技术，36(5)：251-257.

臧天磊，等. 2013. 计及负荷变化的配电网故障恢复区间数灰色关联决策 [J]. 电力系统保护与控制，41(3)：38-43.

第 11 章　铁路电力配电网及其自动化

11.1　铁路电力配电网

我国铁路电力配电网是由公共电网供电，铁路部门自行管理的电力网络，主要由铁路沿线变配电所(站)、自动闭塞电力线路和贯通电力线路、低压变配电系统及配套电力设施组成，担负着为铁路沿线运输生产和生活用电的任务。

11.1.1　铁路电力负荷

根据事故停电所造成的后果，铁路用户负荷分为下列三级。

(1)一级负荷。中断供电将造成人身伤亡事故，或在政治上、经济上造成重大损失、造成铁路运输秩序混乱，或影响具有重大政治、经济意义的用电单位的正常工作。属于此类负荷的有：与行车密切相关的自动闭塞、信号机、电气集中、通信枢纽等；与站场相关的有调度集中、大站电气集中联锁、驼峰电气集中联锁、大型车站、消防设备，以及医院手术室、局电子计算中心等。

(2)二级负荷。中断供电将在政治上、经济上造成较大损失，或影响重要用电单位正常工作、影响铁路正常运输。属于此类负荷的有：非自动闭塞区段中小站电气集中、通信机械室、给水所、编组站、区段站、红外线轴温探测设备、医院、道口信号等。

二级负荷也应尽量采用两路电源供电，或“手拉手”环网供电方式。

(3)三级负荷。不属于一、二级负荷的称为三级负荷。

三级负荷可由一路电源供电。

11.1.2　铁路配电所/分段装置开关房

1. 外部电源

铁路 10 kV 配电系统电源一般取自地方电源带有 10 kV 电压等级的变电所。为保证供电可靠性，一般情况下采用两路电源供电，分别引自不同的变电所。

2. 铁路配电所

10 kV 铁路配电所电气接线示意图如图 11-1 所示，主要由电源进线、主母线、母联、调压器、贯通母线及其馈出线等构成。

高速铁路的电力配电所采用室内配电所模式，高压开关柜采用充气式封闭开关柜，为带断路器的 GIS 成套设备。

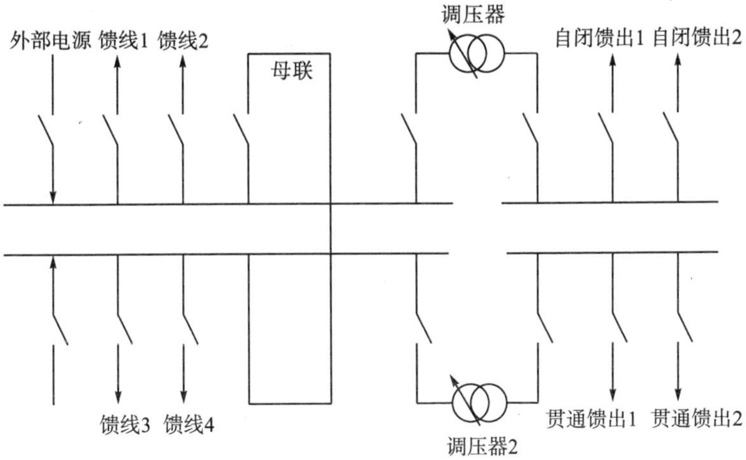

图 11-1　铁路配电所电气接线示意图

3. 分段装置开关房

铁路电力配电系统在每个车站设置分段开关房，分段开关房的电气接线如图 11-2 所示。

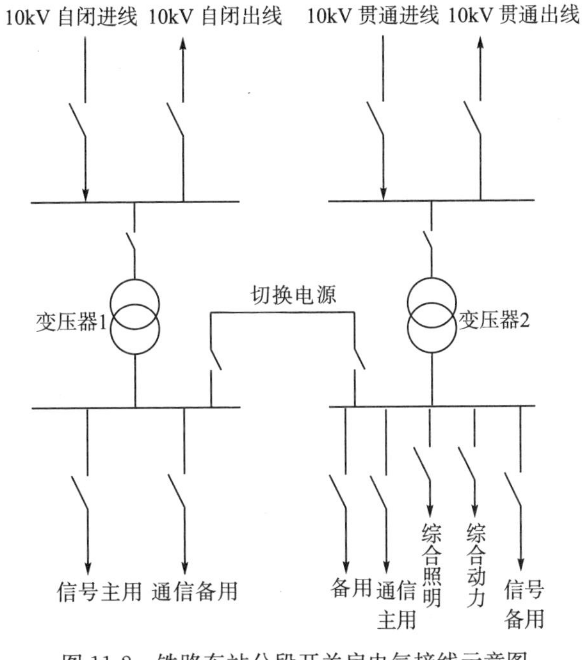

图 11-2　铁路车站分段开关房电气接线示意图

分段开关房采用两台变压器：一台为信号设备供电专用，另一台综合变压器为其他电力用户供电并为信号供电备用。分段开关房内的贯通高压分段开关采用高压环网柜结构，对贯通馈线分段，10 kV 电源从自闭和贯通线路各引一路。低压主接线均采用双电源单母线母联断路器分段，正常运行时两路电源同时运行，母联断路器分断，当一路电源失电，母联断路器合闸，由另外一路电源为全所负荷供电。

在高速铁路中，分段开关房采用电力远动箱式变电站，其主接线如图 11-3 所示。

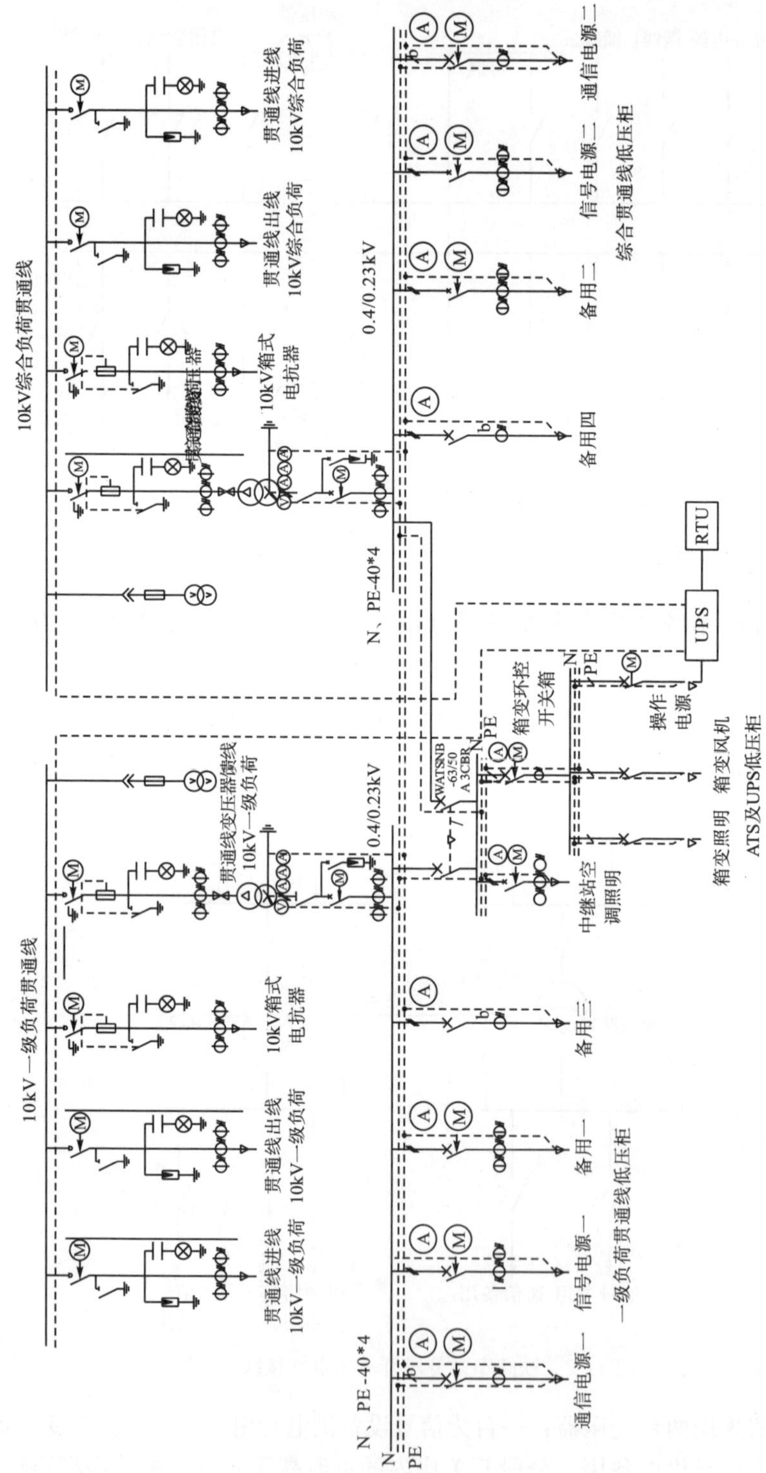

图11-3 典型高铁电力供电系统结构示意图

箱式变电站是将分段开关房内的高压受电、变压器降压、低压配电等功能有机地组合在一起，安装在一个防潮、防锈、防尘、防鼠、防火、防盗、隔热、全封闭、可移动的钢结构箱体内，机电一体化，全封闭运行，是继土建变电站之后崛起的一种新型变电站。高铁电力远动箱变高压选用 SF_6 充气环网柜，一级贯通和综合贯通各一组三单元环网柜以及所有低压开关全部纳入远动系统，并将箱变的温度、湿度、烟雾、门禁等信息实时上传调度主站，通过 I－T 方式进行故障的判断和隔离。

11.1.3　普速铁路自闭贯通线路

1. 自闭贯通线路的特点

普速铁路的电力配电网络包括自闭线路和贯通线路，其中自闭线路负责对自动闭塞区段信号设备供电，贯通线路除了给自动闭塞区段信号设备提供备用电源，还可以给沿线各站及生产单位提供生产和部分生活用电。为了实现安全可靠、经济合理的供电，铁路自闭贯通配电网在系统构成和功能上与常规电力系统配电网有所区别，图 11-4 为普速铁路电力配电网结构示意图。

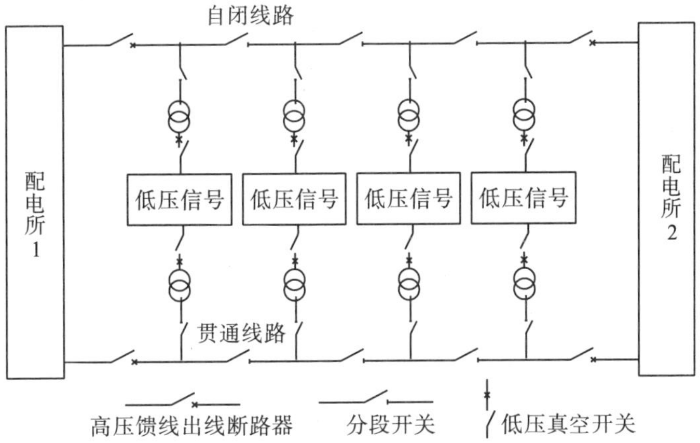

图 11-4　普速铁路电力配电网结构示意图

普速铁路电力配电网的主要特点如下。

(1)铁路电力配电网属于小电流接地系统，主要有中性点不接地和经消弧线圈接地方式，目前也有少数线路尝试采用中性点直接接地运行方式。

(2)自闭贯通母线出线少(一般不超过两条出线)。通常，自闭贯通母线只为一侧自闭贯通线路供电，只在少数情况下，才为两侧自闭贯通线路同时供电。

(3)自闭线和贯通线均为双端电源结构，正常工作时为单电源供电，当线路失压时由对端电源备投。

(4)供电线路长。10 kV 自闭贯通线的供电臂一般为 40～60 km，有的地方(没有合适电源或者跨所供电)供电臂长达 70～80 km。

(5)供电点多，供电负荷小。

(6)由于信号设备负荷较小，自闭贯通线路对地分布电容电流所占比重较大。有些地方为了消除分布电容引起的线路过电压，在线路中加有三相对地电抗负荷以平衡电容电流。

(7)系统接线形式是一个沿铁路敷设的单一辐射网，在各变(配)电所沿线基本均匀分布且互相连接，构成手拉手供电方式，线路常为架空线和电缆混合线路。

(8)运行环境差，地区偏远，维护困难。

(9)电压等级低，变(配)电所结构单一，但供电可靠性要求高。

2. 自闭贯通供电区间的运行方式

铁路电力配电网主用或备用供电的(变)配电所出线开关保护的运行方式决定了该区间自闭和贯通线路的运行方式。目前常用的运行方式包括以下四种。

(1)备自投—重合闸模式。这种模式为最常用的工作模式。当发生永久性相间短路故障时，主供侧保护动作，主供侧出线断路器无时限速断分闸；备投方经备投时间后备投，备自投失败，则备供端出线断路器后加速跳闸；主供侧经重合闸时间延时重合，重合失败，全线停电。

(2)重合闸—备自投模式。当发生永久性相间短路故障时，主供侧保护动作，主供侧出线断路器无时限速断；主供侧开关经重合闸时间重合，重合失败；备投方经备投时间后备投，备自投失败，全线停电。该模式也是目前常用的模式。

(3)单备自投模式。当发生永久性相间短路故障时，主供侧保护动作，主供侧出线断路器无时限速断分闸；备投方经备投时间后备投，备自投失败，全线停电。

(4)单重合模式。当发生永久性相间短路故障时，主供侧保护动作，主供侧出线断路器无时限速断分闸；主供侧开关经重合闸时间重合，重合失败，全线停电。

11.1.4 高速铁路电力贯通线路

高速铁路的电力配电线路均称为贯通线路，只是根据所接入负荷的不同分为一级负荷贯通线路和综合负荷贯通线路。高速铁路贯通供电线路与普速铁路的自闭贯通线路有所区别，图 11-5 为典型高速铁路电力供电系统的结构示意图。图 11-6 为典型高速铁路 10 kV 配电所主接线图。

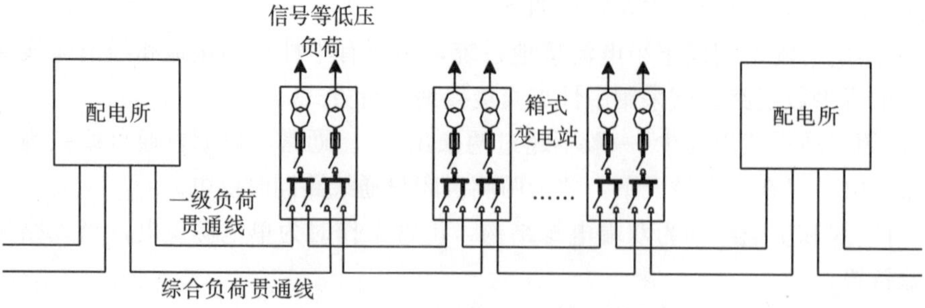

图 11-5 典型高速铁路电力供电系统结构示意图

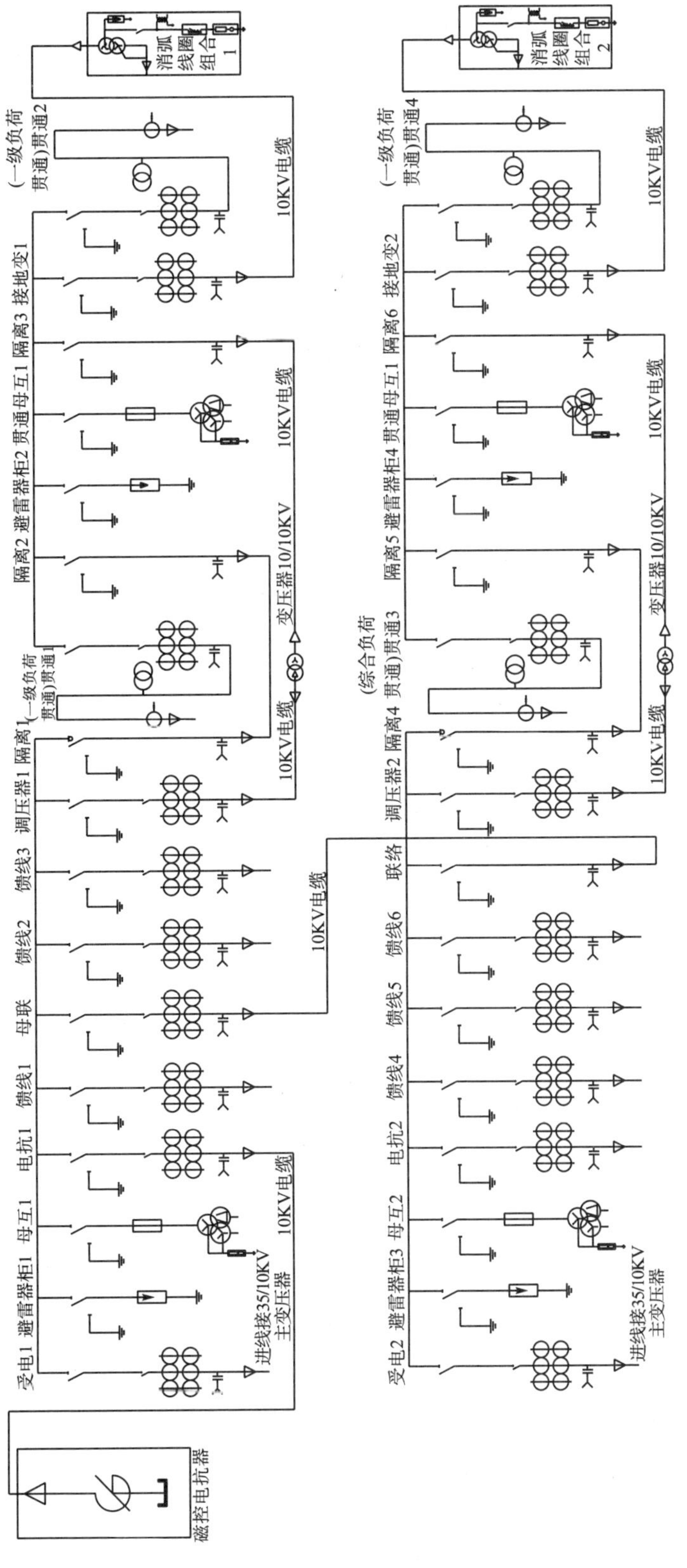

图11-6　典型的高速铁路10kV配电所主接线图

高铁电力供电系统主要包括外部电源、一级负荷贯通线、综合负荷贯通线、10 kV 配电所、箱式变电站以及各类低压负荷等。高速铁路供电可靠性要求更高，因此系统采用两条贯通馈线给沿线信号和负荷供电。一级负荷贯通线主要作为沿线信号、通信负荷的主要电源；综合负荷贯通线主要供给沿线各红外探测站、电气化站段等重要的小容量负荷及部分隧道、特大型桥梁照明、守卫等负荷用电，并作为沿线各信号、通信负荷的备用电源。贯通馈线采用全电缆线路，一级负荷贯通线和综合负荷贯通线均采用单芯电缆。为补偿电缆线路的电容电流，保证电压质量，每隔一定距离并联箱式电抗器对其进行补偿。

11.1.5 高速铁路电力贯通线路与普速铁路自闭贯通线路的区别

高速铁路电力供电模式与普速铁路自闭贯通配电网存在一些差别，主要表现以下方面。

(1)高速铁路电力供电系统主要包括电源进线、(变)配电所、一级负荷贯通线、综合负荷贯通线、沿线各车站、信号中继站、桥梁和隧道供电等。供电系统结构较普速铁路电力供电系统更加合理。

(2)高速铁路供电可靠性要求更高，系统采用两条贯通馈线给沿线信号和负荷供电。贯通馈线采用全电缆供电，在不具备电缆敷设条件的地方也有采用一条架空线路和一条电缆线路的供电模式，且采用环网开环运行供电模式。而普速铁路电力供电多采用自闭和贯通两条馈线给沿线信号和负荷供电，多以架空线路为主，故障机率高。

(3)普速铁路电力配电网信号电源通过 T 接形式连接到高压自闭贯通线路，而高速铁路则采用沿线箱式变压变电站作为信号等负荷的供电电源，用高压环网柜作为 10 kV 综合负荷贯通线、10 kV 一级负荷贯通线分段开关装置。贯通馈线可以在负荷供电点等接入点处以环网结构形式对长馈线分段，使得段间距离短，故障定位更加精确。

(4)由于贯通线路长，且高速铁路多采用电缆供电，故其对地电容电流较大。因此高速铁路贯通馈线每隔一段距离加装并联电抗器，通过线路并联电抗器补偿线路的容性充电电流，限制系统电压升高和操作过电压的产生，保证线路的可靠运行。同时，当发生单相接地短路时，能够防止对地电容电流过大而致使接地电弧不能自熄，进而导致更大范围的故障(甚至永久性故障)的发生，保证贯通馈线的可靠运行。

11.2 铁路电力配电网的中性点接地方式的选择

铁路电力配电网的中性点接地方式主要分为三种：中性点不接地、中性点经电阻接地和中性点经消弧线圈接地。对于各种中性点接地方式的特点及其优缺点已在第 1 章中进行了详细介绍，在此不再赘述。

我国普速铁路设计中，贯通线以架空线路为主，电容电流较小，采用中性点不接地系统。近年来在高速铁路建设中，大量采用全电缆电路或电缆与架空混合线路，线路参数、运行方式和设备故障类型与既有普速铁路相比都发生了较大变化，原有的中性点不接地方式已不能完全适应高速铁路对供电可靠性的要求。在中性点的选择上，因侧重点不同还未形成统一的标准，本节在阐述不同接地方式特点的基础上，对高速铁路电力配电网中性点的选择进行初步分析。

针对高速铁路电力配电网的特点，主要从以下几个方面来考虑系统接地方式的选择。

(1)由于高铁贯通电缆线路的对地电容电流较大，正常运行时和单相接地故障时的电容电流远大于交流电气装置的过电压保护和绝缘配合的规定，根据《交流电气装置的过电压保护和绝缘配合》(DL/T620—1997)3.1.2 条，10 kV 全电缆线路单相接地故障电容电流超过 30 A，10 kV 架空电缆混合线路单相接地故障电容电流超过 20 A 时，中性点不接地方式不适用于高速铁路电力配电网，接地系统应采用谐振接地系统或小电阻(低阻)接地系统。根据规范《交流电气装置的过电压保护和绝缘配合》(DL/T 620—1997)3.1.6 的规定：接于 YN，d 接线的双绕组或 YN，yn，d 接线的三绕组变压器中性点上的消弧线圈容量，不应超过变压器三相总容量的 50%，并不得大于三绕组变压器的任一绕组的容量。

(2)从供电可靠性来说，电缆线路不同于架空线路，一旦发生接地故障多为永久性故障，不能自行恢复供电。对全电缆线路来说，经消弧线圈接地方式，虽然单相接地故障后允许运行 2 h，但在实际运行中与直接接地、小电阻接地方式相比并不能显著提高供电可靠性。同时经消弧线圈接地方式因单相接地电流较小，零序保护定值既要避开正常对地电容电流，又要准确保护单相接地故障，选择难度大。

(3)从过电压水平来说，中性点直接接地、经小电阻接地方式是经消弧线圈接地方式下暂时过电压、操作过电压水平上的$\sqrt{3}$倍，并且中性点直接接地和经小电阻接地方式可以有效避免铁磁谐振过电压的发生。

(4)从继电保护来说，中性点直接接地和经小电阻接地方式单相接地故障电流较大，零序保护动作灵敏，可以快速切除故障线路；中性点经消弧线圈接地方式，由于单相接地故障电流较小，实现选择性接地继电保护比较困难，零序保护动作不灵敏，难以快速切除故障线路。当发生永久性接地时，对电缆等弱绝缘设备的威胁较大。

(5)从接触电压、跨步电压对人身安全的影响来说，中性点直接接地方式对人身安全危害最大。经消弧线圈接地方式因降低了接地工频电流和地电位升高，跨步电压和接触电压较小，对人身安全的危害也较小。

针对高铁电力配电网的特点，综合上述各方面因素的考虑，中性点不接地方式不适用于高铁电力配电网；中性点直接接地方式对人身安全的危害较大，并且严重干扰通信线路等弱电系统，与经小电阻接地和消弧线圈接地方式相比，优势不明显并且缺点较突出。因此在高铁电力配电网中，对全电缆线路宜采用小电阻接地方式，而对架空、电缆混合线路可根据架空和电缆的比例进行经济和可靠性的分析，采用小电阻接地或经消弧线圈接地方式。但是，对于合建或改造的变配电所，需要同时对高铁和普铁线路供电，二者的中性点接地方式是不同的。此时应分别设置调压器与贯通母线段，确保不同接地方式之间的电气隔离。

总结来看，高速铁路中应用谐振接地系统和小电阻接地系统的特点分别如表 11-1 所示。

表 11-1 谐振接地系统和小电阻接地系统的特点

序号	谐振接地系统特点	小电阻接地系统特点
1	供电可靠性高	供电可靠性低
2	故障点电位低	故障点电位高，对人身设备安全运行不利
3	对通信设备干扰小	对通信设备干扰大
4	综合投资低	综合投资较高
5	适用于中型供配电网络	适用多电源、超大城市供配电网络
6	采用自动调谐设备运行管理简单	运行管理简单

11.3 铁路电力配电自动化系统

随着铁路行车向着高速、大密度的方向迅速发展，对于行车安全性密切相关的铁路电力配电系统的供电可靠性要求越来越高。传统的监视控制方法，如人工调度、电话调度等方式，已经不能满足行车安全的要求。铁路电力远动系统提供数据基础，采用先进的配电自动化技术，实施远程自动监控和调度管理是铁路电力配电系统的必然发展趋势。

铁路电力配电自动化是以计算机技术为基础，借助通信技术、网络技术、信息处理技术等高科技知识，以实现配电自动化为目的，为铁路电力系统营造更加可靠、便捷的运行环境。

11.3.1 普速铁路的电力配电自动化系统概述

普速铁路配电自动化系统是为管理者提供一体化的综合管理体系，督导配电行业全面提高设备管理手段。按照功能和业务来划分，主要包括铁路电力配电 SCADA 系统、信号电源监控自动化系统和馈线自动化。

1. 铁路电力配电 SCADA 系统

铁路电力配电 SCADA 系统分为调度端系统和被控站系统，其中调度端系统自上而下可以分为铁路局级的配电 SCADA 系统和段级的 SCADA 系统，被控站系统又包括(变)配电所综合自动化系统、信号电源监控自动化和馈线自动化三个主要部分。

调度端系统承担的主要任务分别阐述如下。

(1)局级配电 SCADA 系统。

局级配电 SCADA 系统主要负责监视和管理全局范围内各供电段的电力运行状况，协调段与段之间的电力供应，统计、汇总各种电力生产信息，管理电力生产设备，并提供与其他电力自动化系统，如牵引电力远动系统、行车调度自动化系统交换信息的接口，并与这些系统联合构成综合调度中心。

(2)段级配电 SCADA 系统。

供电段或水电段电力配电 SCADA 系统主要由安装在调度室的 SCADA 主站、变配电所自动化、信号电源监测自动、馈线自动化以及通信系统组成，完成所辖电力系统的自动监视和控制、故障报警和故障处理以及调度管理等功能。系统结构如图 11-7 所示。

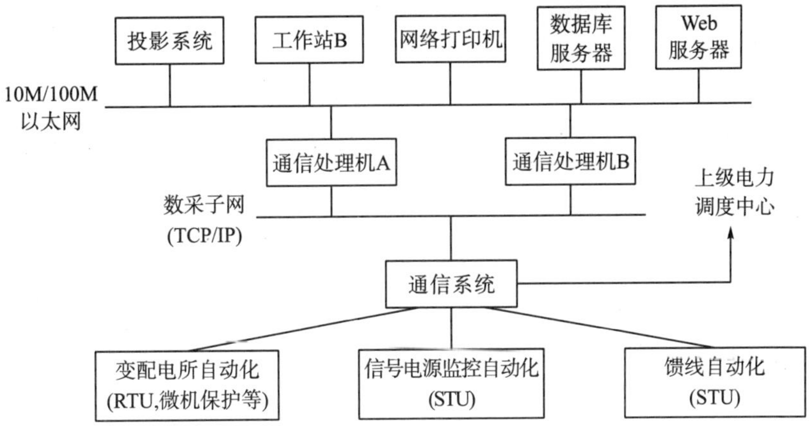

图 11-7　段级配电 SCADA 系统

2. 铁路信号电源监控自动化系统

在被控站系统中，信号电源监控自动化功能为铁路电力配电自动化系统所特有，因为信号电源是为一级负荷(铁路信号设备)提供电源，其供电正常与否将直接关系列车能否正常可靠地运行。对信号电源进行监控是实现铁路电力自动化和提高现代化管理水平的重要内容，信号电源监控自动化的主要监控对象是车站信号电源和区间信号电源。铁路信号电源监控自动化系统可以帮助供电段有效地、动态地掌握各点供电运行状况，克服“盲管”现象，把工作做在故障发生之前，从而大大提高供电可靠性。

信号电源监控自动化主要完成对信号电源的高、低压开关的远程监视和控制，以精确的曲线或波形显示方式对信号双电源供电状态进行监测，具体包括以下几个方面。

(1)远动功能。

以专线方式进行数据采集，完成信号机电源的监测及失压报警等多种功能。任何情况下同时显示两路电源数据及曲线。具体包括：

①遥信：自闭、贯通低压侧开关状态等；

②遥测：自闭、贯通低压侧三相交流、电压数据；

③遥控：自闭、贯通低压侧及高压侧开关；

④事件顺序记录（sequence of event，SOE）事项；

⑤实时趋势曲线等。

(2)遥测越限及故障录波。

遥测越限分为：一级过流、二级过流、三级过流以及一级过压、二级过压、欠压和失压警告等。

其中，一、二级过流作为告警事件，需要记录告警波形，告警波形为 40 个周波(每周波 20 ms)，共计 80 点有效值；三级过流作为过流故障，并进行故障录波信息的处理，录波波形为 40 个周波(每周波 20 ms)，每周波采样 16 点以上。

(3)告警处理。

有告警信号时，信号电源装置通过主动拨号或专线方式上报故障信息；平时由调度员进行即时检测或者巡回检测；巡回检测时间可进行设置；可以显示实时数据，并以有效值形式反映在趋势图上，可打印输出。

(4)图形管理。

信号电源图形管理分为：一级图(布局图)、二级图(供电臂示意图)、三级图(车站图)；要求绘图简便，可由一级图调出二级图，二级图点出三级图。在二级图上可控制高压侧开关。

(5)信号电源参数读取及整定。

整定内容包括：信号电源检测装置的电话号码、遥测越限条件、录波启动条件等。

(6)网络复视。

通过远动主站与上级信息管理系统的连接，将信号电源监控信息实时发布出去，供相关部门与人员远方监视和调度。

信号电源监控系统的结构与一般电力远动系统结构模式一样，由监控主站、通信信道及信号电源终端装置 STU 三部分组成。如图 11-8 所示。

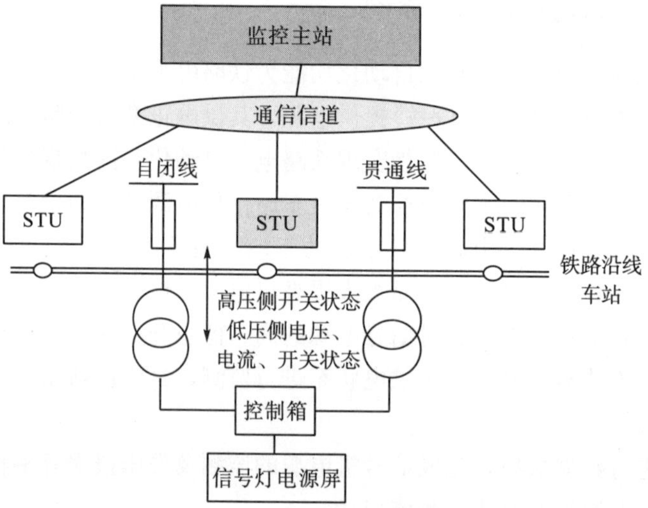

图 11-8 信号电源自动化系统的构成

监控主站理论上可以单独设置，放置在车站或段调度室内。但从节约投资、优化系统构成和便于管理等角度考虑，一般都是与变配电所自动化、馈线自动化监控等合并，使用一个主站平台。

STU 负责信号电源的监视和控制，遥测量包括电流、信号变压器二次侧电压；遥信量包括高低压侧开关状态，蓄电池状态等；遥控量包括高低压侧开关，蓄电池活化等。其工作原理如图 11-9 所示。

一般来说，STU 由远方终端监控器、智能电源、箱体等组成。远方终端监控器是 STU 的核心模块，需要完成的主要功能包括遥测、遥信、遥控、故障检测、数据录波(包括主动录波、故障录波)等，还要提供与上级主站的通信接口和自身的维护接口。

智能电源由充放电回路、蓄电池、DC/DC 转换等部分组成，主要为 STU 提供不间断电源，类似 UPS 的功能。为了确保 STU 在断电情况下还能可靠供电，智能电源还要与核心模块通信，监视蓄电池状态、充放电回路工作状态，控制蓄电池放电，以便对蓄电池进行活化延长蓄电池的使用寿命。

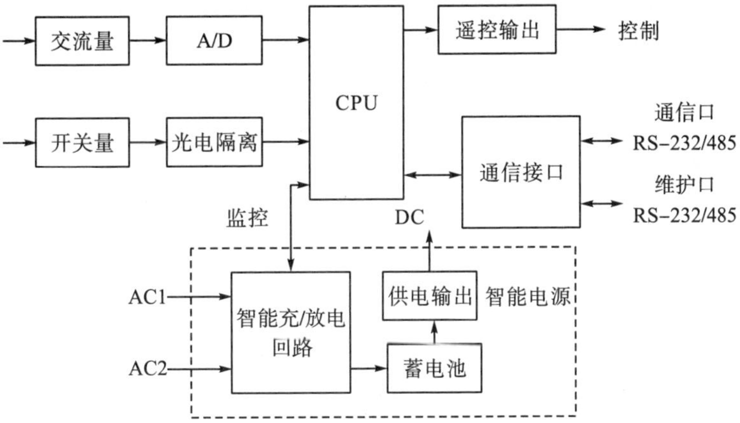

图 11-9　STU 的工作原理

11.3.2　高速铁路电力配电自动化系统概述

集远方终端设备(RTU)、馈线自动化终端(FTU)和信号电源监控装置(STU)功能于一体的智能监控装置是高速铁路电力配电系统的主要装置，该装置除具备传统的遥信、遥控、遥测、遥调“四遥”功能外，还具备故障录波、故障判断和故障切除等馈线自动化功能，是适应于配电系统，尤其是高速铁路配电自动化系统的一体化解决方案。

其主要功能包括以下几个方面。

(1)典型的通信接口：典型的通信接口采用以太网，可配置点对点的接口，可配置环形以太网接口，也可配置 RS－232、RS－485、CAN 总线、GPS 时钟接口，可满足不同通信环境的需求。

(2)丰富的通信规约：能够支持远动通信协议、现场通信协议和自定义的扩展规约。

(3)遥信功能：一级负荷贯通线、综合负荷贯通线高压侧及低压侧开关状态。

(4)遥控功能：一级负荷贯通线、综合负荷贯通线高压侧及低压侧开关。

(5)遥测功能：一级负荷贯通线、综合负荷贯通线高压侧及低压侧电压电流数据；遥测过流故障、系统电压正常、异常、带电、失电统计。

(6)遥调功能：支持以遥信节点、BCD 码等方式采集遥调档位。

(7)电度采集功能：支持脉冲电度表、智能电度表等各类电度表计的电度采集、支持积分电度。

(8)故障判断功能：实现对各种运行方式下三相短路、两相短路、两相接地、单相接地等故障类型的判别。

(9)故障录波功能：每一路遥测采集量均可实现故障录波功能，并且可支持故障判断启动，过流故障启动、斜率故障启动。

(10)远程整定功能：可实现远程整定遥信采样分辨率、遥控输出保持时间、遥测越阈值、遥测告警值及时限、故障判断参数、故障录波条件等。

(11)数据处理功能：各类数据处理结果分类存储，整定值数据不易丢失。装置保留遥信变位记录、遥控操作记录、遥测告警记录、故障判断记录和通信异常记录等。

此外，还具备自诊断功能、维护调试功能、自启动功能、时钟同步功能、冗余电源功能、热插拔功能以及灵活组态功能等，还可通过标准 IE 浏览器接入监控网络，即可远程查看装置的各类运行记录及自检状况，便于远程维护及故障分析查找。

11.3.3 铁路馈线自动化系统

馈线自动化就是监视馈线的运行方式和负荷。当故障发生后，及时准确地确定故障区段，迅速隔离故障区段并恢复健全区段供电的馈线自动化是配电网自动化最重要的内容之一。本节将以普速铁路自闭贯通线路为研究对象来讨论馈线自动化的相关内容。

1. 自闭贯通线路的馈线自动化的实现方式

铁路馈线自动化有两种实现方法：基于重合器的馈线自动化和基于馈线终端单元(FTU)的馈线自动化。

基于重合器的馈线自动化(当地控制方式)采用重合器或断路器与分段器、熔断器的配合使用来实现馈线自动化，不需要建设通信通道，只需要恰当利用配电自动化开关设备的相互配合关系，就能达到隔离故障区域和恢复健全区域供电的功能。基于重合器的馈线自动化(当地控制方式)的优点是，故障隔离和自动恢复送电由重合器自身完成，不需要主站控制，因此在故障处理时对通信系统没有要求，所以投资省见效快。其缺点是，这种实现方式只适用于配电网络相对比较简单的系统，而且要求配电网运行方式相对固定。另外，这种实现方式对开关性能要求较高，而且多次重合对设备及系统冲击大。早期的配电网自动化只是单纯的为了隔离故障并恢复非故障区段供电，还没有提出配电系统自动化，当地控制方式是一种普遍的馈线自动化实现方式。

基于 FTU 的馈线自动化又称为远程控制方式，通过负荷开关、馈线远程终端加主站系统来实现。由 FTU 检测电流以判别故障，故障信息传送到主站，由主站确定故障区段，然后由主站系统发遥控命令控制开关动作，完成故障隔离并恢复非故障区段供电。基于 FTU 的馈线自动化可选择分布控制方式和集中控制方式。

分布控制方式是指配电自动化终端(FTU)具有自动故障判断与隔离能力，通过互相之间的配合，将故障点隔离出供电系统。主要有电压时间型和电流计数型。铁路供电系统由于供电可靠性要求比较高，不宜选择这种方式。

集中控制方式下，由现场 FTU 将采集到的故障信息上送主站，由主站的应用模块经计算后，得出故障隔离与恢复方案，再下达给 FTU 执行。一般分为三个层次：配电终端层(FTU)完成故障信息的检测和上送；配电子站完成本区域的故障处理和控制；主站完成全网的管理与优化。如图 11-10 所示。

基于 FTU 的馈线自动化由于引入了配电自动化主站系统，由计算机系统完成故障定位，因此故障定位迅速，可快速实现非故障区段的自动恢复送电，而且开关动作次数少，对配电系统的冲击也小。其缺点是，需要高质量的通信通道及计算机主站，投资较大，工程涉及面广、复杂；尤其是对通信系统要求较高，在线路故障时，要求相应的信息能及时传送到上级站，上级站发送的控制信息也能迅速传送到 FTU。

随着电子技术的发展，电子、通信设备的可靠性不断提高，计算机和通信设备的造价越来越低，基于 FTU 的馈线自动化的利用信道、具有远动功能的线路自动化模式成为馈线自动化发生的趋势。

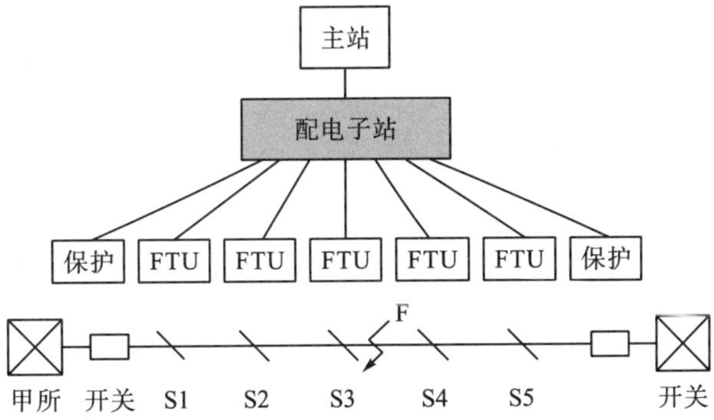

图 11-10　集中控制方式的馈线自动化系统

2. 自闭贯通线路单相接地故障定位

1)基于瞬时零序电流的单相接地定位方法

(1)当发生单相接地故障时，查找故障区间内所有 FTU 装置监测的瞬时 $3I_0$ 值，找到最大值所在的 FTU，则故障点位于该 FTU 相邻的某一侧。

(2)比较该 FTU 相邻的两侧的瞬时 $3I_0$ 值，找到较大值，并比较最大值与次大值瞬时零序电流的方向，如果相同，则故障点位于最大值 FTU 的另一侧；如果相反，则故障点位于两者之间。

2)基于稳态零序电流的单相接地定位方法

对自闭贯通线路单相接地故障区段判断可采用故障点前后零序电压与零序电流的相位关系进行判断。实际上，故障区段前后零序电流与零序电压的实际相位差不可能为 180°，根据工程经验，差值在±30°都可认为是相反的。

若消弧线圈未投入，按下列算法判别：

①若 U_0 大于 30 V，则单相接地区段判断程序启动；

②分别读取各站零序电压和零序电流，计算其相位差(I_0 相角 $-U_0$ 相角)；

③按顺序分别比较相邻两个开关站的零序电压与零序电流相位差，若第 I 站相位差与第 $I+1$ 站相位差之差在 150°～210°，则认为第 I 站与第 $I+1$ 站之间发生了接地故障；

④若中性点经消弧线圈接地，则采用比较零序分量的五次谐波相位差，方法同上。

3. 自闭贯通线路相间故障定位

铁路贯通线路为 10 kV 不接地系统，其供电线路的故障类别分为：三相短路、两相短路、两相接地、单相接地。故障性质分为：瞬时性和永久性两种。其组合有八种类别的故障，根据现场上送信息的不同分组，主站进行故障综合判断。按照以下两个步骤进行。

(1)当自闭贯通线路上发生故障时，相关联的两个配电所之间开关站的数据，需在一段时间后才能收集到主站。设置时间参数，包含两个配电所之间的开关站的数据完全上送，此时间参数为故障分辨率的参数(根据现场信道数据上送的时间的长短，设置此参数)。

(2)在主供电臂方向投入重合闸，备用供电臂方向投入备自投的情况下，当故障发生时，主供保护动作跳闸，备自投投入成功，则故障为瞬时性故障；另外，当故障发生时，主供保护动作跳闸，备自投投入不成功，重合闸投入成功，则故障为瞬时性故障。

以主供电臂方向投入重合闸，备用供电臂方向投入备自投的情况下，当故障发生时，主供电臂方向保护动作跳闸，备自投投入不成功，重合闸投入也不成功，则故障为永久性故障。

将在此时间段内，相关联的两个配电所之间开关站的数据进行综合判断。根据资料收集的情况，分为当故障发生时，数据收集完整情况下的故障判据和数据收集不完整情况下的判据。

1)对信息采集的要求

配电所内的 RTU 装置应能够采集贯通馈线保护动作信息、出线断路器跳闸信息、备自投(BZT)和重合闸(CHZ)投入信息等遥信信息，采集的信息以开关量表示，包括统一的时标，并具有 SOE 功能，主动上传遥信变位信息。此外，能够监测出线断路器处的过流信息，若过流，则上传带统一时标的故障信息标志“1”，以及故障类型标志和过流方向标志。

各分段装置处的 FTU 装置能够上传带统一时标的故障信息标志、故障类型标志和过流方向标志。

2)相间故障定位原理

根据故障电流总是出现在由配电所至故障点的线路上，通过各 RTU、FTU 采集到的故障电流上传至主站，主站对接收到的某区段的所有故障资料进行综合分析和处理，从而判断故障发生的区段。

假设贯通线路是备用供电端先备投、主供电端再重合的运行模式。当贯通线路发生相间短路故障时，主供电端出线断路器在过电流保护动作下跳闸，故障点之前靠近主配电所侧的 FTU 装置均能监测到过流，若 BZT 投入成功，为瞬时性故障，故障点之后靠近备用电源侧的 FTU 未流过过流，则故障点位于监测到最大故障电流的分段开关与它的远程相邻开关之间；若 BZT 投入失败，CHZ 动作成功，为瞬时性故障，故障点之后靠近备用电源侧的 FTU 也能监测到过流，则根据两次过流报文的时间差或过电流方向可以定位故障点；若 CHZ 投入失败，则为永久性故障，同样可以以两次过流报文的时间差或过电流方向定位故障点。

3)基于时标分组的故障定位方法

当贯通线路发生短路故障时，第一次瞬时过流跳闸产生的第一批故障报文与第二次 BZT 投入后加速跳闸产生的第二批报文以及第三次 CHZ 重合后加速跳闸产生的第三批报文之间有个时间差，这个时间差就是由备用电源自动投入的延时、一次重合闸的延时以及开关的固有动作时间决定的。故障点就在第一批报文检测到最大故障电流的开关站与第二批报文检测到最小故障电流的开关站之间。

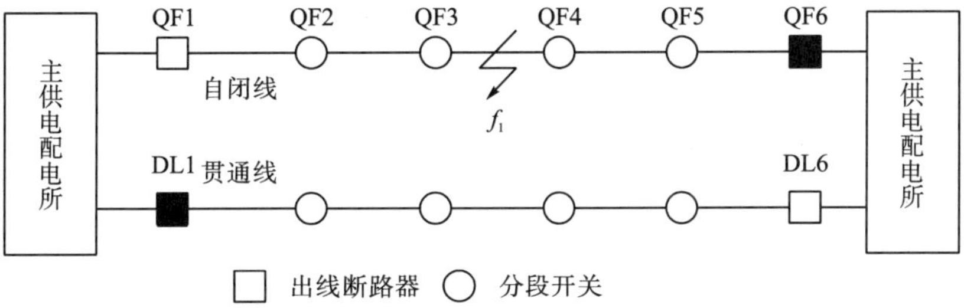

图 11-11　基于时标分组的故障区段定位方法

以图 11-11 为例，假设 f_1 点发生相间短路故障：

若 QF6 备自投动作成功，则只有 QF1、QF2 和 QF3 流过过电流，根据故障报文可以判断故障点在检测到故障电流的最大开关后面区域，即 QF3 开关后面。

若 QF6 备自投不成功，QF1 重合闸成功，则 QF1～QF6 均流过过电流，QF1、QF2、QF3 检测的故障电流与 QF4、QF5、QF6 检测的故障电流不仅方向相反，而且存在一个时间差，这个时间差就是由备用电源自动投入的延时和开关的固有动作时间决定的；本例设定为 2 s，开关固有动作时间忽略不计。设各开关故障信号的时标依次为 t_1，t_2，…，t_6，记备自投动作时刻为 t_B，根据如下判据将故障信息分为两组：

If　$t_B-t_i\geqslant\Delta t$ Then t_i属于第一组；

Else　t_i属于第二组。其中，Δt 为时标允许误差(500 ms)。

故障点就在第一组最大编号开关与第二组最小编号开关之间。本例中 t_1、t_2、t_3 属于第一组，t_4、t_5、t_6 属于第二组，则根据判决，可得故障点在 QF3 与 QF4 之间。

若 QF6 备自投不成功，QF1 重合闸不成功，为永久性故障，判断方法同上。

4. 自闭贯通线路断线故障定位

断线故障是永久性故障的一种。由于线路断线后特征比较明显，如断线后(无论接地与否)，断线点后的电流为 0，因此利用 FTU 检测流过的电流，可以判断出第一个检测到电流为 0 的分段装置与其前向分段装置之间发生了故障。如图 11-11 所示，在 QF3 与 QF4 之间发生了断线，QF3 上仍然可以检测到有电流流过，而 QF4 后的线路因为失去了电源供电，所以电流电压值都为 0，根据这个特点，即可以将故障定位在 QF3 与 QF4 之间。

5. 基于 FTU 的故障综合处理系统举例

1)系统设计

基于前述原理和分析，本节构筑了 10 kV 自闭贯通线路故障综合处理系统。该系统由调度中心，通信系统和分布于各配电所的 RTU 子站等三大部分组成，整个系统沿用原 SCADA 系统的体系结构。系统主要实现以下功能。

(1)故障区段检测：各个子站通过采集到的电流电压测量值进行分析、计算、比较，判定出故障类型，故障类型标志和加有时标的故障数据报文一同送往调度中心。调度中心收到故障数据报文后，根据故障类型选择相应的判据，判定出故障区段；对单相接地，根据当时配电系统的工况选择最优的故障区段判别方案，判断出单相接地故障区段。

(2)故障切除与隔离：对于各种相间(含接地)短路，调度中心根据判断出的故障区段，自动启动相应程控卡片，操作相应开关站的开关，快速切除故障区段，以使其余站能正常工作。对于单相接地，调度中心在调度员工作站上自动弹出报警窗，并给予声音提示单相接地故障、故障相和故障区段，供调度员选择。

2)换相算法

10 kV 自闭贯通为架空传输线，每隔一定距离存在换相操作，导致各开关站和配电所的物理相存在不对应问题(图 11-12)，因此，必须利用适当算法，建立物理相和参考相的对应关系，以便运行人员查找故障相，特设计如下相换算算法。

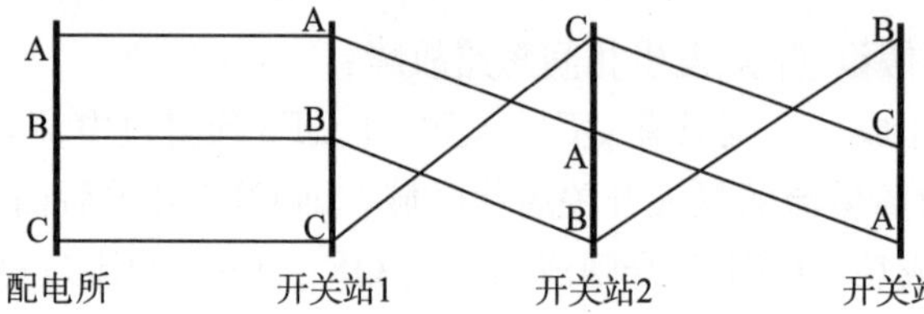

图 11-12 自闭贯通线路换相示意图

以配电所为参考，拟定其物理相序(A\B\C)，其余开关站或配电所的物理换相位置用一矩阵 **D** 和配电所参考物理相位置相乘得到，如开关站 1、开关站 2、开关站 3 分别表示为

$$\begin{cases}\begin{bmatrix}A(1)\\B(2)\\C(3)\end{bmatrix}=\begin{bmatrix}1&0&0\\0&1&0\\0&0&1\end{bmatrix}\begin{bmatrix}A(1)\\B(2)\\C(3)\end{bmatrix}\\ \begin{bmatrix}C(3)\\A(1)\\B(2)\end{bmatrix}=\begin{bmatrix}0&0&1\\1&0&0\\0&1&0\end{bmatrix}\begin{bmatrix}A(1)\\B(2)\\C(3)\end{bmatrix}\\ \begin{bmatrix}B(2)\\C(3)\\A(1)\end{bmatrix}=\begin{bmatrix}0&1&0\\0&0&1\\1&0&0\end{bmatrix}\begin{bmatrix}A(1)\\B(2)\\C(3)\end{bmatrix}\end{cases} \tag{11-1}$$

矩阵 **D** 可以由单相接地实验或单相故障信息获得，具体算法为

$$\boldsymbol{D}=\{d_{ij}\}=\begin{cases}d_{ij}=1,i=n,j=m\\d_{ij}=1,i=\mathrm{mod}[n+1],j=\mathrm{mod}[m+1]\\d_{ij}=1,i=\mathrm{mod}[n+2],j=\mathrm{mod}[m+2]\\d_{ij}=0,\text{其他}\end{cases} \tag{11-2}$$

式中，m 为基准配电所测得的接地相；n 为对应开关站测得的故障相；mod [] 表示若大于 3 则对 3 取余数。

如实验时测的基准站(示意图中的配电所为 B 相接地，或用数字表示为第 2 相接地，$m=2$，$A=1$，$B=2$，$C=3$)，某一站(如开关站 2)测得第 3 相接地($n=3$)，按算法即有

$$\boldsymbol{D}=\begin{bmatrix}0&0&1\\1&0&0\\0&1&0\end{bmatrix} \tag{11-3}$$

由矩阵 **D** 乘向量$[1\quad 2\quad 3]^{\mathrm{T}}$，可得实际相序为$[3\quad 1\quad 2]^{\mathrm{T}}$，即实际为 B 相接地。

3)故障区段判别流程

由于实际的系统运行中通道的原因，可能有 RTU 的故障检测信息不能及时准确地传送到调度中心，为提高系统的容错性和检测能力，特设计如下检测流程和逻辑框图如图 11-13所示，可以保证在系统部分信息丢失的情况下也能准确检测故障发生的区段。

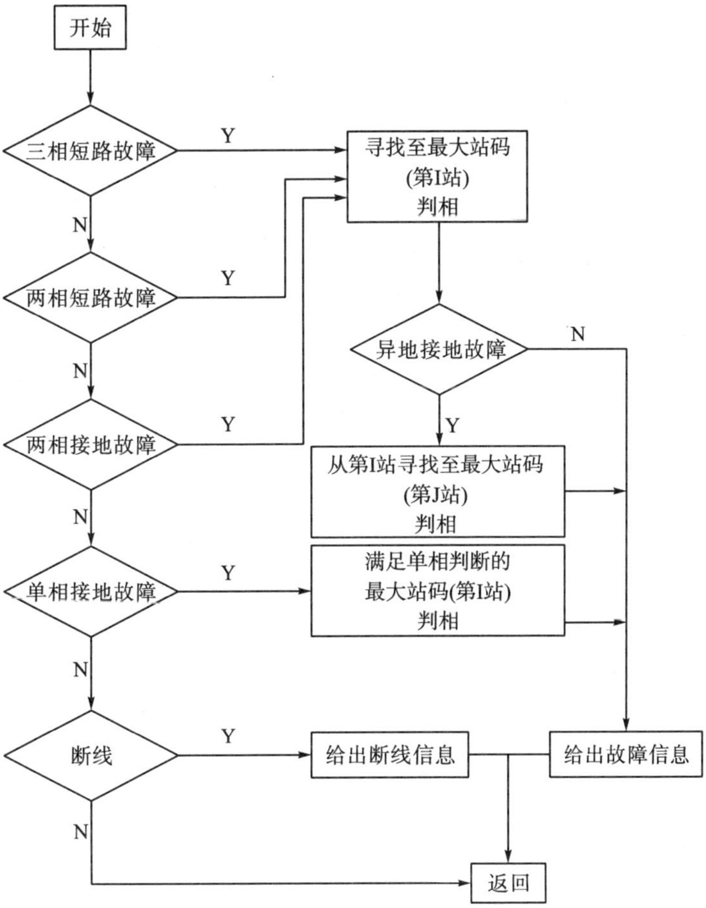

图 11-13　故障区段判断流程

实际的自闭贯通线路单相接地故障表明，接地电容电流的暂态成分往往比稳态分量大几倍或以上，提取这一突变的暂态特征分量将有助于故障区段的检测。由于系统设计时 RTU 测量单元采用具有高速数字信号处理能力的 DSP 作为主 CPU，单元具有强有力的电流电压特征提取能力；RTU 装置单元除常规的基于稳态零序电流特征幅值与相位计算检测外，增加了基于小波分析的暂态特征提取功能，所有的特征量由通信通道送往调度中心。

调度中心利用配电所间所有开关站的 RTU 上送的特征信息，应用数字信号处理技术、智能判别技术等新兴技术，可以有效、及时、准确地判别故障区段、故障相以及故障类型等，大大缩短故障查找时间和减少设备动作次数，产生较大的经济和社会效益。

11.4 铁路电力配电网的无功补偿

高速铁路中电缆的广泛应用，显著加大了供电系统的对地电容电流与相间电容电流，抬升了电网电压，增加了无功损耗，对高速铁路 10 kV 供电系统进行无功补偿是当前面临的一个重要问题。

11.4.1 高速铁路 10 kV 电缆补偿方式

(1)集中 SVG 方案。

在配电所内集中设置 SVG(静止无功发生器(static var generator，SVG)动态补偿，根据系统无功状态综合补偿电缆容性电流和终端感性负荷，进线端可最大限度地减少无功功率。

(2)分散 FR 方案。

通过对电缆电容电流的计算，分段计算出对应容性无功功率的电抗补偿容量，在区间设置固定电抗器(fixed reactor，FR)分散补偿，取该段供电方向 2/3 位置，就近与变压器合设，以方便选址和维护。

(3)集中 SVG+分散 FR 方案。

采用配电所内集中 SVG 补偿和区间分散 FR 补偿结合方式，分散电抗器对电缆电容电流进行固定补偿，集中 SVG 对整个线路和区间小负荷进行综合动态补偿。当区间电抗器发生故障时，集中 SVG 可以动态调整投入容量。

11.4.2 高速铁路 10 kV 电缆补偿方案选择

三种方案的性能对比如表 11-2 所示。

表 11-2 三种方案的性能对比

方案	集中 SVG 方案	分散 FR 方案	集中 SVG+分散 FR 方案
补偿方式	动态补偿	静态补偿	动态补偿+静态补偿
谐波特性	可滤除谐波	不能滤除谐波	可滤除谐波
安全性	不与系统发生谐振，安全性较高	易与系统发生谐振	谐振频率高于 FR 方案，安全性高；良好的系统鲁棒性
缺点	装置故障时易造成无功电流过大而系统故障；区间无功损耗依然存在	不能根据容性变化实时补偿	工程投入费用高
控制	复杂	简单	复杂
维修	简单	困难	困难
成本	较高	低	高
补偿	效果好	一般	最好

综合比较三种方案的优缺点，集中 SVG+分散 FR 方案最佳。分散 FR 方案可以在区间消除电缆电容电流的损耗，同时由于设备分散，系统鲁棒性更强，满足铁路高可靠性的

要求。集中 SVG 在配电所内根据综合负荷情况动态调整系统的功率因数，同时它具备有源滤波的功能，可以根据现场需要输出一定谐波，对现场谐波进行治理。将二者的优点结合，可以在保证系统可靠的前提下，最大限度地提升电能质量。

此外，为保证高速铁路 10 kV 供电系统的功率因数符合公共电网的相关规定，对高速铁路 10 kV 电缆进行无功补偿时还要考虑以下几个方面。

(1)供电系统无功补偿的原则。10 kV 供电系统的无功补偿在 10 kV 侧完成，380 V 供电系统的无功补偿在 380 V 侧完成，以避免变压器、调压器的无功穿越。

(2)无功补偿整体方案。目前多倾向于采用固定电抗器沿线分散补偿与 10 kV 配电所内动态补偿装置集中补偿相结合的方案。

该方案的优点在于：可以达到改善系统侧功率因数；防止长距离线路空载末端电压超出额定电压；改善运营区段内电气设备的运行电气环境，阻止过高电压对设备安全、使用寿命的影响；提高通信、信号、照明等系统的运行稳定性，提高铁路运营的安全性；节能降耗的效果显著，防止电压过高造成额外损耗，防止容性无功电流造成的额外损耗；在谐波严重的场合，该动态补偿装置还能起到抑制谐波的作用，进一步减小谐波造成的安全隐患与谐波损耗，避免长距离电缆线路电容电流引起谐振过电压。

(3)固定电抗器的补偿率问题。固定电抗器的补偿率问题基本有两种意见：一种认为选用固定电抗器补偿 75%，剩余无功功率由所内无功动态补偿装置进行补偿。另一种则提出，100%固定电抗器补偿方案，在所内无功动态补偿装置不用投入使用的前提下，功率因数已满足要求；如果后续负荷增加，造成过补，可再由所内无功动态补偿装置进行小范围的无功补偿。

(4)10 kV 供电系统的无功实时取样点选择。若供电系统用于控制电流补偿相位的取样点选在配电所 10 kV 进线柜处。无功动态补偿装置以 10 kV 母线无功功率以及母线电压作为控制目标，母线进线点的实时监控功率因数值要求高于 0.95。

11.5　铁路电力配电网的可靠性分析

可靠性是一直贯穿于高速铁路的设计、装备制造、施工、调试、运营等整个系统生命周期各个阶段的重要问题。目前可靠性评估已扩展为对系统可靠性(Reliability)、可用性(Availability)、可维修性(Maintainability)和安全性(Safety)的全面评估。结合高速铁路的特点，可采用故障树分析法对高铁进行可靠性分析，以高速铁路电力供电系统和通信举例说明。

11.5.1　高速铁路电力供电系统可靠性分析

高速铁路电力供电系统作为高速铁路运营的重要环节，专门负责为铁路用电设备，特别是通信、信号供电，直接关系着铁路行车的安全，对整个铁路系统起着至关重要的作用。为了方便分析，将高速铁路电力供电系统图简化为一个负荷的情形，如图 11-15 所示，选取“负荷 1 失电”为顶事件，建立故障树如图 11-16 所示。

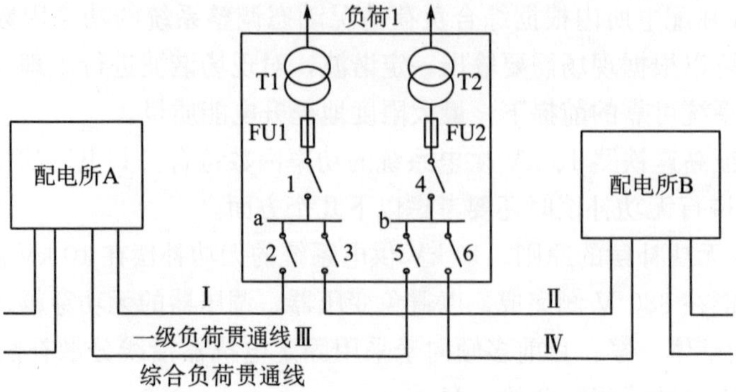

图 11-15 高速铁路电力供电系统简化图

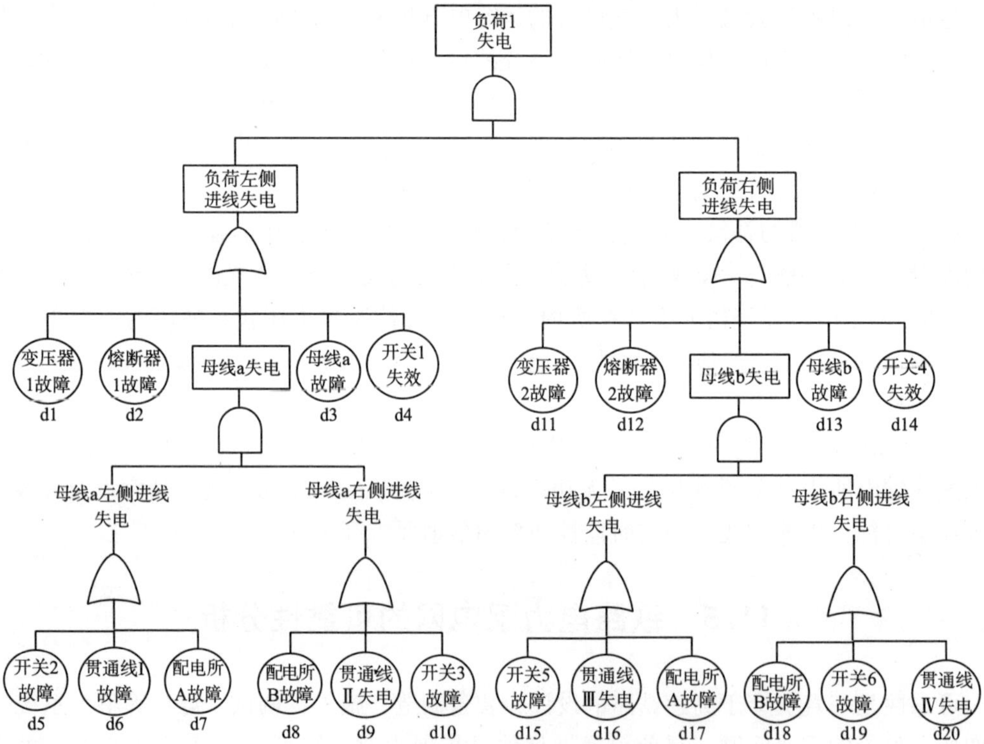

图 11-16 高速铁路电力供电系统故障树

根据下行法，假设各底事件相互独立发生，对故障树进行定性分析，找出最小割集如下。

二阶：

{d1，d11}，{d1，d12}，{d1，d13}，{d1，d14}，{d2，d11}，{d2，d12}，{d2，d13}，{d2，d14}，{d3，d11}，{d3，d12}，{d3，d13}，{d3，d14}，{d4，d11}，{d4，d12}，{d4，d13}，{d4，d14}.

三阶：

{d1，d15，d18}，{d1，d15，d19}，{d1，d15，d20}，{d2，d15，d18}，{d2，d15，d19}，{d2，d15，d20}，{d3，d15，d18}，{d3，d15，d19}，{d3，d15，d20}，{d4，d15，d18}，{d4，d15，d19}，{d4，d15，d20}，{d1，d16，d18}，{d1，d16，d19}，{d1，d16，d20}，{d2，d16，d18}，{d2，d16，d19}，{d2，d16，d20}，{d3，d16，d18}，{d3，d16，d19}，{d3，d16，d20}，{d4，d16，d18}，{d4，d16，d19}，{d4，d16，d20}，{d1，d17，d18}，{d1，d17，d19}，{d1，d17，d20}，{d2，d17，d18}，{d2，d17，d19}，{d2，d17，d20}， {d3, d17, d18}, {d3, d17, d19}, {d3, d17, d20}, {d4, d17, d18}, {d4, d17, d19}, {d4, d17, d20}, {d5, d8, d11}, {d5, d8, d12}, {d5, d8, d13}, {d5, d8, d14}, {d5, d9, d11}, {d5, d9, d12}, {d5, d9, d13}, {d5, d9, d14}, {d5, d10, d11}, {d5, d10, d12}, {d5, d10, d13}, {d5, d10, d14}, {d6, d8, d11}, {d6d8, d12}, {d6, d8, d13}, {d6, d8, d14}, {d7, d8, d11}, {d7, d8, d12}, {d7, d8, d13}, {d7, d8, d14}.

四阶：

{d5, d8, d15, d18}, {d5, d9, d15, d18}, {d5, d10, d15, d18}, {d5, d8, d15, d19}, {d5, d9, d15, d20}, {d6, d8, d15, d18}, {d6, d9, d15, d18}, {d6, d10, d15, d18}, {d6, d8, d15, d19}, {d6, d9, d15, d20}, {d7, d8, d15, d18}, {d7, d9, d15, d18}, {d7, d10, d15, d18}, {d7, d8, d15, d19}, {d7, d9, d15, d20}, {d5, d8, d16, d18}, {d5, d9, d16, d18}, {d5, d10, d16, d18}, {d5, d8, d16, d19}, {d5, d9, d16, d20}, {d6, d8, d16, d18}, {d6, d9, d16, d18}, {d6, d10, d16, d18}, {d6, d8, d16, d19}, {d6, d9, d16, d20}, {d7, d8, d16, d18}, {d7, d9, d16, d18}, {d7, d10, d16, d18}, {d7, d8, d16, d19}, {d7, d9, d16, d20}, {d5, d8, d17, d18}, {d5, d9, d17, d18}, {d5, d10, d17, d18}, {d5, d8, d17, d19}, {d5, d9, d17, d20}, {d6, d8, d17, d18}, {d6, d9, d17, d18}, {d6, d10, d17, d18}, {d6, d8, d17, d19}, {d6, d9, d17, d20}, {d7, d8, d17, d18}, {d7, d9, d17, d18}, {d7, d10, d17, d18}, {d7, d8, d17, d19}, {d7, d9, d17, d20}.

可以从上面的最小割集看出，没有一阶割集，多为三阶和四阶，因为考虑较多的备用和冗余，这样就不容易造成负荷失电。由于最小割集数量大，下面将考虑运用可靠性框图法计算相关可靠性指标。

11.5.2　高速铁路配电所主接线可靠性分析

1)基本假定

(1)元件的故障是独立的。

(2)元件的连续工作时间、修复时间、计划维修时间和倒闸操作时间，均认为服从指数分布。

(3)不考虑元件的过负荷。

(4)断路器误动、拒动的故障率相同。

(5)继电保护的影响计入断路器的可靠性数据中。

(6)系统为可修复系统。但是，元件一旦故障立即退出运行，进行检修，检修完毕立即投入运行，恢复工作状态。计算过程中，假设元件具有两种状态，既正常工作状态和故障状态。

(7)不计电网的故障率。

2)系统及其等值方框图

结合配电所的特点，运用可靠性框图法简化配电所主接线，如图 11-17 所示。在进行主接线的可靠性计算时，必须把由电气接线图表示的电气元件实物的连接关系转换为工程计算等值方框图，如图 11-18 所示。

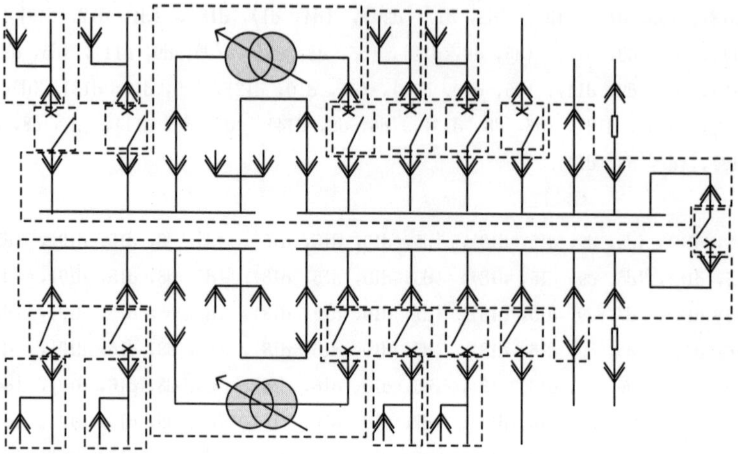

图 11-17 电力供电系统配电所主接线

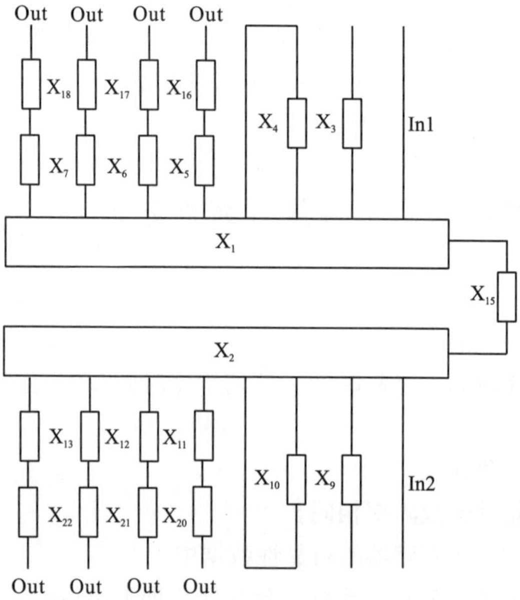

图 11-18 配电所可靠性计算工程框图

3)可靠性指标计算

应用图论的知识进行分析处理。其中，断路器一律保留下来，而断路器之间的元件用一等效元件表示，并用虚线框框起来。在等效元件界限内，任一元件发生故障，均将引起所在支路的供电中断。因此，在电气主接线中虚线框内的各元件不论串联还是并联，在方框图中均看作串联。方框图中等效元件的故障率等于框中各元件的故障率之和。

计算各等效元件的可靠性参数的公式如下：

$$\lambda_{\mathrm{eq}}=\sum\lambda_i;p_{\mathrm{eq}}(t)=\prod_i p_i(t);\mu_{\mathrm{eq}}=\frac{p_{\mathrm{eq}}\lambda_{\mathrm{eq}}}{1-p_{\mathrm{eq}}};MTTR_{\mathrm{eq}}=\frac{8760}{\mu_{\mathrm{eq}}}$$

式中，$MTTR_{\mathrm{eq}}$表示等效元件的平均修复时间（Mean Time to Restoration，MTTR)。

电气主接线可靠性计算选用最小路集法，先列出系统从起点(电源)到终点(牵引馈线)的所有通路。具体计算过程如下。

端口 out1 正常工作事件可表示为

$$S_{\mathrm{Out1}} = X_1X_3X_4X_5X_6X_7X_8X_{15}X_{16} + X_2X_9X_{10}X_{11}X_{12}X_{13}X_{14}X_{15} \cdot (X_1X_3X_4X_5X_6X_7X_8X_{15}X_{16}) = X_1X_3X_4X_5X_6X_7X_8X_{15}X_{16}$$

端口 out1 可用率为

$$p(S_{\mathrm{out1}}) = p(X_1)p^7(X_3)p(X_{16}) \tag{11-4}$$

其故障率为

$$\lambda_{\mathrm{out1}} = \lambda_1 + 7\lambda_3 + \lambda_{16} \tag{11-5}$$

由对称性知：

$$p(S_{\mathrm{out2}}) = p(S_{\mathrm{out3}}) = p(S_{\mathrm{out4}}) = p(S_{\mathrm{out1}}), \lambda_{\mathrm{out2}} = \lambda_{\mathrm{out3}} = \lambda_{\mathrm{out4}} = \lambda_{\mathrm{out1}}$$

停电频率为

$$f_{\mathrm{out2}} = f_{\mathrm{out3}} = f_{\mathrm{out4}} = f_{\mathrm{out1}} = P(S_{\mathrm{out}}) \times \lambda_{\mathrm{out}} \tag{11-6}$$

平均故障间隔时间（mean time between failure，MTBF）为

$$MTBF_{\mathrm{out1}} = MTBF_{\mathrm{out2}} = MTBF_{\mathrm{out3}} = MTBF_{\mathrm{out4}} = 8760/\mu_{\mathrm{out}} \tag{11-7}$$

修复率为

$$\mu_{\mathrm{out1}} = \mu_{\mathrm{out2}} = \mu_{\mathrm{out3}} = \mu_{\mathrm{out1}} \tag{11-8}$$

平均修复时间（mean time to restoration，MTTR）为

$$MTTR_{\mathrm{out1}} = MTTR_{\mathrm{out2}} = MTTR_{\mathrm{out3}} = MTTR_{\mathrm{out3}} \tag{11-9}$$

平均年停电时间为

$$CAIDI = 8760 \times \{1 - P(S_{\mathrm{out}})\} \tag{11-10}$$

11.5.3　贯通线路可靠性指标计算

配电所供给除贯通线以外的其他负荷时，因供电线路较短，线路发生各种故障的概率也非常小，忽略其故障对负荷点可靠性指标的影响，则负荷点的可靠性指标近似等于配电所出口处的可靠性指标。因此，计算负荷点的可靠性指标时，只需计算经贯通线路供电的负荷的可靠性指标。

设输电线长度为 l(km)，则贯通线路的可用度为

$$p_l = p_u^l \tag{11-11}$$

故障率为

$$\lambda_l = l\lambda_u \tag{11-12}$$

年故障频率为

$$f_l = p_l\lambda_l \tag{11-13}$$

平均无故障工作时间或平均失效前时间（mean time to failure，MTTF）为

$$MTTF_l = \frac{8760}{\lambda_l} \tag{11-14}$$

式中，p_u、λ_u 分别为单位长线路的可用度和故障率参数。

11.5.4 考虑配电所可靠性参数时贯通线路综合可靠性指标计算

应该指出，在计算负荷点的可靠性参数时，综合负荷和一级负荷应区别对待。综合负荷由综合负荷贯通线路供电。当为其供电的配电所故障时，自动切换装置倒闸由另一配电所供电。因此，两个配电所同时故障或贯通线故障时，综合负荷才会停电。在可靠性工程框图中，两个配电所是并联关系且并联后与贯通线串联。

对于一级负荷，其既可从一级负荷贯通线路取电，也可从综合负荷贯通线路取电。当从某线路取电时，若突然发生停电事故，则一级负荷由自动切换开关切换到另一线路供电，且切换操作非常迅速，一级负荷不会发生供电中断。一般，某个区段的一级负荷贯通线路和综合负荷贯通线路分别由两侧的配电所供电。因此，一级负荷相当于由两个配电系统并联供电。对并联系统，可根据第 5 章的计算公式计算其可靠性参数。

这样，对于一级负荷，故障率、平均修复时间、年平均停电时间等可靠性参数都可以由以上公式计算。

11.5.5 提高铁路电力供电系统可靠性的主要措施

(1)10 kV 配电所均采用两路独立 10 kV 电源。

(2)两路 10 kV 贯通线，互为备用。

(3)采用无油化、模数化、标准化、免维护、少维修的设备。

(4)设置电力远动系统，并在调度端纳入综合 SCADA 系统，实现了变配电所综合自动化和线路故障快速判断、切除等功能。

(5)通过 10 kV 配电所和双回 10 kV 贯通线的设置，低压一级负荷可实现两路独立可靠电源在用电设备处快速切换；贯通线路各变电所采用环网接线，任一段线路故障时均可通过倒闸作业切除故障线路，而不影响变电所的供电；上下行共用贯通母线，通过倒闸作业，实现越区供电，保证发生贯通线两端供电电源同时停电时，系统内部恢复其供电的时间不大于 3 min。

(6)接地装置纳入综合接地系统。

(7)配电所内设置电气联锁装置。

(8)结合枢纽总图规划，考虑与相邻线铁路引入两端枢纽，整体提高枢纽供电的可靠性。

11.6 小　　结

本章在介绍铁路电力配电网主要组成的基础上，分析了高速铁路与普速铁路自闭贯通线路的主要结构和特点，并对二者进行了比较；在此基础上，对高速铁路的中性点接地方式的选择原则进行了探讨；介绍了高速铁路电力配电网的配电自动化系统的构成及功能，分析了馈线自动化的实现方式，并举例介绍了自闭贯通线路的单相接地故障、相间故障和断线故障的定位算法；最后介绍了高速铁路无功补偿方案及其选择，并应用故障树方法对高速铁路电力供电系统和配电所的可靠性进行了分析，给出了提高高速铁路电力供电系统可靠性的主要措施。

11.7 习　　题

习题 1. 铁路电力配电自动化系统由哪几部分组成？各个部分的功能是什么？

习题 2. 馈线自动化的实现方式有哪些？

习题 3. 请列举两种自闭贯通线路单相接地故障定位的方法，并阐述自闭贯通线路相间故障定位的基本步骤。

习题 4. 高速铁路的无功补偿方式有哪些？各有何优缺点？

习题 5. 提高铁路电力供电系统可靠性的主要措施有哪些？

主要参考文献

曹文雨，张建兴. 2009. 客运专线 10 kV 电力贯通系统中性点接地方式探讨 [J]. 供变电，25-27

陈建明. 2011. 哈大客运专线 10 kV 供电系统无功补偿方式探讨 [J]. 供变电：5-7

陈奇志. 2013. 铁路供电调度自动化与信息化 [M]. 北京：中国铁道出版社.

廖宇. 2008. 高速铁路电力供电系统的研究 [J]. 西南民族大学学报自然科学版，34(3)：560-564

廖宇. 2009. 全电缆贯通线低电阻接地系统的设计研究 [J]. 铁道工程学报，(8)：88-92

芈赞. 2009. 客运专线电力系统中性点接地方式的探讨 [J]. 上海铁道科技，(4)：79-81

钱清泉. 2000. 电气化铁道远动监控技术 [M]. 北京：中国铁道出版社.

孙东山，杨艳芳. 铁路 10kV 电缆贯通线电容电流补偿方案探讨. 中铁工程设计咨询集团有限公司电化院.

孙建明. 2010. 贯通线全电缆线路中性点接地方式的选择 [J]. 铁道工程学报，4：87-90

孙立功. 2010. 高速铁路电力远动技术的应用和思考 [J]. 电气化铁道，(5)：14-16

孙元新. 2010. 铁路 10kV 供电系统的无功补偿分析 [J]. 上海铁道科技，3：98-100.

颜秋容，刘欣，王学锋，等. 2006. 铁路 10kV 电缆贯通线电容电流补偿度研究 [J]. 铁道学报，28(2)：85-88

叶頔. 2010. 浅谈铁路电力运动技术 [J]. 铁道建筑设计：198-200

张鹏雄，闫越明. 2005. 铁路电力远动系统的简介及探讨 [J]. 铁路通信信号工程技术，(2)：21-22